基因密码

生命探秘之旅

［美］尤安·安格斯·阿什利（Euan Angus Ashley） 著

何文忠 郭松硕 刘池恬 译

The Genome Odyssey

Medical Mysteries and
the Incredible Quest to Solve Them

中信出版集团 | 北京

图书在版编目（CIP）数据

基因密码 /（美）尤安·安格斯·阿什利著；何文
忠，郭松硕，刘池恬译 . -- 北京：中信出版社，2025.
2. -- ISBN 978-7-5217-7215-9

Ⅰ. Q343.1-49

中国国家版本馆 CIP 数据核字第 2024RW8348 号

基因密码

著者： ［美］尤安·安格斯·阿什利

译者： 何文忠 郭松硕 刘池恬

出版发行：中信出版集团股份有限公司

（北京市朝阳区东三环北路 27 号嘉铭中心 邮编 100020）

承印者： 北京通州皇家印刷厂

开本：787mm×1092mm 1/16 印张：26.75 字数：346 千字
版次：2025 年 2 月第 1 版 印次：2025 年 2 月第 1 次印刷
京权图字：01-2024-5893 书号：ISBN 978-7-5217-7215-9

定价：79.00 元

目　录

推荐序

先发制人的医疗时代

尤安·安格斯·阿什利坦陈自己怀着对基因组的迷恋，开始了对解开人类"生命密码"的探索，并找到了自己的医学使命，执着于自己热爱的事业，感慨"没有比这更有成就感的工作了"。这着实令我羡慕且钦佩。也正因如此，我将《基因密码》视为一部真诚的、值得细细品味的医学之书，乐于向读者推荐。

写下这些文字的时候，2025 年的钟声刚刚敲响。我不禁回想起三年多前，2021 年岁末，媒体报道西方经济学家眼中 2022 年可能颠覆世界经济的 10 只"黑天鹅"中的 1 只，那个所谓"小概率的大事件"：通过基因组编辑等新的技术手段，人类将实现延缓衰老，甚至让老化的细胞年轻化；大多数困扰人类的疾病，从心脏病到神经退行性疾病，都将减少甚至消失。这些前沿科学话题，其实在《基因密码》一书中，都有特别翔实的呈现。

这也是当下人们所描摹的一个愿景，但它的到来真的已为时不远。日本免疫学家、2018 年诺贝尔生理学或医学奖得主本庶佑，在他 2020 年出版的一部著作中就用了这样一个颇为提气的章节标题："迎接先发制人的医疗时代"。他设想的基于发病前诊断和预防性干预的新概念预防医学包括两部分内容：分析个体基因组和中间性状，并将其与医学信息相结合，发展个性化医疗；在发病前及早诊断，逐渐形成先发制人的医疗体系。

"先发制人的医疗体系"堪为社会保险的未来形态。因为基因工程技术的出现不仅让我们看到了更加清晰的全新生命图景，而且改变了我们的"生命观"。在阿什利看来，如果我们能解码基因组，就有可能解码我们未来的基因，这意味着在疾病发生之前，我们就可以有效预测，从而采取相应的防范措施。《基因密码》讲述的一些患者的故事也给我们带来不少启示，他们正是通过了解自己的基因组而改变了治疗方案，取得了较好的治疗效果。

步入先发制人的医疗时代，我们对基因和基因组又有多少了解呢？

遗传的基本单位——基因，是一串具有特定功能的 DNA（脱氧核糖核酸）或 RNA（核糖核酸）序列。自 10 万多年前现代人类出现以来，基因组一直被随机突变和自然选择这两种力量所塑形，我们何敢奢望人类能够自己掌控生命，改变生命的预设程序？

1966 年，人类遗传密码及其在蛋白质合成方面的机能被破译。20 世纪 70 年代初，科学家掌握了直接参与调节基因活性的方法：限制性核酸内切酶和 DNA 连接酶先后被发现，前者能够在一个特定的核苷酸连接处以特殊的方式把 DNA 链断开，后者则能够把两股 DNA 结合起来。1972 年，美国生物化学家保罗·伯格所做的后一项"结合"工作，形成了第一个真正意义上的重组 DNA 分子，这意味着在不同生命体之间组合编辑基因已成为可能，生物体的遗传性状可以人为进行改造。

在过去的 20 多年中，研究者通过一种名为全基因组关联分析的方法，持续致力于收集患有特定疾病的患者的 DNA，寻找与疾病具有高度关联性的遗传变异；同时也在寻找单核苷酸多态性位点，即检测基因中单个碱基的个体差异。由此，研究人员发现了许多种疾病的遗传性风险因素，以及引发遗传性疾病的致病基因。而近年来大规模基因组测序方法的应用，也使得疾病基因相关性研究进展迅速。

进入新世纪后，这一研究领域取得了更为惊人的突破。科学家发现，某类细菌已进化出一些特殊的酶来抵御致病性的病毒，它们可以识别并去除病毒插入细菌基因组中的外源 DNA。特别是被称为"Cas 蛋白"的 DNA 剪切酶家族，携带了"向导 RNA"分子，能识别目标 DNA，并准确地将其特定的序列剪断。科学家旋即开发出 CRISPR 基因组编辑技术，可以快捷地对基因序列进行剪切、粘贴、插入或移除等操作，比如有效地删除会导致缺陷或疾病的基因序列，然后用有益的、正常的基因片段取而代之。

CRISPR，是"成簇规律间隔短回文重复"序列的英文首字母缩写，系科学家在研究细菌免疫系统时意外发现的一种分子工具（俗称"基因剪刀"）。它能以极高的精确度切开病毒的 DNA，当然也可以切割其他细胞里的 DNA。这意味着，生物体的基因组变得像电脑上的文本文件一样，可以被编辑、被修饰。

CRISPR 基因组编辑领域的先驱、美国生物化学家、2020 年诺贝尔化学奖得主詹妮弗·杜德纳披露：目前，将这种"分子手术刀"应用于实验室里培养的人类细胞，已经纠正了包括囊性纤维化、镰状细胞病、某些形式的眼盲、重症复合免疫缺陷等在内的许多遗传病。更进一步，未来，人类完全能够用此项新技术来改造这个星球上所有物种的遗传密码，乃至决定自己的演化方向，从而在地球生命史上书写新的篇章。

但是，操控生命的时代到来，又提出了我们应该如何善用科技的问题。因为遗传学上的突破同时为我们带来了希望和困境。下面，我将延伸聊聊《基因密码》一书中鲜少涉及的话题。

先说一种共识：即使人类想要阻止技术进步，事实上也不可能实现。这是推动生物技术监管遇到的最大难题之一。如何善用科技，或者说，如何选择科技向善，确保科技不被滥用，已经是摆在我们面前的一个严峻问题。

譬如，当我们有机会有能力把胚胎中的"致病"基因改造成"正常"基因时，岂不是同样能够把"正常版"基因改造成"增强版"基因，进而寻求使用新技术以接近"理想的"人类？可以想见，这样的遗传改变铺展开来，势将引发一系列棘手的伦理、法律、政治和社会问题。尤其是，当"基因组编辑婴儿"在 2018 年 11 月意外诞生之时，更引发了广泛的质疑。

加拿大伦理学家弗朗索瓦丝·贝利斯的观点颇有代表性：对于我们的细胞而言，有可能引发意外且不想要的修饰，从而导致疾病、残疾或死亡中的一种或多种后果。对我们自己和我们的世界而言，当利用遗传知识改进生物结构时，我们的社会规范和互动模式也会随之变化，或许会破坏社会福祉和社会关系。例如，我们可能会寻求使用基因组编辑技术以接近"理想的"人类，却不知不觉愈加趋同，对可见瑕疵的容忍度逐渐降低。令人尤为担心的是"差异"将被视为"残疾"，被当作某种需要被消除的事物。那么，这项突破性技术最为显著、最为持久的潜在危害可能是社会性而非生物性的。

倘若基因组编辑技术不仅能用于治疗患者，还可以增强个体及其后代的遗传潜能，那么，这些潜在危害将变得尤其严重。正如美国科学史学家内森奈尔·康福特所担忧的那样：遗传决定论最大的风险可能并非它所产生的结果，而是使我们再也看不见别的选择。通过创造完美的幻想，它掩盖了差异的力量、意外的美好与宽容的优越性。

而今我们操控生命能力的增强可谓史无前例，未来生物技术将巨大的潜在利益与有形且显明、无形且微妙的威胁混合在一起。试想，如果遗传修饰变得像复制和粘贴文本文件一样简单，人类将陷入更多的麻烦和伦理困境……如何阻止这项技术被用来制造新型致命病毒？人工合成的生命体或突变动物如何监管？科学界又怎样实现自我规范……

这是美国生物学家、1975 年诺贝尔生理学或医学奖得主戴维·巴尔的摩写下的带有警示意味的诗句，且为本文作结——

多年过去，曾经不可思议的事情已经近在眼前。

时至今日，我们感觉即将能够改变人类的遗传。

此时此刻，我们必须面对以下问题：

作为一个社会整体，我们应当如何使用这种能力？

尹传红

中国科普作家协会副理事长

科普时报社社长

前　言

　　我不确定自己对基因组的迷恋是从哪里开始的，但我确信自己知道这种迷恋为何会持续至今：破译基因组，解开我们的"生命密码"，是如此令人兴奋。我们之所以日复一日地尝试去破译这一密码，是因为它不仅关乎我们人类的本质，而且最终有助于我们找到治疗极具挑战性的遗传性疾病的线索，以帮助那些饱受遗传性疾病折磨的家庭，没有比这更有成就感的工作了。

　　20 世纪 70 年代，我在苏格兰西部长大，小时候的我根本无法想象基因组科学会取得如今这样巨大的进展。那个时候，人们才刚刚首次破译一个微生物体的基因组。[1] 自那以后，我们了解到，基因组就是一个密码，将你和地球上每一个活着的有机体联系在一起，它包含着人类的历史，也铭刻着你自己家族的历史，可以追溯到几百年甚至几千年前。这个密码独一无二，古往今来无人与你相同（即便是你的同卵双胞胎[2]），它包含了关于你的所有信息，从你最可能的身高、体重、头发颜色、眼睛颜色，到你对数千种疾病的易感性。基因密码也可以预测你的未来：你将怎样活着，又将因何死去。

　　所有这一切都记录在脱氧核糖核酸——DNA 上。现在 DNA 已成为我们日常话语中很常见的词语，以至于它已经从一个科学术语演变成一种隐喻。比如，我们会说某个公司或者机构的 DNA 中具有某种特质，尽管这两者实际上都不是有机生物体，但我们想通过这句话表达的是：这种特质在这个公司或者机构中根深蒂固，就像双螺旋结构的 DNA 一样结构紧密，已经成了其本身的一部分。当我们把一个人的某些特征描述为"这种特征似乎在其 DNA 中"时，我们的意思是，这些特征是隐性的、根深蒂固的、与生俱来的。

DNA 有两条链，呈双螺旋结构，且向右旋，由四种核苷酸沿着双链有规律地排列而成。[3] 这些"核苷酸"是生命的字母表：A、T、G 和 C 四个字母构成了独特的代码，几乎储存在你身体的每个细胞中。你的基因组有 30 亿个碱基对、60 亿个数据点，以及由两米长的分子压缩而成的 23 对染色体，如果你体内 30 万亿个细胞的 DNA 首尾相连，可以在地球和月球之间往返延伸数千次[4]：这只是人之为人的一种形象化表述。

人类基因组计划实现了人类对基因组中字母序列的首次解读，这项计划耗时十多年，耗资数十亿美元，涉及多个国家，对 10 个人的 DNA 混合体进行了解码（实际上，最终只解码了两个人身上一半的基因组，不过后来就变多了）。而且，虽然解码首个基因组花费了数十亿美元，但经过不到 20 年的发展，现在人类基因组测序的成本比我每天骑自行车上班通勤的成本还要低。成本的急剧下降随即引发了一场科学大发现的热潮，同时也给医学界提供了一个治病救人的绝妙良机。此外，分子显微镜这一工具的出现可以帮助人们重新定义疾病，解开医学谜团，为那些失去亲人的家庭带来希望，也能给尚在人世的人提供更多的医疗防护。同样，分子显微镜也使我们对疾病有了更深层次的了解，并开始让医学治疗变得个性化。

在这本书中，你将了解到人类在基因领域所取得的巨大进步。从

DNA 的理论认知到解码人类首个基因组，再到通过对数百万个基因组进行测序以实现医学范式的转变，这一切都得益于人们的通力合作，以及在解读 DNA 和计算机程序应用方面取得的革命性进步。

• • •

现在想想，如果我年轻时知道自己会将毕生精力都奉献给人类基因组研究，一定会非常惊讶，尽管在某种程度上我也一直打算成为一名医生。10 岁之前，每当学校里有同学膝盖受伤，需要人帮忙擦拭血迹时，我都是不二人选（我父亲是当地的医生，所以他们自然会来找我，而我姐姐自幼就宣称要当一名兽医，所以发现受伤的小鸟时，同学们都会去找她）。但我喜欢扮演学校里的小医生这个角色。12 岁左右我就学会了急救，并成为同龄人中身体机能方面的（班级）常驻"专家"。我经常跑去父亲的诊所，坐在他的转椅上转圈，观察各种医用器具，我的专业知识也因此得到了强化。我当时对父亲的医用箱很是着迷，那个黑色箱子的高度差不多到我的膝盖，在我看来就像是一个微型"医院"，或者说是一个由小抽屉组成的宝库。打开抽屉，里面有针头、缝合线和一些我不知用途的金属工具。我记得有一次，父亲在我家厨房里给人缝合受伤的前额，那个样子实在是太酷了。有时候，父亲出诊时也会带上我。记得有一年的圣诞节，为了让一名肺病患者免于住院，父亲花了几个小时为其找到了足够的氧气。我的母亲是一名助产士，有时也会带我出诊。我从父母身上学到了对医学的奉献与热爱。对他们来说，行医不仅仅是一份工作、一项专业技能，更是一种生活方式、一种理想信念。我从内心深处被这个职业吸引着，我来到这个世界似乎就是为了治病救人。

然而，我也是一名技术极客。记得 10 岁时，我挣了 150 美元，但我并没有用这笔钱去买一副内置刮水器的眼镜，而是被迫遵循苏格兰的节俭传统，把钱"投资"到了一个储蓄账户里。12岁时，我经常和父亲一起玩魔方（印象中我当时的最快纪录是30秒，具体细节现在已经记不清了，只留下了美好的回忆），我俩的感情也因此格外深厚。我还清楚地记得有一年夏天，我本该在户外享受苏格兰的"天气"，但为了计算父亲医疗工作的工资税，我没有外出游玩，而是在房间里专心写一个计算机程序。当然，第二年税法就被修改了，这也给我上了一堂关于政府和税收的课。反正我也从来不是做会计的料（我哥哥才是擅长投资理财的那个人）。但我也确实想过靠自己设计的小游戏赚大钱，14岁时，我为辛克莱ZX光谱家用电脑设计了一款赛马游戏。在这款游戏中，玩家为了让自己的马跑得更快，需要尽可能快地交替按动橡胶键盘。虽然我没有因此变得富有，但我那帮电脑迷朋友都对这款游戏赞不绝口。

当年那个还在上学的少年极客不仅喜欢物理和数学，对语言和音乐也很感兴趣。我有一位生物老师，他有一次告诉我的父母，我是个小丑，但也是他在我16岁时给了我一本理查德·道金斯写的《自私的基因》[5]，无意中点燃了我对遗传学的狂热之火。（这位老师还说过，也许在我把实验仪器画到笔记本上之前，它们早就倒在地上了。他的语气里可没多少幽默成分，在他看来，艺术从来不是我的强项。）所以，阅读科普书籍成了我的一种新的消遣方式。道金斯、古尔德、勒旺廷、萨克斯、戴蒙德、平克，这些人的书我都会看，当然还有达尔文的书。这种对科普书籍的热爱一直伴随着我到医学院求学。当时有一门生理学课对我后来的人生产生了很大影响。在这门课上，我们四人一组，坐在实验室的低矮木凳上，急切地等着去看一颗刚刚被取出但还在跳动的兔子心脏。我们戳了一下这颗心脏，它摸起来很软，被拿起时还在跳动，这种感觉很令人惊奇。后来我们还用一根注射针钩住心脏上部的主动脉，把它挂了起来。我们的工作就是让这颗心脏尽可能长时间地保持活性。我盯着这颗心脏看了好几个小时，彻底被它迷住了。这个器官外表看起来很好看，内部构造也很精巧，富有生命力。我们甚至可以把它视为生物进化的一大奇迹，它有自己的跳动节奏，就像有自己的乐谱一样。我彻底为此着迷。

就这样，我找到了我的医学使命。心脏病学这个专业有着令人兴奋的生命力：为心脏停搏患者进行电击除颤似乎能让你的一天变得更有意义。此外，我的家族里有许多人患有心脏病，也许有一天我也能帮助他们。

我的运气不错，多年后从事了自己儿时就很热爱的工作，成了一名执业心脏病医生和斯坦福大学遗传性心血管疾病中心的创始院长。我这个极客喜欢利用大型计算机和试验来探索生物学的未知领域。而且我也很幸运地遇到了才华横溢的同事，和大家一同创办了几家生物科技公司。除了创办公司，我还有幸与谷歌、苹果、亚马逊和英特尔等公司以及一些国家的政府合作，就基因组在医疗产业中的定位问题提供咨询服务。能活在这个遗传学技术和医疗卫生技术不断变革的时代，我倍感荣幸。

今天，你只需花几百美元就可以对自己的基因组进行测序。几年前，我决定投身于探索基因组这项事业。在我看来，如果我们能解码基因组，就有可能解码我们未来的基因，这意味着在疾病发生之前，我们就可以有效预测，从而采取相应的防范措施。我想知道，从某种程度上讲，这种对基因的探索能否告诉我们，作为人类到底意味着什么。

这本书讲述了我在决定探索基因组后最初几年的冒险经历。通过这本书，我将带你们走进人类基因组的科学和医学之旅，告诉你们一些患者的故事，这些患者正是通过了解自己的基因组而改变了治疗方案。此外，我还会向你们介绍我带领的这支优秀的科研团队，以及我们是如何将基因组研究成果应用到医学实践中的。

前几章（"早期基因组"这一部分）主要介绍了我们的团队以及我们对首批被测序的基因组进行医学解码的工作。2009年的一天，我走进一位斯坦福大学同事的办公室，发现他正在研究自己的基因组，在本书中我讲述了自己如何在这位同事的启发下开始进行基因组研究。为了更好地了解这位同事的患病风险，我尝试将当时已有的每一项人类基因研究成果都应用于其基因组研究。我还在书中提到，这位同事堂兄的儿子在十几岁时便突然死亡，为了找出死因，我们对死者心脏组织的基因进行了测序，想借此探究其家族病史。我还讲述了人类基因参考序列在纽约州布法罗市的起源，以及一名高中生为了一个科学项目将全家的基因组序列都带到学校的故事。我描述了我们如何将这些研究成果应用到斯坦福医院的各个科室，以及我们如何通过创立一家公司来扩大基因组的影响力。

在本书第二部分（"基因诊断"）中，我试图说服你们，基因组医学很像侦探工作。我们从一个"犯罪"现场开始，仔细观察线索，记录证据，运用传承数千年的传统医学手段，观察、检查、记录、分析。在此基础上，我们也运用了最新的研究方法——解读基因组。我讲述了那些深受未确诊疾病折磨的患者的故事，他们花了数年时间求医问诊，并最终通过基因组科学成功找到了答案。我还讲述了一个由美国政府资助的"疾病侦探"网络，这个网络的使命是系统地结束这些医学诊断中的"奥德赛 [①]"。

在本书第三部分（"心脏那些事"）中，我描述了一些我最重视的

---

① "奥德赛"指漫长且多事的旅程，来自古希腊史诗《奥德赛》，其主人公英雄奥德修斯被迫漂泊数十年，遭遇种种挫折，最终返回家乡。——译者注

心脏病患者。我谈到了一位崭露头角的百老汇明星，基因突变使其心脏肥大且需要接受心脏移植。我描述了我们如何试图打破基因组测序速度纪录，来诊断和治疗一个刚出生的女婴，出生的第一天，这个女婴的心脏就停搏了五次。我讲述了我们如何发现一个笑容灿烂的年轻人的心脏中竟然长着多个肿瘤，以及我们如何追踪到其基因组中的缺失部分。我还讲述了我们如何发现一个女婴生来就有两个不同的基因组。在这一部分中，我还介绍了我们对心脏病和猝死的认知历程、心脏病的诱因，以及在这一领域颇有建树的专家学者，他们的研究为我们治疗心脏病提供了思路。

在本书的第四部分，也是最后一部分（"迈向精准医疗"）中，我展望了基因组的未来。我讨论了如何通过研究"超人"——自身基因组保护其免患疾病的人——让其他人也变得"超能"一点。我描述了几项激动人心的新项目，这些项目会对数百万人进行基因测序，包括奥巴马总统的精准医疗倡议和英国的生物样本库。我谈到了治疗遗传病方面的新进展，包括基因治疗，以及通过研究基因组来改进传统药物。

任何一本书都不应该试图涵盖所有领域，所以在本书中，并不会涉及太多关于其他某些重要医学领域的内容。例如，我没有深入探讨癌症。尽管已经有人写了不少癌症方面的有说服力的内容，但在癌症患者及其肿瘤的基因检测方面，很少有研究者涉及对整个基因组的测序，因为这是一项令人望而却步的庞大工程（大多数癌症检测都会涉及对基因组的一个子集进行深入测序）。所以，关于癌症的话题我留到日后再谈。我也没有谈论女性怀孕期间的基因检测问题。我们能够从母体血液中提取出婴儿的 DNA 片段，这极大地改变了我们的检测方法，但这些片段通常无法拼成一个完整的基因组，所以我暂时不讲这些内容。最后，我在这本书中也没有提及其他许多重要的科学进展，以及世界各地同行的精彩故事。我试图客观地叙述这些患者的故事，并评价我们在帮助他们的过程中所做的贡献，但是，在这个过程中其他人也做了很多，没有他们的付出，我们不可能有今天的成就。

本书的主人公是我的患者及其家属。他们一起承受遗传性疾病带来的负担：那些在科室里时哭时笑的小孩，那些需要面对各种出乎意料的诊断结果的勇敢青少年，那些每天起床照顾身患重病的孩子的父母。他们到处寻医问诊，每天都对未知的未来感到担忧和恐惧。他们是我每天早上起床工作的动力。我们的患者及其家属永远不会逃避基因组给他们的生活带来的困难，我们对基因组的研究、对有效治疗方法的探索也永远不会停歇。而且，当我们的努力未见成效时，我们会更加紧紧地拥抱他们，并向他们保证，我们不会停下，直到迎来拨云见日的那一天。

第一部分 早期基因组

第 1 章

零号患者

"今天我们正在学习上帝创造生命时所用的语言。"

——比尔·克林顿，美国前总统

"我们有 51% 的基因与酵母相同，98% 的基因与黑猩猩相同。基因并非人类和其他生物的主要区别。"

——汤姆·莎士比亚博士，英国纽卡斯尔大学

林恩·贝洛米察觉出有些事情很不对劲。林恩来自加州海岸风景秀丽的大阿罗约市。2011 年 8 月，她生下一个漂亮的男婴，取名帕克。起初一切似乎都很正常，但几个星期后，她开始心生疑虑。大多数婴儿很快就能学会的事情，帕克学起来却很困难，比如喝奶和睡觉。他每晚只睡几个小时，而且总是哭闹。2012 年 3 月，帕克 6 个月大，已经发育迟缓了很多——他并没有像这个年龄段的大多数孩子一样，对周围的事物表现出好奇，也不会翻身，更别提坐起来了。为此，林恩先后带帕克咨询了儿童发育专家、眼科医生、脑科医生和遗传学家。更糟糕的是，帕克 9 个月大的时候出现了规律性癫痫。尽管

医生为帕克做了许多检查和数十项测试，包括很疼的抽血，但始终没能弄清问题所在。林恩回忆说："我们不断地去约诊各类专家，始终在路上，但总感觉有些病急乱投医，毫无针对性可言。"[1] 月月复年年，帕克一家就这样煎熬着。

2016年，我们第一次见到林恩和五岁的帕克，他被转诊到我们斯坦福大学的未确诊疾病中心。该中心是美国疾病侦探网络的一部分，其宗旨是解决医学领域最具挑战性的病例。很多时候，我们的成功来自分析一个家族的基因组，因为这些基因组中含有至关重要的DNA指令，能帮助我们研究细胞和各个系统。于是，2016年6月28日，我们从帕克身上抽取了血液，以便提取其白细胞中的DNA，列清楚其基因组中的每一个碱基。当然，我们也检测了其父母的DNA。

三个月后，10月4日那天，遗传咨询师克洛伊·罗伊特和埃利·布林布尔打电话告诉林恩，他们发现帕克身上有一种基因突变，这种突变似乎既不是从她那里遗传来的，也不是从帕克父亲那里遗传来的。帕克身上出现的是一种全新的基因突变，这种突变似乎破坏了一个名为 *FOXG1* 的基因。[2] 而且，帕克和其他在这个基因上发生破坏性变异的患者有着非常相似的健康问题。这一定就是病因所在。自五年前发现帕克有发育问题以来，这是林恩第一次对病因有了初步了解。她立即在脸书（Facebook）上创建了一个群组，聚集世界各地患有 FOXG1 综合征的家庭（据最新统计，该群组现有 650 名家长）。而且，了解了帕克的病因后，我们带他去看了一位运动障碍专家，这位专家立即调整了帕克的药物治疗方案，显著缓解了其症状。林恩最近告诉我："他还是会偶尔癫痫发作，但现在已经没那么频繁了。虽然仍需定期去看医生，但他很乐观、很快乐。"

帕克和他的父母对未来抱有很大希望，因为现在他们可以和世界各地的医生、科学家以及数以百计的患者家庭并肩作战，互相分享经验，交流见解，期待着有朝一日能攻克这种疾病。科学家对基因组的研究让我们对它的理解有了长足的进步，也深刻影响了我们检测和治疗人类疾病的方式。如果没有他们过去几十年在基因组研究方面的努力以及获得的进展，我们的未来将截然不同。这些突破性进展还要从2009年说起。

· · ·

那是很普通的一天，早会结束后，我没去吃午饭，而是去了斯蒂芬·奎克的办公室，他是斯坦福大学的物理学教授，也是一名生物工程师，后来我们成了很好的朋友。斯蒂芬以其在微流体领域的开创性研究成果而闻名。他发明了带有开关的微型生物电路板，这种电路板类似于铁路上的站点，可以将细胞或分子引导到特定目的地，然后对其进行分析。我和斯蒂芬当时正准备在斯坦福大学为遗传学领域的教员举办一个研讨会。斯蒂芬·奎克的办公室在斯坦福大学的一栋以詹姆斯·H.克拉克的名字命名的大楼里。克拉克是一位电气工程师，也是美国硅图公司和美国网景公司的创始人。克拉克研究中心大楼由英国著名建筑师诺曼·福斯特设计，其外形像肾脏，外墙由玻璃构成，有着流畅的红色线条，到了晚上，灯火通明，看上去就像一艘外星飞船降落在校园中央。在某种程度上，好像确实可以这么说，因为修建这座大楼的目的就是孵化一个新的学科——生物工程学，即生物学和工程学相结合的交叉学科。大楼坐落在医学院和工程学院之间，距离斯坦福医院也很近。大楼周围种了棕榈树，在加州蓝天和阳光的映衬下，看上去很是美丽。路过大楼时，你可以透过窗户看到一排排灯光明亮的实验台，上面放着工程学的实验工具，旁边是分子生物学的湿法工作台，以及正在用移液管做杂交试验的机器人。大楼房间编号奇怪、复杂，如果你足够幸运的话，或许可以在白天找到斯蒂芬位于三楼的办公室。

斯蒂芬先后就读于斯坦福大学和牛津大学，是著名的物理学教授，也是一位杰出的反传统主义者。他学识渊博，不修边幅，完美契合当时人们心目中大学教授的形象。在斯蒂芬的办公室里，杂乱无章的学术期刊堆积如山，铺满了每个角落，就像他那装满知识的大脑一样。他弓着腰坐在中间，不停地敲击键盘，创造新的知识。即使在人才汇聚的大学校园里，斯蒂芬也很突出。我那天去是为了讨论我们即将举办的一个研讨会，这个研讨会计划把不同大学的人类遗传学家聚集在一起，但我们最终并没有讨论这个话题。

"来看看这个。"他说。我在成堆的学术期刊中找了个地方坐下，随后他招手示意我过去看他的电脑屏幕。起初我不知道他具体要我看什么，只见他打开一个网页浏览器，屏幕上显示出一张表格，表格顶部写着"Trait-o-matic①"。[3]这是早期网站上一种没有格式的简陋表格，外观并不好看，但是吸引我的并不是表格的外观，而是里面的内容。表格中有很多列数据，包括基因名称、基因符号，以及腺嘌呤（A）、胸腺嘧啶（T）、鸟嘌呤（G）、胞嘧啶（C）四种构成基因基本单位的物质。

"这是什么？"我问道。

他接下来的回答对我们俩的研究都产生了颠覆性影响，这是个具有里程碑意义的时刻。他以其标志性的陈述语气据实以告，这听起来既低调朴实又颠覆常规：

"这是我的基因组。"

---

① 一种开源工具，用于查找和分类全基因组变异的表型相关性。——译者注

···

　　那是 2009 年初，全世界范围内做过基因组测序的人屈指可数，每一个基因组都被按测序通量排列，或者按测序成本降序排列。美国能源部和国立卫生研究院为人类基因组计划投入了 30 亿美元。[4] 尽管人们通过一次次努力极大地降低了测序成本，但测序费用仍然令人望而却步。克雷格·文特尔是一个喜欢尝试新事物的企业家，为了成为人类基因组测序的第一人，他参加了一项公共基因组计划，花费了大约 1 亿美元对自己做了基因组测序。[5] 2008 年，一位姓名不详的中国人也花费了大约 200 万美元进行基因组测序。[6] 詹姆斯·沃森曾与弗朗西斯·克里克共同发现了 DNA 的双螺旋结构（两人后来与莫里斯·威尔金斯共同获得诺贝尔奖），并与罗莎琳德·富兰克林一起揭示了 DNA 结构。詹姆斯·沃森也在 2008 年初通过贝勒医学院的一个研究团队进行了基因组测序，这次费用相对较低，花了大概 100 万美元。[7] 每一次基因组测序都需要数百名科学家工作数千小时，付出大量时间和精力。2009 年，斯蒂芬与博士后学者诺玛·内夫和博士生德米特里·普什卡廖夫合作，在自己的实验室里用自己发明的技术对其本人的基因组进行了测序，只花了 4 万美元，耗时一个星期。[8]

　　我对实验室和科室的测序流程都了然于心。我们会把患者的血样送去做 DNA 测序，希望通过这种医学基因检测找出其患遗传性心脏病的病因。有 5~10 个基因与患者心脏状况有直接联系，而这些检测能确定构成这些基因的碱基字母（A、T、G、C），从而找出引发疾病的罪魁祸首（通常是由于其中某个碱基字母发生了变化）。当时，对这 5~10 个基因进行测序的成本为 5 000 美元左右，需要 2~4 个月才能拿到结果。因为当时的基因与疾病匹配鉴定技术还处于发展的早期阶段，所以这项检测结果的准确率也只有三分之一左右。这就是我当时的境况。想象一下，我们或许可以接触到人类的整个基因组：不是 5 个，不是 500 个，不是 5 000 个，而是整整 20 000 个基因，还有基因与基因之间另外 98% 的基因组……这是一个非常令人吃惊的数字。

当时，随着基因组测序成本急剧下降，我们中的一些人开始怀疑，是否有一天患者会在走进我们的办公室时，手中"紧紧握着自己的基因组"（他们可能真的已经拿到了基因组测序结果，又或者我们可以马上对其进行测序）。在硅谷，我们喜欢把一切事物和计算机做比较，但喜欢将测序成本和计算机成本迅速下降做比较的，不仅仅是我们这些旧金山湾区的人。科学家普遍将测序成本的下降与摩尔定律进行比较。戈登·摩尔是湾区土生土长的物理学家，他和罗伯特（"鲍勃"）·诺伊斯为集成电路的发展奠定了基础，创办了硅谷极具影响力的半导体公司——英特尔。在 1965 年的一篇关于科技快速进步的文章中，戈登·摩尔曾提到集成电路上可容纳的晶体管数量几乎每 18 个月就能翻一番，这意味着每隔一年，处理器的价格也会随之减半。不过他后来认为可能每隔两年翻一番比较现实，但无论如何，这个"定律"已经成了科技快速进步的代名词。[9] 人们普遍发现，基因测序的价格也在以同样惊人的速度下降，至少 2008 年之前是这样，当时测序成本的下降速度连摩尔定律都望尘莫及。美国国家人类基因组研究所发布的一张断崖式下降的图表充分说明了这一点。[10] 我很喜欢这张图表，和许多基因组研究者一样，我经常在展示中用到它。但我很快就找到了一个更具体、更能引起共鸣的方法来说明这种价格下降趋势。阿瑟顿位于硅谷中心，是亿万富翁的聚集地。当时，我的通勤路线会经过阿瑟顿附近的一个法拉利 - 玛莎拉蒂车行。等红绿灯时，我常常会瞟一眼那些车。有一天，我在等红灯时简单算了算，基因测序成本在人类基因组工作草图案（即初步粗略绘成的人类基因组图谱）公布后的八年里大幅下降，如果车行里法拉利价格的下降幅度也这么大，那么其售价将从35万美元跌至不到40美分。40美分的法拉利！价格降幅几乎达到百万级。这似乎史无前例。所以，我把这个想法也加到了要展示的幻灯片上。有时候，人们告诉我这样的解释更令他们印象深刻。

不可否认，2009年斯蒂芬做基因组测序的成本降到了4万美元，但让患者自愿到诊所来进行基因组测序似乎仍然是一种荒谬的未来主义设想，就像我会拥有一辆法拉利一样荒谬。但这种未来主义的设想是创造性思维的重要推动力，我们难道不应该开始为那天的到来做准备吗？是的，我们将面临计算能力上的挑战和巨大的知识鸿沟，但是，如果我们能成功解码基因组，而不仅仅是测序；如果我们能完全**理解**这本书，而不仅仅是阅读；如果我们能把数据转化为知识，并将其应用在临床患者身上，那实际效果会如何呢？

在斯蒂芬的办公室里，他问了我关于各种基因的问题。他指着屏幕上自己的DNA碱基字母与参考序列中不同的地方（我们将在第6章中讨论参考序列及其来源），问道："你看到什么认识的东西了吗？"我快速浏览了一遍，注意到一个我非常熟悉的基因：心肌肌球蛋白结合蛋白C。这个基因编码的一种蛋白质是心脏正常运作的重要组成部分。多年来，科学家一直没能弄明白其真正的功能，但现在我们知道，这个基因的变异体是遗传性心脏病——肥厚型心肌病（一种与心力衰竭和猝死相关的疾病）最常见的病因。这就是斯蒂芬所指的其基因组中的那个基因变异体。这种变异可能会危及生命。所以，作为一名心脏病专家，我很自然地开始询问其身体状况："你有哪里不适吗？有什么症状吗？胸痛吗？呼吸急促吗？心悸吗？"那一刻，我不再是一个走进同事办公室的科学家，而是一个与患者交流的医生，是一个极为不同的调查员，在探查一个非常私人的真相。斯蒂芬没有任何此类症状，也没有任何不适，我松了一口气。

所以，我把注意力转向了他的家族病史。家族病史对于不同的医生来说意义也不一样。对某些医生来说，家族病史像一个回答是或否的勾选框："家族中没有什么疾病史，是吗？"好的，下一个问题。但是，对于遗传学家或罕见疾病诊断专家来说，家族病史是一个充满治疗线索的宝库，需要仔细地研究、拆解、检查和解构。他们对待家族病史就像夏洛克·福尔摩斯对待犯罪现场一样：从每一个角度细致入微地检查家族病史情况，详细询问患者，然后反思并研究。然而，很少有人真正了解自己的家族病史。你现在也可以自己试着列一张家族成员所患疾病的清单，把每种疾病患病亲属的名字和他们首次确诊时的年龄逐一对应起来。这并不容易。我问斯蒂芬有没有家族病史，他和大多数患者一样，很爽快地回答："没有，没有家族病史。"然后，他回想了一下过往，就像是在柜子的另一端翻阅积满灰尘的文件似的，随即说道："等等，我爸爸心脏有点儿问题，心律方面的问题，室性……"

"心动过速？"我提出这个问题时并不希望得到肯定的回答，但也本能地做出了最坏的打算（这是医生的习惯）。室性心动过速是一种心律异常现象，可能发生在肥厚型心肌病患者身上。

"嗯，好像是这个。"

这样一来，我在好奇的同时又多了几分担忧。因为室性心动过速患者心脏的上腔和下腔会出现快速且不协调的心跳节律，这种危险的节律可能导致大脑供血不足，而流向大脑的血量太低会导致人失去意识或直接猝死。这是一种让大多数医生感到恐惧的心跳节律，因为一旦发作，患者几乎都会被送去急诊。接诊此类患者的医生也要加快脚步，争分夺秒地赶去抢救。"室性心动过速"这个名字本身听起来似乎就带有一种短促刺耳的感觉，让人联想到医院心电监护仪上断断续续、毫无规律的心电图。这个名字就好像是在大声呼喊"立即抢救！"。它发作迅速，令人胆寒，有时甚至会一击致命。

回想一下，我和斯蒂芬见面是想讨论关于组织遗传学研讨会的事，但这位世界著名的科学家告诉我，他父亲可能患有室性心动过速——一种与猝死有关的疾病。作为一个专门研究引起猝死的遗传性心脏病的专家，我就坐在这儿盯着他基因组里与肥厚型心肌病有关联的一个特定基因变异体看。肥厚型心肌病具有遗传性，并且可能导致猝死。"那么，你家有没有人猝死过？"我问道。这个问题能提供极为重要的诊断线索。对于内科医生来说，此类问题及其后续回答就像外科手术工具对于外科医生一样重要。每个外科医生都有其最喜欢的手术工具，有些工具甚至是专门定制的。这样的工具用起来很顺手，手感也恰到好处。外科医生知道如何使用这些工具，知道如何用它们进行切割，也知道一刀下去器官会有什么反应。如果方向正确，在诊断疾病时我们问患者的这些问题就会像外科医生的手术刀一样好用。

"实际上……我堂兄的儿子前几天突然去世了，没有人知道原因。"

果然！

有线索了：家族中有人突然死去，且死因不明。最危险的红色警报小旗在我面前招展，扑在我的脸上。我努力表现得不那么凝重，同时也在脑子里仔细推算斯蒂芬与其堂兄的儿子有相同基因情况的可能性，我问道："哦，是吗？他多大了？"

"唉，他才 19 岁，是一名空手道黑带，我从来没有想过他这辈子会有病倒的一天。"

他堂兄的儿子引起了我的注意。年轻人猝死最常见的原因是遗传性心脏病，比如肥厚型心肌病。随后我请斯蒂芬去科室，以便对其进行心脏检查。此时他不仅是我的同事和朋友，还是我的患者。之后，我大脑飞转，思考着我需要以多快的速度，以及在谁的帮助下，才能尽快筛查出斯蒂芬心脏的问题。我意识到他即将成为世界上首个走进医生办公室接受整个基因组检查的患者。

是的，检查整个基因组！

而做检查的医生就是我。

回到办公室，我脑子里不停思考着各种可能和不可能的情况。我们到底该如何分析基因组呢？当时，解读一个人的整个基因组这一想法听起来似乎既不成熟，又很荒谬。当时人们对公开发布的为数不多的几个基因组仅进行了统计分析——例如，总共发现了多少变异体存在单个碱基突变。贝勒医学院的研究小组更进一步研究了詹姆斯·沃森的基因组中与医学疾病相关的基因变异体。但是，目前我们认识的人当中，还没有人想出一种可行的医学方法来研究整个基因组，包括每个基因的变异体。

于是，我找到了我的一名心脏病学实习生马修·惠勒，他现在是我的长期合作伙伴，也是我的朋友，是一位天赋异禀的临床科学家。马修来自纽约州北部，来斯坦福医院之前曾在芝加哥实习。他高大魁梧，划起船来冲劲十足，而且四肢灵活，滑雪玩得也比我好得多。事实上，我和马修的会面是由我俩的妻子在她们划船俱乐部的"船员"聚会上安排的，我俩一见如故，我们都热衷于研究心脏病学、遗传学、体育运动和遗传性心血管病。那天，我们谈到了一个宏伟的计划——建立一个遗传性心血管疾病中心。五年后，我们再次在我的办公室（后来成了他的办公室）见面时，我告诉了他斯蒂芬的事，包括斯蒂芬的基因组、家族病史，以及我从其办公室回来后产生的一个想法：对人类的整个基因组进行临床分析，包括每一个部分、每一个基因、每一个变异体。听了我的想法后，马修面无表情，只是轻描淡写地小声说了句话，似乎预示着我们将要踏上一场冒险之旅：

"很高兴看到你仍怀有当初的雄心壮志。"

· · ·

人类基因组几乎存在于身体的每一个细胞中。我说"几乎"每一个细胞，是因为某些细胞，比如红细胞，在成熟后会失去细胞核，这样就可以有更多的空间运输氧气。大部分基因组在细胞的"内部保险库"——细胞核中；还有一些在细胞的"动力工厂"——线粒体中。前面提到过，基因组由极长的 DNA 分子组成。单链 DNA 由一长串核苷酸分子组成，其中含有特殊的糖和一种碱基。碱基包括腺嘌呤、鸟嘌呤、胸腺嘧啶和胞嘧啶四种。每一个碱基的英文首字母——A、G、T、C——组成了多达 60 亿个字母的遗传密码。组成基因组的 DNA 分子非常长，如果把一个细胞中的 DNA 提取出来，就会有两米那么长，所以 DNA 需要被压缩后才能进入细胞核。DNA 在被压缩时会被包裹在一种名为组蛋白的蛋白质周围，变成一种被称为染色质的致密结构，构成单个染色体。正常人的基因组有 23 对这样的染色体：22 对常规染色体和一对性染色体，性染色体由 X 和 Y 两种染色体组合而成（女性有两条 X 染色体，男性有一条 X 染色体和一条 Y 染色体）。有些疾病是由整条染色体复制引起的，例如，21–三体综合征（也称唐氏综合征）就是因为有三条 21 号染色体。所以，简单来说，基因组就像是存储在人体几乎每一个细胞里的一本食谱。基因组里面共有 60 亿个字母，全都由 A、T、G、C 组成，并被压缩成染色体存在于细胞中，正常人都有 23 对染色体。

这本食谱包含配料及其使用说明，这里所说的"配料"就是基因。基因的大小千差万别：最小的只有 8 个字母，最大的有 2 473 559 个字母。[11] 大多数基因有指导蛋白质合成的编码。编码过程中，DNA 被转录成一种叫作核糖核酸（RNA）的相关分子，该分子将编码作为信息带出细胞核，然后以每组 3 个字母的方式翻译成氨基酸——细胞蛋白质的组成部分。蛋白质可以是结构性的，将细胞固定在一起；也可以是运动性的，用来运输自身或其他物质；还可以是酶，将一个分子转化为另一个分子。控制蛋白质合成的基因大约有两万个，却只占基因组的 2%，那另外 98% 呢？多年来，基因组的这部分被称为"垃圾 DNA"，意味着没有人真正知道其用途，现在看来这几乎无法想象。我们曾天真地认为大自然为我们创造的基因组中绝大多数的基因毫无用处，但随着我们对未知基因的了解越来越深入，这一想法也越来越荒谬可笑。事实证明，基因组中的"非编码"部分对基因的功能起着至关重要的作用。而且，基因组的这一部分中大约一半的基因有与之相关的假基因——丧失正常功能的基因拷贝（或者，就像我们过去认为的那样——现在我们知道假基因也可以调节其他基因，特别是其伴侣基因）。其中有一些看起来很像垃圾基因，基因组中有一半是由重复的 DNA 片段组成的，而我们至今仍未真正了解这些 DNA 片段。最后，也许最不可思议的是，人类基因组中大约有 10% 的基因实际上来自很久以前就嵌入我们基因组的病毒。下次你感冒时请记住这一点。

多年来，破译像基因组这样复杂的东西，似乎是不可能的事情。20 世纪 70 年代，人们提出了两种读取 DNA 的方法，但最受欢迎的还是弗雷德里克·桑格发明的方法。桑格是一位英国生物化学家，他是仅有的四位获得过两次诺贝尔奖的人之一，并指导过两位获得诺贝尔奖的博士，但他常把自己形容为"一个在实验室里瞎混的家伙"。[12] 桑格测序法主导了基因测序数十年，至今仍然发挥着重要作用，这种方法主要是利用一种存在于我们细胞中的名为 DNA 聚合酶的物质，这种物质可以复制分子。

为了理解桑格测序法，我们要稍微讲一点儿技术知识。[13] 想象一下，我们有四个标有 A、T、G、C 的试管，在每个试管中都放入可以复制 DNA 的聚合酶、要复制的 DNA 分子本体，以及组成 DNA 的碱基（A、T、G、C）。现在，我们按照每个试管上的不同字母标签，相应加入一种特殊碱基。该碱基具有特殊的放射性，会阻止 DNA 聚合酶进一步延长特定的 DNA 分子。[14] 此外，重要的是，与常规的碱基数量相比，我们添加的碱基数量很少。现在想象一下，当每个试管中的 DNA 聚合酶发挥作用时，它会随机与混合物中的碱基结合。当然，它与常规碱基结合的概率要比特殊碱基大，因为常规碱基的数量要多得多。然而，它也可能会和一个具有放射性的特殊碱基结合。这时，DNA 聚合酶活动被中止，该分子被标记为具有放射性。但 DNA 聚合酶会继续在试管的其他地方制造新的拷贝，就这样循环往复。最终，这四个试管都含有不同长度的基因拷贝。"A"管含有标记为"A"的拷贝，"T"管含有标记为"T"的拷贝，以此类推。为了读取序列，我们从每个试管中取出 DNA，并利用电荷将分子按其长度沿凝胶板展开。然后，通过将凝胶曝光在 X 射线胶片上，我们可以检测出放射性元素。结果发现这四张又薄又长的 X 射线胶片，每张看起来都像是一个缺少很多横档的梯子。然而，神奇的事情发生了。如果你把四张 X 射线胶片排列在一起，你会看到每个横档只在其中一张胶片中出现。而且出现横档的梯子的位置分别对应字母 A、T、G 或 C。

如果你没看懂，请继续耐心地听我说。这一费力的过程能被加速并商业化，主要得益于三个方面的进步：（1）发光分子取代放射性物质；（2）整个过程都可以在一个试管中完成；（3）我们可以根据电荷更快、更高效地分离分子。美国应用生物系统公司开发了一项新技术，该技术每次可以读取大约 500 个字母长的基因拷贝，成为人类基因组计划的主要测序方法。

第二个基因组测序也使用了同样的技术，大约与人类基因组计划同时完成，测定的是克雷格·文特尔的基因组序列。文特尔是一位科学家，成立了一家基因测序公司，并试图申请人类基因专利。他曾向公共项目发起挑战，并引发了一场轩然大波（最后被宣布为平局）。文特尔的基因组测序花费了大约 1 亿美元（这意味着法拉利的价格从最初的 35 万美元下降到了仅 1.2 万美元）。

生物学上有许多这样的突破，就像科幻小说一样，即便没有小说情节那么曲折离奇，后世描述时所用的语言也一定激动人心。这也许就是所谓"下一代"测序方法诞生的原因，也许不是。《星际迷航》里的让－卢克·皮卡德也会为此感到骄傲。当然，由于"下一代"这个词是相对的而非绝对的，自桑格测序法以来，几乎所有的技术都一度被称为"下一代"，这也许是不可避免的。的确有一个礼物在不断启发我们，这个礼物就是困惑。但所有"下一代"技术的共同点是，它们都能优化测序过程。以往的测序都专注于想要进行测序的那部分基因组，只对该部分进行多次拷贝，然后进行桑格测序。而下一代测序法是将整个基因组切成 100 个碱基左右的小片段，然后同时对所有片段进行测序。这使得我们可以对基因进行大规模测序，而且效率很高。

这样的技术进步需要时间。直到 7 年后，另一个人的基因组才被公布。[15] 2007 年，澳大利亚遗传学家理查德·吉布斯领导贝勒医学院的一个团队，利用由连续创业者乔纳森·罗思伯格创立的 454 生命科学公司的一项技术 [16]，对诺贝尔奖得主詹姆斯·沃森的基因组进行了测序。因为 454 生命科学公司的技术能对很长的 DNA 片段进行测序（最初是 400~500 个碱基长的片段，后来更新为可以读取长达 1 000 个碱基的片段），所以罗氏集团于 2007 年购买了这项神秘的技术。根据贝勒医学院团队的分析，沃森的基因组显示出他有患癌症的倾向。沃森还特意修改了其公开的基因组信息，以掩盖一种使其易患阿尔茨海默病的基因变异体，此事广为人知。沃森的基因组测序耗时两个月，花费了100万美元。这意味着那辆法拉利打折到了116美元。

2008年底至2009年初，世界各地的不同研究团队又接连公布了3个人（均匿名）的基因组信息。这些团队用的都是因美纳公司[①]的测序技术，过去10年的大部分时间里，该公司都是测序领域的主导力量。重要的是，这些测序的基因组开始更全面地代表世界的多样性：一个是中国的汉族人，一个是韩国人，另一个是西非人。有一份出版物包含了一些对基因组的医学注释，甚至使用了我第一次在斯蒂芬的办公室看到的Trait-o-matic软件的早期版本。每项测序都用了6~8周的时间，成本为数十万美元——相当于买下那辆法拉利跑车只要50美元。

斯蒂芬的基因组如此引人注目有几个原因。首先，他发明了用于基因组测序的技术，并创建了赫利克斯公司，以便销售其发明的仪器，该仪器被巧妙地命名为赫利克斯镜。赫利克斯的测序技术与桑格和因美纳公司的不同，因为它是对单个DNA分子进行测序的。荧光标记的DNA碱基被注入流通池，锚定靶序列DNA片段。当每一个碱基被DNA聚合酶——我们所说的复印机——整合到一个新的DNA链中时，一个非常灵敏的相机就会拍摄一张照片，有点儿像给一个小灯泡拍照。然后，前一个"小灯泡"被切断后，下一个会跟着进入再拍一张照片，就这样循环下去。当然，每张照片并不仅仅有一个灯泡。这台相机一次可以读取10亿个灯泡，这意味着**一周内**就可以生成足够的数据，覆盖整个人类基因组，而成本仅为4万美元。这也意味着，那辆法拉利将在一小时内组装完毕，并且降价到6美元。

---

① 因美纳公司于2025年2月4日起被中国政府列入不可靠实体清单，因其违反正常的市场交易原则，中断与中国企业的正常交易，对中国企业采取歧视性措施，严重损害中国企业合法权益。——编者注

正如你所想象的那样，所有这些"下一代"测序方法都输出了数以百万计的短基因组"单词"，这些单词与输入测序仪的 DNA 小片段相对应。这些单词并不是以特定的顺序出现的，所以为了理解它们，需要把它们组织起来——就像拼图一样。这通常是通过一个计算机程序来完成的，该程序扫描人类参考序列（由人类基因组计划创建的序列），并为每个新词找到正确的位置。这样的程序现在已经标准化了，但当时，我们必须从零开始编写软件。这份工作落到了斯蒂芬实验室的德米特里·普什卡廖夫身上，他身材高挑，体形清瘦，是一名来自俄罗斯的研究生，无论是深夜编程，还是白天探险，都有着令人羡慕的耐力。德米特里编写了最早期的一批程序，可以将 DNA 片段拼接成基因组，并找到它们与人类参考序列的不同之处。我们的工作正是从这些数据和算法开始的。

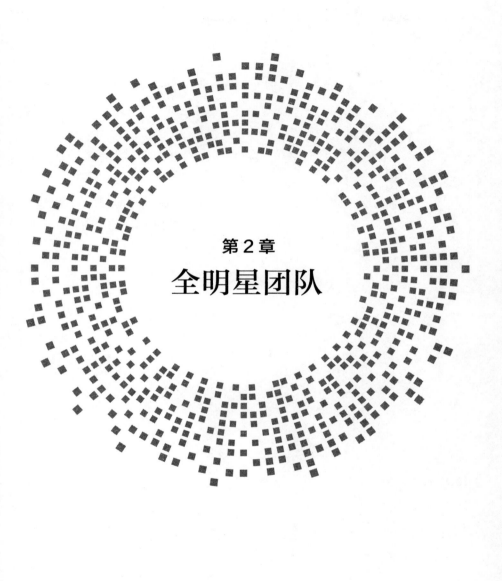

第 2 章

全明星团队

"如果你不在乎功劳落在谁头上，那么你将会成绩斐然。"

——哈里·杜鲁门，美国前总统

"一个人再聪明也聪明不过一群人。"

——肯·布兰查德

　　要应对分析整个基因组这样艰巨的挑战，显然需要一个庞大且多元的团队。召集关键团队成员前，我们首先要考虑组建这个团队的目的。我们认为人类遗传变异与健康和疾病的关系大致分为以下三类。首先，基因组受到大规模破坏。这类破坏很少发生，并且几乎不受其他基因变异体或环境的影响就会导致疾病。在极端的情况下，会有一条完整的染色体被复制，但更常见的疾病是"单基因"紊乱造成的，如囊性纤维化很大程度上就是单个基因的罕见变异体所致。这样的变异体会阻断一个甚至两个基因拷贝的正常表达，对大多数人来说足以致病。具有相同基因变异体的人之间的差异是由其他基因或外部环境的轻微影响造成的。其次，遗传变异涉及群体中常见的变异体，有些变异体可能大多数人身上都有。正如你所猜测的那样，这些变异体几乎从不单独致病，因为它们单独产生的影响非常小。但是，如果成百上千或上百万个变异体一齐发挥作用，就会带来巨大的患病风险（例如高血压或心脏病发作的风险）。最后，遗传变异实际上是前两个类别的子集，涉及改变医学药物效果的基因变异体，这是一个被称为药理基因组学的专业领域。所以，我们的团队需要有上述各个领域的专家。但是，在开始挑选团队成员之前，我们还必须考虑这一项目的道德伦理问题，幸运的是，我知道有一个人能帮上忙。

亨利·格里利具有传奇般的广博学识，性格强势率真，总是穿着色彩鲜艳的毛衣，还单方面抵触幻灯片，这些都广为人知。他是新兴生物医学技术——特别是遗传学技术——伦理、法律和社会影响方面的专家，是医学界大名鼎鼎的人物。我对亨利早有耳闻，之前在一次会议上，我向他咨询过一个患者的令人棘手的问题，他很友好地给我做了"伦理"方面的解答。后来，我们首次讨论了如何对患者的整个基因组进行医学分析。几个星期后，我们在斯坦福遗传学研讨会的一个小组会议上进行了更深入的交流。事实上，这个会议就是那天我准备和斯蒂芬·奎克在他办公室里讨论的那个，当时他还第一次向我展示了自己的基因组。在斯坦福遗传学研讨会上，我们三五成群地坐在一个大房间里，思考着真正分析一个完整的基因组需要做哪些准备。我清楚地记得，亨利当时提出了一个有趣的设想，他把基因变异体对健康的预期影响比作"交通信号灯"：绿色代表很健康，黄色代表要提高警惕，红色代表要格外注意健康隐患。他也曾多次建议人们尝试对人类基因组中的每一个变异体都进行医学分析。这个想法当时听起来很疯狂。事实上，这正是我们在筹划的事，并且已经逐渐成形。

碰巧，另一个我想拉入团队的人也出席了这次研讨会。阿图尔·布特经常被大家称为其所在领域的"摇滚明星"。这并不是因为他有出色的歌喉，或能敏锐把握 12 小节布鲁斯，而是因为他能在座无虚席的会场上发表慷慨激昂且极具感染力的演讲，相较于一般的科学闭门会议，这显然更符合 U2 这一爱尔兰摇滚乐队的风格。阿图尔在哈佛大学接受了儿科医生训练，并在著名科学家扎克·科恩的指导下获得了博士学位，而后从哈佛来到斯坦福。他在斯坦福管理着一个大型实验室，里面有许多精力充沛、富有创造力的年轻数据科学家。他还根据已有研究成果，建立了一个常见基因变异体数据库，研究它们与疾病的关系，这正是我们这个项目所需要的。然而，比起仅仅收集数据，更重要的是处理数据。因为当时还无法从科学论文中自动提取数据，所以其团队只能逐篇阅读文献，并从中找出变异体和疾病之间的联系，然后用标准格式进行标注，其中还包括研究中受试者的数量、性别和种族等详细信息。通过这样的数据处理，已有的研究成果更便于计算机读取，或者说"可计算性"更强——这将使我们能够快速分析单个完整的基因组，并确定存在哪些变异体。阿图尔的确拥有充满活力的个性，他接受了这个伟大构想，并很快让自己的整个团队都参与其中，包括 3 名才华横溢的年轻数据科学家。

此外，我们还需要了解与处方药物相关的基因变异体，例如那些使患者对某些药物特别敏感的基因变异体。很多时候，人们提到个性化医疗时，首先想到的就是药物基因组学这一领域。然而，当我们去看病时，医生给我们开的治疗高血压的药物和给其他患者开的是一样的。我们的饮食习惯不同，生理机能不同，基因组肯定也不同，那为什么我们会拿到相同的药物呢？如果医生可以通过研究你的基因组来选择合适的药物和剂量，而不是给每个患者都开同种同剂量的药呢？多年来，每次医生给你开新处方时，都能通过电子医疗记录系统查到你曾经服用过的所有药物，这样医生就可以检查这些药物与新药之间是否会发生反应，是否会产生副作用。我们开始设想这些系统是否也可以用来查找基因组信息。如果我们要从医学角度去探索患者的整个基因组，那么当然需要找到一种方法来指导药物治疗。所以我们需要的是一个药物基因组变异体数据库。还好我们有拉斯·奥尔特曼，真是万幸。

拉斯就是"高深莫测"这个词的化身。你向斯坦福大学里的任何人提起拉斯的名字时，他们都会撇嘴一笑。有些人走着去开会，而拉斯是跳着跑着去的。有些人开会时静坐不动，而拉斯却如坐针毡。他充满活力，几乎总是第一个发言。有段时间，人工智能先驱爱德华·费根鲍姆是我在斯坦福大学校内住所的邻居。他曾对我的另一个同事说，拉斯是他见过的最聪明的博士生之一。我们开始研究斯蒂芬的基因组时，拉斯已经晋升为生物工程系的联合系主任了，与斯蒂芬搭档。此外，拉斯还牵头完成了生物信息学博士项目和药物基因组学知识库项目。[1] 直到今天，药物基因组学知识库仍然被奉为药物基因组学领域的"圣经"，因为在该知识库中能查到所有与药物反应相关的重要基因变异体，并配有相应的解释说明。这个团队由拉斯和他的长期合作伙伴泰里·克莱因教授带领，将人类智慧与人工智能结合，从医学文献中推导出药物和基因变异体之间的关系。他们创建了一个精细翔实的数据库，里面包含反映全球所有基因变异体和医学药物之间关联的数据，而且所有数据都是计算机可读的形式。换句话说，这正是我们需要的数据库。

于是，团队就这样组建起来了。事实上，这个团队群英荟萃，我们希望挖掘斯蒂芬基因组中的信息，而在基因健康信息所涉及的主要研究领域，我们都有对应的小团队。斯蒂芬的小团队将提供变异体列表，我的小团队研究罕见变异体和罕见病，阿图尔的小团队搜寻常见疾病的相关变异体，拉斯的小团队研究影响药物反应的变异体，亨利的小团队则给我们整个研究团队提供伦理指导。这群人才华横溢，争

强好胜，颇有主见，但也善于合作，都毫不犹豫地致力于将一个疯狂
至极的构想付诸实践。要立刻就着手分析人类基因组吗？要学习并
理解人类疾病遗传学的全部知识，然后将其应用于个人基因组研究
吗？对于这些荒谬可笑的问题，他们给出了一致的答案："告诉我去
哪里，带谁去。"

这个团队中的每一个人都将成为彼此的朋友。

• • •

我们计划深入研究斯蒂芬的基因组，以发现其中可能存在的疾病
风险，包括他是否携带任何可能导致猝死的基因变异体。但在此之
前，我们的首要任务是让斯蒂芬作为"患者"了解这一研究过程，并
征得其同意。我们还需要为斯蒂芬提供遗传咨询服务 [2]：虽然斯蒂芬
很了解遗传学，但他真的明白我们这样做的**医学**意义吗？我们自己明
白吗？

遗传咨询是一个发展历史相对较短却至关重要的行业。与其他医
学检测不同，基因检测的影响范围往往超出个人。基因检测需要参考
家族史，和其他家族成员息息相关。遗传咨询理解起来很复杂，很少
产生非黑即白的结果，但对患者及其家属的心理支持起着至关重要的
作用。这就需要遗传咨询师参与进来。他们是咨询师、教育家、侦
探、技术鉴定师、技术翻译、心理学家和治疗师的综合体（如果你正
在找工作，那么这是一个全球范围内人才缺口都很大的职业）。2009
年，遗传咨询师主要关注产前护理、罕见遗传性疾病治疗，以及癌
症、心脏病等少数分支领域。而且在大多数情况下，遗传咨询师问基
因测序患者的问题都直接切中主题。你是否有家族乳腺癌遗传史？你
的宝宝是否会受父母的基因影响而有患遗传性疾病的风险？毕竟如果

出于价格原因，你只能对一小部分基因进行测序，或者检测的基因中只有一个基因会引发你要检查的特定疾病，那么测序的价值就和可能得出的结果一样显而易见。但是，如果你不是只对小范围的基因进行测序，而是要对人体所有的基因进行测序呢？如果要检测"一切"，你就必须面对很多意想不到的检测结果。如果我们排除了斯蒂芬发生心源性猝死的可能性，但又发现其患癌症的风险升高了呢？如果我们发现他有患早发性阿尔茨海默病的风险（这正是詹姆斯·沃森不想让别人知道的事情），那又会怎么样呢？如果我们发现他还有可能患上另外一种不治之症呢？如果我们发现他有一个变异体，这个变异体对他来说风险很小，但如果他的女儿遗传了这个变异体，那她就会有潜在的患病风险呢？这些情况都没有可参考的资料，我们处于一个全新的领域。事实上，我们甚至还没有与全基因组测序这个领域相关的词汇。2006 年，哈佛大学医学院的扎克·科恩和拉斯·奥尔特曼在《美国医学协会杂志》上发表了一篇著名的评论，他们对"偶发性"和"基因组"这两个词进行了再创造，提出了一个新术语"偶发性基因组"。[3] 这个词指的是在全基因组测序时偶然发现的变异体，扎克·科恩和拉斯·奥尔特曼认为这种偶发性变异体对全基因组测序的发展是一种"威胁"，因为其不确定性会吓退原本打算进行全基因组测序的人。当然，偶然发现对医学来说并不新鲜。检查肺炎时意外发现心脏杂音，这是几百年来屡见不鲜的偶发事件。为了检查慢性肺部疾病或哮喘拍了一张胸部 X 光片，却偶然发现肋骨上有一处凹陷，并最终诊断为癌症。对偶然发现的变异体尚未有十足的了解时，我们是否应该将这一情况告诉患者？（因为有很多变异体，我们并不能十分确定它们是否危险。）真的要给予一个不熟悉遗传学的患者知情同意吗？当对自己可能会发现的情况还知之甚少时，我们又如何向患者提供建议呢？

幸运的是，在我们的伦理团队中有一位经验丰富的遗传咨询师——凯莉·奥蒙德教授，她是斯坦福大学遗传咨询硕士项目的负责人。我们带着这个不同寻常的知情同意和凯莉谈了谈。在某些方面，斯蒂芬比普通患者更容易接受基因组测序。因为作为遗传学家和基因组测序技术的发明者，他想知道和基因相关的一切。不治之症？想了解。不确定性？放马过来。但这是我们第一次站在真实患者的角度去思考基因组测序中患者知情同意的必要性。像斯蒂芬一样的许多著名基因组科学家，实际上并没有接触过遗传学家在临床中可能遇到的各种医疗情况。我们计划与斯蒂芬举行一次初步会议，讨论一下我们的方法，并展示一些初期成果。凯莉知道斯蒂芬既是研究人员又是患者的这一不同寻常的身份后，开始和亨利一起探讨这种双重身份带来的影响。

• • •

与此同时，斯蒂芬也来心脏病科室看病了。毕竟，他确实有非常严重的心血管疾病家族史，包括他父亲的室性心动过速和他堂兄儿子的猝死。与研究斯蒂芬的基因组所面临的问题相比，获得患者知情同意似乎容易得多。几年前，我和我团队中的海蒂·索尔兹伯里护士一起在斯坦福创办了一个遗传性心血管疾病中心。海蒂不仅是我的工作伙伴，也是密友。她精力充沛，富有同情心，是个习惯早起而且永远乐呵呵的人。海蒂不仅是一位关心患者、富有耐心、对工作乐此不疲的护士主管，还是一位技术娴熟的足球运动员兼教练，如果你想为患者找一个好护士，她绝对是最佳人选。十多年来，我们一直在照顾患有各种遗传性心血管疾病的患者及其家属。在一个温暖的秋日，斯蒂芬不慌不忙地来到我们的科室，就是为了和海蒂见上一面。

尽管基因组技术当时正在经历一场大变革，但传统医学几乎没有什么改变。1816 年，勒内·拉埃内克在为一位年轻女子听诊时，为了避免耳朵贴在女子的胸口上，首次将一张纸卷成圆锥形来进行听诊。[4] 时至今日，听诊器仍然是医生听取患者体内声音最为直接有效的设备。幸运的是，当我把听诊器放在斯蒂芬的胸口时，我没有听到任何异常的声音，只有有规律、有节奏的心跳声。接下来是心电图。

心电图是一个更现代的发明——至今不过 130 多年。第一张心电图于 1887 年发表在《生理学杂志》上，作者是一位出生于巴黎的医学家，和我一样在苏格兰长大并接受医学培训。他从阿伯丁大学医学院毕业后，任教于伦敦的圣玛丽医院，并在那里发明了"心电图"。奥古斯塔斯·沃勒曾通过试验证明他可以探测并记录生物发出的心脏电信号。[5] 他养了几只斗牛犬，其中一只叫吉米，他把吉米的两只爪子放到盐水盆里，斗牛犬的心脏电信号通过盐水传导到附近的打印机上，从而产生了心电图。但在英国皇家学会展示这个试验后，议会议员赫伯特·格拉德斯通子爵在议会中被问及这种试验是否存在"虐待"动物的情况，而其回答充分利用了英国议会所在地威斯敏斯特那种带有讽刺意味的英式幽默："我知道这只狗待在水里的感受，水里面加了氯化钠，换句话说，就是一点儿普通的食盐。如果提问的这位朋友在海里游过泳，那自然也能明白那种感觉。这只狗是一只发育良好的斗牛犬，它既没有系绳子，也没有戴嘴套，只是戴了一个饰有黄铜钉的皮圈。如果试验对狗来说是一种虐待，那么离狗最近的人肯定能立即感受到狗的痛苦。"[6] 毫无疑问，子爵的这一回答引起了哄堂大笑。此后，心电图本身几乎没有变化，仍然能敏感地检测到一系列心脏异常情况，每个到心脏病科室就诊的患者几乎都会收到一份心电图报告。直到今天，心电图仍然会从机器的一侧缓慢出来，患者的心脏跳动曲线被打印在一张布满粉红色网格的纸上，整个过程充满悬念。

斯蒂芬的心电图慢慢从机器里出来，我看到上面一切正常，这才松了口气。[7]

接下来，他又做了心脏超声检查和运动检测。自 20 世纪中叶以来，高频超声波已被用于检查体内器官，最典型的是对胎儿的超声检查。这一技术非常强大，可以实时查看心脏的大小、结构和血液流动情况。这种心脏超声被称为超声心动图。有时，我们会通过在视频图像上叠加颜色来表示人体的血流速度和方向。看到自己的心脏如何跳动运转，确实令人惊叹，这也是你能见到的最迷人的景象之一。心脏的四个腔室，相互独立却又紧密相连，在人的一生中会不停地跳动约 30 亿次。

当时科室已经下班了，但这个检查非常重要，所以我们向优秀的首席超声科医生乔西·维诺亚寻求帮助。乔西在医院二楼的运动实验室里为斯蒂芬做了检查。当时那个实验室十分简陋，只有四面米黄色的墙，长、宽均为 12 英尺①，配有一台跑步机、一个医疗检查台、一辆放着用来测量氧气和二氧化碳的设备的"小推车"、一个水槽、一名医生和一名护士。在那个实验室里，我们还置办了另一个大物件：超声波机。乔西将加热后的凝胶涂在探头上，把它放在斯蒂芬的胸口，就获得了清晰的心脏图像。由于空间都被这些大型器材挤占了，乔西只好蜷缩着身体进行这一系列操作。她有时会把音量调大，让我们听到斯蒂芬的心脏里血液流过瓣膜的声音。我们都盯着屏幕，目瞪口呆。我又松了一口气：斯蒂芬的心脏在平静时收缩良好。接下来，他该运动了。斯蒂芬没有选择在跑步机上跑步，而是选择了骑自行车。这是我们这里强度最大的检测，因为在 10~15 分钟的时间里，我们会逐渐增加运动阻力，直到患者筋疲力尽（有医生做朋友真的很

① 1 英尺 ≈ 0.3 米。——译者注

有趣）。这项检测很累人，如果你操作得当，患者会呼吸困难，最后还会感到有点儿恶心。但是现实中，我们不需要把人们逼到肌肉内乳酸堆积（导致患者疼痛和恶心的原因）的地步。我们只需要患者做一定量的运动，能让我们估算出其心输出量（一侧心室每分钟射入动脉的血液量）的最大值即可。16分9秒后，斯蒂芬筋疲力尽，停了下来。他满头大汗，紧绷的双腿产生了450瓦的能量，心跳频率也达到了每分钟191次。最终斯蒂芬以优异的成绩通过了检测。其最大摄氧量（对体能的衡量标准）为49.6毫升/（千克·分），是基于其身高、体重和性别算出的预测值的145%。更值得高兴的是，他的心壁一直在匀称运动，也没有出现不良心律。总之，斯蒂芬的"引擎"目前确实表现得非常好。

接下来，我们查看了他的血检结果。跟年度体检时医生所开的清单一样，我们也为他安排了血常规检查。斯蒂芬的肝脏和肾脏指标一切正常。血液中的电解质水平也处于良好范围内。但我们在检查其胆固醇水平时，发现了一些令人担心的情况。

为了能更好地理解下面要说的问题，这里我们要谈谈泡沫——特别是肥皂泡沫。你在洗脏锅时，可能会注意到锅里的油和水是分开的，这些油基本上都是脂肪。[8]用科学术语来说，这些脂肪有"疏水性"，而这就要用到餐具清洁剂。洗洁精或洗涤剂实际上是一种被称为"阴离子表面活性剂"的物质，这种清洁剂还混合了一种化学物质，可以帮助其保持液体状态。[9]大多数餐具可能不需要用清洁剂，因为仅用水就可以洗干净。但是，如果要洗带油渍的盘子，你就需要一些东西来分散和分解油渍，这种东西就是清洁剂。那么，这和测量人体内的胆固醇有什么关系呢？测量血液中的胆固醇水平时，我们实际上测量的是血液中脂肪颗粒的大小和数量。但就像那些脏盘子一样，由于脂肪和水不相溶，脂肪通过肠道被吸收到我们的血液中后，会合成一种被称作"脂蛋白"的微粒。这一过程是必需的，因为这样脂肪分子才能在液体中流动，特别是在血液中，而血液的大部分成分是水。脂蛋白按大小（更准确地说是按密度）分类，不同大小的脂蛋白在体内的作用也不同。你可能听说过"坏"胆固醇或"好"胆固醇。"坏"胆固醇指的是密度较低的脂蛋白颗粒，被称为低密度脂蛋白，而"高密度脂蛋白"被称为"好"胆固醇。我们希望斯蒂芬体内"好"胆固醇的含量高一点，但最终观察结果是 48 毫克 / 分升（1.2 毫摩尔 / 升）——不算高，但也不算太低。斯蒂芬的"坏"胆固醇最理想的含量是低于 100 毫克 / 分升（2.5 毫摩尔 / 升），然而其"坏"胆固醇含量明显超出了理想范围，达到了 156 毫克 / 分升（4.0 毫摩尔 / 升）。对于心脏病患者，我们通常会把这个数字控制在 70 毫克 / 分升以下，不到斯蒂芬的一半。不过更让人担心的是另一种名字更为复杂的脂蛋白：LP（a），即脂蛋白（a），读作"L–P– 小 a"。[10] 脂蛋白（a）的正常水平是低于 30 毫克 / 分升，理想水平是低于 15 毫克 / 分升，高于 50 毫克 / 分升就属于高危人群。斯蒂芬的脂蛋白（a）水平为 114 毫克 / 分升，几乎是正常上限的四倍。在这个疑难杂症层出不穷的世界里，患者的这项数值仅仅是正常上限的两倍时，我们就会格外注意，而斯蒂芬的数值远远超出了这个范围。这会不会是他的家族心血管疾病史的病源？会不会是其堂兄儿子死亡的原因？既然他还从未心脏病发作过，我们现在是否应该抓紧时间针对其胆固醇问题展开治疗呢？

是时候通过基因组来寻找答案了。

· · ·

出于对未知的好奇，我们的团队以饱满的状态投入到了研究工作中。整个大团队中的每个小团队也都想出了自己的"三步走"计划：第一步，优化目前可用的资源；第二步，开发新的计算方法；第三步，将这些优化后的资源应用到斯蒂芬基因组的研究中。我们也给斯蒂芬起了新的代号："零号患者"。

我们还有很多东西要学。例如，检测基因变异体的计算机代码被编程为忽略任何可以在参考序列（来自人类基因组计划的序列）中发现的东西。如果这一参考序列是理想化的健康序列，那自然没什么问题，但是，因为参考序列来自真实个体，包含了相当多与疾病相关的变异体，所以，我们需要重新编写那些代码。此外，我们还面临着更大的挑战，比如：如何以一种可搜索的方式将所有与人类遗传性疾病相关的基因知识汇总起来，以便后期对基因组个例开展研究？我们的罕见病研究小组正在研究斯蒂芬的 DNA，他们不仅要寻找已知的与疾病相关的基因变异体，还要寻找那些未被发现但严重破坏基因功能的基因变异体。不过有一个问题至今仍未解决，那就是如何"叠加"多种常见变异体的影响，因为每个变异体在致病因素中只起到了很小一部分作用。迄今为止，药物基因组学主要研究那些对药物代谢有重要影响的特定基因中的常见变异体。既然测序表明一些罕见变异体也可能对基因造成更大影响，那我们该如何整合这些影响呢？此外，我们的基因组中还有98%不编码任何基因（以前被称为"垃圾DNA"的那部分），这又该怎么办呢？最后，还有一个问题，在真实医疗情境中，你该如何向医生和患者描述这一医疗过程，让他们都能理解呢？

我们工作了整整 6 个月。整个团队按大小组分工合作，无论是在家还是在斯坦福，无论是白天还是黑夜，我们都在不停地工作，当然，大部分还是在晚上（毕竟我们是从事编码工作的）。我记得最清楚的是团队会议。整个团队都充满活力，同时也有一种紧迫感，这不仅仅是因为这项共同的事业把每个人都联系在了一起，也不只是因为这是我们首次这样做，更重要的原因是这次的研究与以往相比有着诸多不同之处。这次的研究虽然和以前的研究一样深入，但我们这次只研究一个人所有的遗传风险，而这个人**就在这个会议室里**。

经过 6 个月的时间，我们这个拥有多台电脑和 30 多个成员的团队已经接连工作了数百小时，现在我们准备复盘试验结果。在克拉克大楼这个一切事情开始的地方，我们聚集在一个房间里，这个房间就在斯蒂芬的办公室旁边。这是一间光线充足的会议室，几张长桌拼成 U 字形，对着一个电子屏幕，桌子周围还有几张可滑动的塑料椅。约 15 名各个小团队的代表就这样围坐在一起。伦理团队的凯莉也在场。斯蒂芬懒洋洋地坐在前排的一张红色塑料椅上（不知为何，他总能让自己看起来很放松）。但是我们并没有他那么放松，也不确定他是否准备好接受我们发现的事实，所有一切都让人有种未来感，有点儿奇妙。

那我们发现了什么呢？我们通过一种巧妙的方法，发现了斯蒂芬身上一处不太好的现象。我们研发了一种方法，可以观察整个基因组中重要基因的破坏情况，还对一些被认为会导致疾病的基因变异体进行了核查。幸运的是，我们在斯蒂芬的基因组中既没有发现罕见心脏病的证据，也没有发现与此类疾病明确相关的基因变异体。而我那天在斯蒂芬办公室的电脑屏幕上看到的变异体实际上是数据库中的标注有误。我们大大地松了一口气，毕竟我们开始分析他的基因组就是因为他有家族心脏病史，包括他堂兄的儿子突发心源性猝死。

然而，我们发现他极有可能会患上另一种心脏病：心肌梗死。冠状动脉内的胆固醇斑块破裂时会形成凝块，凝块阻塞动脉，使肌肉失去血液和氧气，就会导致心肌梗死。有些疾病和这种心肌梗死很像，被认为是"复合病"，因为这类疾病在多数情况下不是单一基因变异体导致的，大量变异体与饮食和运动等环境因素相互作用才会导致病变。我们发现斯蒂芬携带的变异体中有相当一部分与高胆固醇和心肌梗死相关，这与血检结果一致。此外，他患肥胖症和糖尿病的风险也高于平均水平。但是我们仍然无法知道这些变异体是如何一起导致某种疾病的（制定出标准可靠的遗传风险评估体系仍需要数年时间）。然而，阿图尔研究团队的研究生亚历克斯·摩根和博士后陈荣找到了一种巧妙的方法，这种方法可以评估我们当前能预估的风险，以及对这些预估能有多大把握。来自阿图尔团队的另一位研究生乔尔·达德利从文献中找到了遗传风险与环境因素（如饮食、运动和环境毒素）之间的关系，并以一种新颖的方式将其关联在一起。他设计了一个环形图，其中环境因素用单词表示，单词大小与其影响力相关，用箭头连接已知相互影响的遗传风险和环境因素。

斯蒂芬的血检结果中最不正常的是脂蛋白（a）指数。基因组能解释这个问题吗？我们知道斯蒂芬的脂蛋白（a）指数现在很高，但他的这一指数从小到大一直都很高吗？换句话说，他是否有这方面的遗传基础？幸运的是，当时牛津大学同行的一项研究成果刚刚发表。马丁·法拉尔和休·沃特金斯在《新英格兰医学杂志》上描述了脂蛋白（a）基因中的常见变异体与产生的脂肪颗粒（即脂蛋白）大小的关系。具体来说，常见变异体似乎是导致某些基因出现奇怪现象的一个有用的指向标。关于脂蛋白（a），基因组中基因的大小实际上因人而异，并且差异很大。在这种情况下，一个有 342 个碱基对的区域（我们暂且将其戏称为"环状结构重复段"）可以被重复复制 50 次以上。也就是说，有些人的这个基因里可以多出 17 000 个碱基。你可能会认为这是一件坏事（听起来确实应该是这样），而且**通常**重要基因中碱基大量重复增加并不是一件好事，但事实证明，在这种情况下，基因越大，编码产生的蛋白质就越大，血液循环中的脂蛋白（a）

含量就**越低**！没有人确切地知道原因。理论上，生成更大的蛋白质需要更长时间，而肝脏在准备好之前无法将蛋白质释放到血液中，从而导致血液循环中的脂蛋白（a）处于一个较低水平。当然，不幸的是，斯蒂芬的基因偏小，环状结构重复段较少，蛋白质也更容易被释放到血液循环中。这导致他的血液中脂蛋白（a）水平很高，也意味着其心肌梗死发作的风险可能是普通人的 4 倍，甚至更高。

那么，我们能做些什么呢？斯蒂芬虽然没有接受任何药物治疗，但我们认为他显然应该接受治疗。我们查阅了美国国家胆固醇教育计划公布的指南。这项指南在当时有一个响亮的名字——ATP Ⅲ，意思是成人治疗组 Ⅲ。这项指南非常全面，由 27 位作者、23 位审稿人完成，**执行摘要长达 40 页**！[11] 幸运的是，这项指南被提炼成了一张只有半页的决策树状图，其中包括 6 个步骤，你可以依次在这 6 个步骤中输入患者的详细资料，最后会得到相应的建议。因此，我们将斯蒂芬的所有信息输入树状图：年龄、性别、低密度脂蛋白含量、家族史等。我们顺着图标树干往下看，满怀期待地把目光投向页面右下角，等待着答案。最终出来的结果是："对不起，我们无法给出建议。"这实际上是在告诉我们，对于斯蒂芬的情况，我们应该进行"临床判断"。我们之所以无法从这项指南中得到具体结果，是因为斯蒂芬的很多个人信息参数不在指南的范围内。他那时 42 岁，还没有到有重大风险的年龄（该指南认为 45 岁开始进入重大风险年龄段）；其低密度脂蛋白含量是 156 毫克 / 分升，但指南中只有大于 159 毫克 / 分升才会被认为是高水平；其高密度脂蛋白含量是 48 毫克 / 分升，但指南中只有低于 40 毫克 / 分升才算"有效"。最后，由于指南的建议对斯蒂芬毫无帮助，在尝试进行"临床判断"时，我们不得不考虑药物治疗之类的普遍方法。这项指南实际上向我们抛出一个问题："作为医生和患者，你是否有其他数据可以帮忙做出有效决策呢？"

在斯蒂芬的基因组中，我们发现在多个常见变异体的共同作用下，他还有患冠心病、肥胖症和糖尿病的遗传风险。我们通过研究其较小的、环状结构重复段较少的脂蛋白（a）基因，发现他还有患其他疾病的风险。众所周知，他汀类药物能降低胆固醇水平，也能降低低密度脂蛋白含量，挽救生命。现在，研究基因组能否帮助我们确定他对这类药物有多大反应呢？我们的药理学小团队已经发明了一套变异体检测流程，可以根据不同的基因组给出个性化药物处方。事实证明，有一种已知的基因变异体能对他汀类药物治疗产生良性反应。如果斯蒂芬的基因组中有这种变异体，那他产生不良反应的可能性就会变小。但是，会不会有副作用呢？如果未来有真正个性化的"基因组"医学，我们就应该能够帮助患者避免使用那些对他们来说有副作用的药物。此外，还有一种与肌肉酸痛有关的基因变异体，10%的人可能会因使用他汀类药物而肌肉酸痛。我们查看斯蒂芬的基因组时，发现他**确实**有能从他汀类药物中受益的变异体，而且**没有**会因为这类药物而产生副作用的变异体，这对我们来说是个好消息。最后，另一项研究吸引了我们的注意，研究者专注于脂蛋白（a）水平较高的患者，发现这些患者使用阿司匹林后心脏病发作的风险会降低。

　　基于此，我们进行了一项评估。全球有数十亿人有患心脏病的风险，但坐在诊室里询问医生其心脏病风险指数，并对其整个基因组进行测序的患者只有一个。当下有这么多有用的信息来帮助我们给患者开药，这让人有些难以想象。所以，相比之下，我们现在要确定给斯蒂芬用什么药就简单多了。我们生活在一个杂乱的世界里，作为医生，我们每天都要根据患者提供的不完全信息开出有针对性的处方，制药公司为保证药物的安全性和有效性会开展研究，但很少有患者的情况能和研究中纳入的患者情况完全匹配。

　　最后，我们决定建议斯蒂芬使用他汀类药物。虽然决定使用这一处方看起来很简单，只是小事一桩，世界各地的医生每天都要重复成千上万次，但在另一个层面上，它对我们来说有着非比寻常的意义。那个时候，医生还无法获得患者的全部基因组信息来决定如何进行治疗。更重要的是，很少有医生在给患者看病时能得到科学家、生物信息学家、伦理学家、临床医生、遗传学家等众多专业团队的帮助。

所以，结束分析后，我们准备将发现公之于众，或者至少告诉世界上对这一领域感兴趣的那一小部分人。当你有一些激动人心的发现时，你有时会直接给期刊编辑打电话，而且往往是为数不多的几家阅读量很大的期刊的编辑。我是读着《柳叶刀》长大的，这本刊物在世界各地都有忠实的读者群体，所以我很想看看这本刊物对我们的发现是否感兴趣。我和其中一位编辑斯图尔特·斯潘塞谈过，他认为我们这个故事很有趣，可以送去审稿，不过他也没有做任何保证。[12] 我打开该期刊的在线投稿门户提交了论文，附上了这篇论文 31 位作者的姓名及其电子邮箱地址。与此同时，我们把论文底稿也寄了出去，准备在接下来的几周内集中思考一下审稿人可能会对论文有什么样的想法或意见。这些审稿人都是博学的同行，名字通常是保密的，他们会对论文进行评估并提供反馈意见，也会告诉你论文能否发表。

等待投稿结果的过程中，我们开始思考接下来可能发生的事情。显然，我们必须准备迎来一个新世界，患者的基因组信息将会应用于医疗领域。以前的医学领域可能只涉及一些简单的数据，例如肾脏检测只有 1 个数字，胆固醇检测也仅有 4 个数字，但现在我们必须考虑如何处理大规模数据。要面对数以千计的患者，而且每个患者都有数十亿个数据点，我们需要做些什么改变呢？

论文的审稿结果出来了，像往常一样，审稿人指出了论文中有待改进的地方，在一些问题上审稿人也与我们意见相左，但最后，他们似乎对我们描述的内容非常感兴趣。斯图尔特要求我们根据审稿人的建议修改论文，这通常意味着我们这篇论文离发表不远了。

当初我们团队在患者知情同意问题和伦理问题上就十分纠结，而在这篇论文中如何处理这部分问题也很让我们犯难。这些问题似乎很重要，但写入论文又显得与临床或技术数据类论文简洁的风格不符。我们绞尽脑汁也没能把这部分内容浓缩到论文正文的一个段落中。最终，我们决定询问编辑，看他是否考虑接受就这部分内容附上一篇简短的评论。最后，除我们的英国同行尼尔什·萨马尼发表了一篇出色的评论外，我们还利用这一契机，把应对全基因组检测中患者知情同意和伦理问题的相关方法整理出一个框架，又发表了一篇论文。这一框架，无论是在技术上还是伦理上，都是我们建立临床医学基因组测序方法的基础，一直沿用至今。这些论文于 2010 年 5 月 1 日发表在《柳叶刀》上，距离我们开始基因组工作已有一年多的时间。[13] 编辑从我们的论文中选择了一句话作为当期封面主题："随着全基因组测序日益普及，获取基因组信息将不再是将遗传学应用于临床医学的限制因素。"

我不知道论文发表时我们该怀有什么样的期待。我们当然对这项工作感到兴奋，我也知道人们对基因组很着迷，但我们都没有真正准备好迎接将要发生的一切。在论文发表的前后几天里，我们从早到晚都在接电话，与世界各地的记者交谈。斯蒂芬和我在美国国家公共广播电台的早间新闻中与理查德·诺克斯一起做了一个"医患"访谈。[14] 我还为英国广播公司电台做了一次访谈。日本的一个电视团队也专程过来，花了好几天时间拍摄了一部纪录片。一家土耳其报纸制作了一幅绝妙的身体解剖图，将我们的发现一一标注在解剖图的各个器官上。事实上，谷歌新闻的"趋势"栏提供了一个比较幽默的视角，显示了人们对这个故事的"兴趣时间线"，实质上是相关新闻报道的数量——我有时仍会在展示中使用这张图。论文午夜在《柳叶刀》"上线"后不久，第一篇报道在加州时间的晚上发布，图上显示了一个峰值，第二天早上美国发布报道后，又出现了一个峰值——我们是名人了！[15] 而后，几乎同时，图上的数据迅速曲折下降（与基因测序成本下降的数据图类似的"断崖"式下降），到那天下午4点，就没有更多报道了，一篇也没有，空空如也。到了傍晚，我们的名人时间就结束了。我们又一次成了无名之辈！即使是科学界的"名声"，似乎也转瞬即逝。

尽管主要的新闻报道持续时间很短，但很多人对我们解读人类基因组的方法始终兴趣未减，这让我们很欣慰。凯文·戴维斯是《自然-遗传学》杂志的创始人和首任编辑，也是《1 000美元的基因组》（*The $1 000 Genome*）一书的作者，他在蒙特利尔举行的国际人类遗传学大会上特别强调了我们的工作。凯文在开幕式全体会议上回顾了人类基因组测序的历史，当时我们周围坐的都是非常受人尊敬的学者，开幕式后曾阐明DNA结构的诺贝尔奖得主詹姆斯·沃森主持了一个小组会议（之前贝勒医学院团队就是对他进行了基因组测序）。此后不久，美国国家人类基因组研究所为史密森尼博物馆筹办了一个基因组展览，我们的研究被选为特色展览。在之后几年里，我和斯蒂芬偶尔会接到朋友和家人的电话，因为他们在参观展览时惊讶地发现自己看到了熟悉的面孔。

我觉得引发人们想象的是对未来的某种美好幻想：当我们开始把破译个体基因组作为医学的一部分常规操作时，就暗示了我们可能会有某种深刻的见解。大多数人对个性化医疗是什么，或应该是什么样的，都有一个直观的概念，因为大家的饮食、锻炼计划、衣柜、厨房、花园和汽车都是个性化的。的确，人类作为一个特殊的物种，其与众不同之处就在于我们有能力作为个体表达自己。人们似乎已经开始幻想，医生会和理发师一样，能满足其个性化的需求。然而，除此之外，基因组在我们的文化中还占有一个神秘的位置。在对首批人类基因组进行测序时，一些人认为这是我们第一次读到了"上帝的语言"。现在，我们在"零号患者"的基因组中看到了未来可能发生的事：未来，我们可以更有力地预测疾病，更准确地描述疾病，更精确地开具处方。

在这方面，我们才刚刚起步。

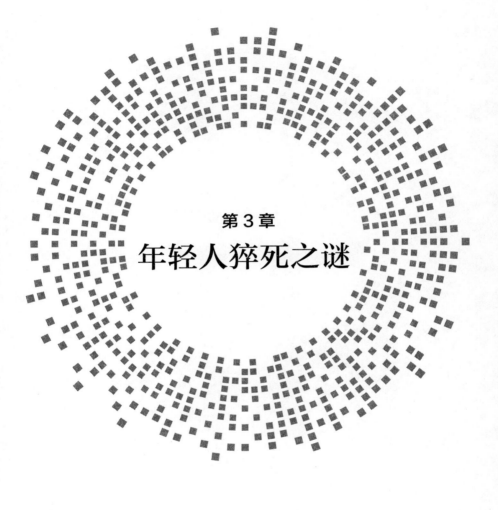

第 3 章

年轻人猝死之谜

"当你与朋友分别时，不要忧伤；因为你感到他的最可爱之处，当他不在时愈见清晰，正如登山者从平原望山峰，也加倍地分明。"

——哈利勒·纪伯伦，《先知》

　　一天晚上，里奇一家人正在看电视节目《迷失》的第4季，剧中一艘货船出现在小岛岸边，那些沉船后漂流到孤岛的求生者就谁能回家这一问题争论不止。那是二月中旬一个星期四的深夜，一家人正准备上床睡觉。里奇是玛丽莲和瑞奇夫妇的大儿子，正在费城德雷塞尔大学参加一个联合培养项目，因为实习单位离家很近，所以他决定搬回父母家过冬，这样也能好好享受舒适的家庭生活。里奇天生就是一个运动健将，也是一个很有天赋的学生。那天晚上，准备睡觉时，爸爸瑞奇让他帮妹妹准备即将到来的大学预修课程考试。后来瑞奇告诉我："我女儿和我很像，而里奇和他母亲一样——总能把事情摆平。"[1]那天晚上，里奇像往常一样帮妹妹复习了功课，迎接即将到来的考试。

　　星期五一大早，里奇还在睡觉，他的家人就早早起床出门了。他的妈妈玛丽莲在出门前把猫放在了他的床上，但里奇起床时还是感觉有点儿冷。下午回家时，玛丽莲看到儿子的车还停在家门口的车道上，这让她很纳闷，这个时候儿子明明应该是在上班的。她上楼走向里奇的卧室，打开门，眼前的一幕让她发出一声尖叫，女儿也闻声跑来。里奇躺在房间的地板上一动不动。瑞奇回到家后也赶忙冲上楼梯。但从里奇苍白的脸色判断，他去世已经有一段时间了。

. . .

当有人在医院外死亡时，医生这里能看到的主要是写在一张纸上的冷冰冰的客观陈述性文字——一份令人毛骨悚然的尸检报告。你会觉得很不自在，因为你需要剖析死者过去某个极为私密的时刻，通常就是死者的这个时刻永远地改变了生者的生活。关于猝死的尸检报告一般会先概述尸体周围的环境情况，这些信息通常来自警察，因为在突发死亡且死因不明时，家属会先打电话报警。尸检报告也会详细描述死者被发现时的样子，包括衣着、身体姿态等，有时可能姿势比较尴尬，有时还浑身是血。而后尸检报告上的内容会从死亡地点突然切换到解剖室，死者从充满温暖和美好回忆的家中被抬到冷冰冰的验尸房，直挺挺地躺在桌子上，像刚出生时一样一丝不挂。其身体特征被如实记录在报告中：身高、体重、眼睛颜色、头发长度，以及可识别的痣或文身。没有哪个认识死者的人愿意看到这份报告。几个世纪以来，解剖尸体、检查器官、提出死因假说，这一系列尸检流程几乎没有什么变化。

猝死的重点在于心脏。病理学家会对死者的心脏进行称重和测量，详细记录其大小、心壁厚度，还会解剖动脉和静脉。然后，小块的心脏组织块会被放入石蜡块中，切成薄片在显微镜下检查。有时，心肌纤维可能排列异常；有时，肌肉会被脂肪取代；有时，血块会将动脉完全堵塞。以上每一种情况都可能为找到年轻人猝死的原因提供线索，然而更多时候，我们并没有"确凿证据"。事实上，猝死年轻人的尸检结果通常都一无所获。[2]

• • •

里奇尸检的官方结果是"推定为心源性猝死，原因不明"。对于父母来说，白发人送黑发人的痛苦本就难以言喻，更何况孩子还死因不明，也不知道如何保护其余孩子免遭同样的悲剧，这更加令人难以接受。于是，瑞奇开始了一段非凡的求索之旅，这支配着他的每一分钟、每一个想法、每一个深夜和凌晨。即使他悲痛欲绝，也竭尽所能地去保护女儿。

他求助于互联网，打电话给朋友、邻居、朋友的朋友。最终他先后联系到了三位专家，分别来自纽约的西奈山医院，罗切斯特的梅奥诊所（现更名为妙佑医疗国际），以及一个致力于为受猝死影响的家庭提供服务的患者组织。几个月过去了，他几乎和所有可能帮上忙的人都谈过了。此外，他还联系了一些远房亲戚。他在加利福尼亚有个堂弟，是一位科学家，也是一位著名的创新者。他听说堂弟已经对自己的基因组进行了测序。于是，有一天，瑞奇给他这位堂弟斯蒂芬打电话，询问基因组测序是否可以帮他查明儿子里奇的死因，里奇就是斯蒂芬的侄子。那时，斯蒂芬还从未和我讨论过基因组问题，但当我们开始分析斯蒂芬的基因组时，我们想到是否也可以对里奇进行基因组测序，从而解开其死亡之谜。

・・・

　　这里所说的"我们"包括了团队中的一位新成员。我向来非常重视维克托·弗罗利歇尔和我的妻子菲奥娜的看法，而弗雷德里克·杜威得到了这两人的极力推荐。2002 年，我首次从苏格兰去加利福尼亚就是因为维克托·弗罗利歇尔。维克托又高又瘦，对生活充满激情，甚至略显狂躁，精力十分旺盛。20 世纪 60 年代，维克托在美国空军服役时首次使用运动测试诊断心脏病。我在 90 年代中期第一次见到他时，他已经发表了数百篇论文并出版了数部教材。我当时是一名医学生，写信给维克托请求暑假在他那里实习，他回信建议我们继续通过电子邮件进行交流。当时，算上维克托，我只有两个人的邮箱地址（因为当时我还在苏格兰，如果想收发电子邮件，必须步行 400 多米到计算机科学系去）。后来我接到了维克托打来的电话。他说愿意接受我这个实习生，因为我是他见过的最聪明的实习生之一，我听到后很兴奋。弗雷德里克·杜威曾在哈佛大学学习物理和化学，此前还曾在一次青少年游泳锦标赛中击败了一位名叫迈克尔·费尔普斯的游泳运动员。后来，他为哈佛游泳队效力，随后又去了斯坦福医学院，加入了当地的划船俱乐部——雷德伍德城拜尔岛水上运动中心。他在划船俱乐部认识了我的妻子，我的妻子很欣赏他的谦逊，认为他的这种品质和他的游泳天赋一样突出。就这样，弗雷德里克·杜威加入了我们实验室。我一直在寻找一个可以挑战其能力的项目，如果某个项目需要一个有计算天赋但没有真正遗传学背景的人，那么弗雷德里克·杜威一定是最佳人选，他可以扩展我们为斯蒂芬·奎克的基因组建立的工具包，从而做一次全面的基因组"分子解剖"。我和弗雷德里克·杜威谈了谈与马修·惠勒合作的事，惠勒之前在我们实验室主要负责斯蒂芬·奎克的基因组分析工作。弗雷德里克·杜威全身心地加入了进来。

我们首先要想办法获取里奇的一小块心脏组织，这样我们就可以从中提取出其 DNA。法医通常会把这些东西保存很多年，并且非常乐意在家属同意的前提下分享给我们。瑞奇把所有可能与里奇猝死有关的信息都完整保存了下来。事实上，当时科学家已经对一小部分已知与年轻人猝死有关的基因进行了测序，但什么都没有发现。拿到里奇的心脏组织后，我们切下了一小块，从中分离出 DNA。然后我们使用赫利克斯公司优化后的基因测序技术对整个基因组进行了测序，这种测序方法之前在斯蒂芬的基因组测序中也用过。

尽管 DNA 来自里奇死后的心脏样本，但我们还是能够从中提取出比斯蒂芬当时多出一倍多的序列数据。这一定程度上得益于技术的进步，因为完成斯蒂芬的基因组测序约一年后，我们就更新了当时使用的测序软件。但是，如果要确定哪些基因是致死的原因，我们仍需要一种新的方法。实际上，我们需要的是一份可能导致心源性猝死的基因清单，但据我们所知，当时还没有这样的清单，所以，我们要着手列出清单。这就涉及一些"新式"和"老派"的技术。我们从所有已知心肌疾病的致病基因开始研究，然后扩展到所有已知在人类心脏中活跃的基因和蛋白质。我们还尝试使用一些已有的方法来了解基因之间的联系——本质上是使用"社交网络"的方法来寻找重要基因的"朋友"。我们从其他研究中了解到，"密切相关"的基因在生物学研究中很重要，而这种关联性可能比基因本身的活跃程度更能衡量其重要性（有点儿像通过一个人的好友列表而不是从其说话的声音大小来判断其影响力）。然后，我们采用了"老办法"：查阅所有能找到的经典教材，把里面每一个基因、每一个蛋白质、每一个过程都研究一遍。弗雷德里克·杜威把这些基因和死者的基因一一进行比对，最终，我们得到了一份基因清单。现在，我们就可以对照着清单检查里奇基因组中的那些基因了。

在完成了标准的临床基因检测后，我们已经知道里奇没有那些众所周知的会导致心源性猝死的基因突变。此外，尸检中未见心脏动脉阻塞，表明胆固醇基因不是问题所在。所以，弗雷德里克·杜威把重点放在了那些知名度不太高的基因上，特别是控制心肌细胞兴奋性的基因。这些基因编码输送特定物质的通道，可以输送钠、钾或钙进出心脏及其周围的细胞。其中，有两个基因变异体看起来很可疑，其中一个是编码钾通道的基因，另一个是编码钙通道的基因。会不会是它们一起造成了心脏电生理紊乱？这似乎能说得通。细胞内的试验甚至表明，该通道的功能存在明显异常。但是，正如科学研究中经常发生的那样，残酷的现实打碎了我们的美好假设。弗雷德里克·杜威对这一变异体进行了更深入的研究，发现里奇基因组中这个区域的 DNA 片段并没有被正确定位到基因组参考序列中，实际上是因为计算机程序将这些片段放错了位置。尝试搞清楚里奇的死因时，我们发现了一个困扰我们多年的难题：钾通道基因在基因组中有一个近亲——一个"假基因"。实际上我们多达一半的基因都有假基因，在我们漫长的进化历程中，当一个基因被复制或者它的一个拷贝被重新插入基因组中时，就会出现假基因。之所以被称为假基因，是因为它们与"真基因"相比发生了突变，失去了一些功能。例如，假基因的 RNA "信息"可能无法生成蛋白质。我们在将里奇基因组中的 DNA 与人类参考序列进行比对的同时，也将其与另外几个最近刚进行了测序的匿名参考基因组进行了比对，结果发现这种变异体很普遍，不可能造成像心源性猝死这样的罕见病。虽然这令我们大失所望，但也给我们上了非常重要的一课，即基因组具有复杂性，要想从一系列较小的"拼图"片段中重建一个长序列基因组，需要应对各种挑战。

所以，编码钾通道的基因变异体被排除了，但另外一个编码钙通道的基因变异体仍是怀疑对象，成了我们关注的重点。我们知道有其他编码钙通道的基因会导致心肌病和猝死，因为这个基因对心脏的兴奋性很重要，而且我们以前从未见过这个基因变异体，所以它很可能会导致像心源性猝死这种较为罕见却极其致命的疾病。

2011年美国心脏病学会会议上，弗雷德里克·杜威向数百名心脏病专家展示了我们的研究结果。[3] 我为他感到非常骄傲，因为这是他首次在全国性会议上发言。后来，斯坦福大学的一位学者克里斯塔·康格，在一期特刊上发表了一篇关于里奇及其家人的精彩文章。[4]

自1999年首次提出通过死后基因检测来辅助确定死因以来，这一方法已经取得了长足发展。梅奥诊所的迈克尔·阿克曼通过对已故患者组织中四个基因的某些部分进行测序，确定了一种心电疾病（长QT间期综合征）的致病基因。[5] 尽管对尸体进行全基因组测序仍不常见，但2016年，悉尼大学的克里斯托弗·塞姆里安领导的一个课题组发现，澳大利亚和新西兰猝死的年轻人中，在几乎三分之一的死者的基因中都能找到同一种与猝死相关的基因变异体。[6] 令人惊讶的是，即使在35岁以下的人群中，冠心病——我们过去认为中老年人才会患的疾病——也是一个常见死因。但是，在这一领域的大多数研究中，猝死原因不明仍是最常见的情况，占比为40%。

死后基因检测不仅可以找到死因，还可以帮助那些活着的人。许多年轻人猝死是由遗传因素造成的，而家族成员往往不知道他们面临同样的风险。利用死后基因检测得到的信息，我们可以进一步检测其他家族成员，判断哪些人有风险，哪些人没有。然后，我们可以通过开具处方或敦促他们改变生活方式来保护他们，或者在特定情况下，我们可以在其皮肤下植入一种装置，当出现危险心律时，这种装置可以及时电击心脏，挽救生命。

在美国，医疗保健系统是基于个人医疗保险建立的，我们还要与这个系统中存在的矛盾做斗争。由于死者没有医疗保险，所以该系统中没有相应的机制来支付检测费用。尽管保险公司没有法律责任，但经常会因道德责任而引起争议。此外，该系统还忽视了一点，以保护死者家属为目的而对死者进行的基因检测能使生者免受情感上的痛苦，拯救生命，节省资金。尽管如此，我们今天进行的大多数死后基因检测还是由死者家属自掏腰包或由遗传性心血管疾病中心收到的慈善捐款来支付的。

· · ·

斯蒂芬·奎克和里奇·奎克的基因组在不同方面代表了基因组医学的未来。一方面，基因组可以用来诊断严重的遗传性疾病，就像我们对里奇·奎克所做的那样，这种做法很快就会被采用，至少会被用在生者身上：全基因组测序，或更常见的全外显子测序（一个"外显子组"大约占整个基因组的2%）现在已被广泛用于罕见遗传性疾病的诊断，一些医疗保健机构，甚至政府也认识到了这些强大的基因检测有节约成本等诸多好处。另一方面，基因信息还具有前瞻性，可以帮助我们预防疾病或使广泛的医疗更加个性化，就像我们对斯蒂芬所做的那样，不过这仍然是一种小众的做法。尽管基因组测序的价格在不断下降，但很少有人仅仅为了预防疾病而去做测序。

"你只有完成第一件事，才有可能完成第二件。"我的团队很可能已经听腻了我说的这句话。达努尔杰·帕蒂尔是美国第一位白宫首席数据科学家，他在白宫的信笺上用一句话更好地阐述了这一道理。这句话也广为人知："提出模型的威力是1倍，加强模型后威力变成了10倍，进一步设计改进后模型的威力可以达到100倍。"[7] 我曾经就斯蒂芬·奎克和里奇·奎克的基因组做了一次题为《基因组医学的黎明》的演讲。一年后，这次演讲中提到的数据不断发展变化，但标题还是没变，我的一个朋友委婉地提出，也许现在已从"黎明"到了"破晓"，并暗示我们的基因组医学现在可能已经到了"早晨喝咖啡的休息时间"。在接下来的几章中，我将描述我们整个研究团队是如何沿着这条激动人心的道路向前迈进的。

我会让你自己判断我们是否已经到了"午餐时间"。

第 4 章

基因组测序，
启航

"我的想象似流萤，流光点点，在黑暗中闪烁着光明。"

——泰戈尔

"酒醉之话，清醒时要践行。这会让你学会闭嘴。"

——欧内斯特·海明威

这家将会彻底改变人类基因组测序的英国公司，起源于一家英国酒馆，当时其创始人喝了几品脱①温啤酒，考虑到英国盛行的酒吧文化，这似乎也是情理之中的事。[1] 1997 年夏天，英国剑桥大学的潘顿酒吧举办了一系列"啤酒峰会"。尚卡尔·巴拉苏拉曼尼安和戴维·克兰曼都是剑桥大学化学系的初级教员，他们经自己带的博士后马克·奥斯本和科林·巴恩斯介绍来到了这家酒吧。他们一边喝着当地的啤酒，一边讨论如何利用激光照射荧光标记的核苷酸，来观察 DNA 聚合酶是怎样合成固定在表面的单个 DNA 分子的。就是

---

① 英制容量单位，1 英制品脱 = 568.261 毫升。——译者注

在这里，基因组测序领域的一项关键技术取得了突破性进展，将主导"下一代"人类基因组测序的全球格局。

克兰曼的实验室里有一套激光系统，这促成了他与核酸化学家巴拉苏拉曼尼安的首次会面。讨论合作事宜时，他们发现彼此都对DNA 的合成感兴趣。他们讨论了追踪 DNA 运动的方法，预感到这可能会带来一种更快捷的 DNA 测序方法。尽管嘴上说只是"随便玩玩"，但其实他们非常认真投入，他们与阿宾沃斯风险投资公司接洽，由其注资成立了一家公司，承诺将 DNA 测序通量提高 10 倍至 10 万倍。后来这家公司被命名为索莱科萨（Solexa），该词源自"Sol"，这个词的意思是光，也暗指单分子。[2] 这家公司在剑桥大学附近建立了第一个实验室。实验室的硬件条件比大学好很多，但距离其成为基因组革命引擎还有很长的路要走。

此时克莱夫·布朗登场了，他注定要成为基因组革命的推动者，以及后来的基因组革命的颠覆者。[3] 起初克莱夫对索莱科萨公司并没有太深的印象，但听说过这家公司的相关人员和理念，感觉还不错。但去参加工作面试时，他心里一沉。原因出在公司的建筑上。回想起2001 年参加面试时的情景，他对我说："那栋楼基本上就是一个挂着牌子的棚子。"但是，一走进去他就喜欢上了这个团队（公司创始人当时已经把"火炬"传给了首席执行官尼克·麦库克、哈罗德·斯维德洛和约翰·米尔顿）。团队的其他成员似乎也很喜欢克莱夫，所以他入伙了。

克莱夫在英格兰西北部的布莱克本长大，一直对计算机很痴迷，9 岁时学会了在视频精灵机器上编程，12 岁时就可以在 Dragon 32 电脑上编程。高中时他就对 DNA 很感兴趣，所以读大学时选择了遗传学专业。后来他发现自己对整个大学生活没有一点儿兴趣（他的原话是"无聊透顶"），于是到一家制药公司去实习，他觉得这更刺激。大学毕业后，他搬到苏格兰的格拉斯哥市，考虑攻读博士学位，但他对学术界的态度仍然很矛盾，因此转而攻读计算机科学的硕士学位。他也由此来到了剑桥著名的桑格基因测序中心，师从理查德·德宾和戴维·本特利。桑格基因测序中心正是在这两位导师的带领下完成了人类基因组计划近三分之一的测序工作，使该中心成为最大的贡献者。"所以，这使我成为一名生物信息学家。"克莱夫像往常一样轻描淡写地回忆道（至少在和个人成就有关的事情上，他表现得很谦虚）。在索莱科萨公司，他对激光照射这项技术怀有很高期待，不过最开始，他对真正的机器仍将信将疑。"我的意思是，这台机器实际上没什么用，"他回忆起早期在索莱科萨新实验室的日子时这样说道，"它们能够效仿尚卡尔和戴维（在大学里）所做的事。基本上就是，往碱基上加一些荧光，得到一些 DNA，然后查看光斑。"

这样做主要是为了观察 DNA 的生成。腺嘌呤、鸟嘌呤、胸腺嘧啶、胞嘧啶这四种构成 DNA 的碱基被提供给 DNA 聚合酶这一复制机器，以便其对粘在玻璃片上的 DNA 片段进行复制。这些碱基被改造成装有微型荧光灯泡的物质，然后，测序仪使用激光来打开灯泡，并用显微镜来"读取"DNA 模板中每个位点上的碱基。每一个模板上可能有数百万个位点，这可以极大地扩大测序规模。但当前的挑战在于单个碱基的荧光都不是很亮，他们需要想办法来提高光源的亮度。

然而，该公司有更远大的目标：他们想对整个人类基因组进行测序。为此，他们必须从更宏观的角度来思考问题，尤其应该看到整个美国市场。于是他们开始寻找新的首席执行官。

• • •

约翰·韦斯特早就听说 DNA 将成为一个"大事件"。[4] 他出生于密歇根州的底特律，父亲在福特汽车公司工作。约翰在麻省理工学院攻读工程学学士和硕士学位时，建立了一个用于组装半导体的机器人系统，后来加入了一家名为伯乐（BioRad）的公司，负责领导研发团队。早期的桑格基因测序用机器放射自显影并从测序凝胶上读取放射性 DNA 序列，伯乐公司已经实现了显影胶片读取的自动化。约翰记得，虽然当时实现对人类整个基因组测序这一想法的可能性很小，但他仍觉得这是一件令人梦寐以求的事情。约翰喜欢将工程创新投入商业领域，他在沃顿商学院攻读了 MBA 学位，然后加入并领导了普林斯顿仪器公司，这家公司生产的照相机能捕捉到亮度非常低的光。1998 年，这款照相机的首批客户中，有一家名为索莱科萨的英国小公司。

2004 年，约翰在应用生物系统公司（Applied Biosystems）工作，这是一家专门利用荧光技术进行桑格 DNA 自动测序的公司，其低通量技术是人类基因组项目的主力。索莱科萨董事会的一名成员联系了约翰·韦斯特，电话那头的人问他是否听说过一家名为索莱科萨的公司，是否有兴趣担任该公司的首席执行官。约翰听说过索莱科萨公司发明的荧光测序技术，但不清楚它如何从单个 DNA 分子中产生足够的荧光信号，所以他拒绝了这个提议。约翰认为，实现可靠成像并不需要大量增加荧光信号，也许只需要一到两个数量级就够了，但索莱科萨公司根本不具备这种能力。

然而几个月后，他了解到索莱科萨公司已经从曼泰亚（Manteia）公司获得了创造 DNA "簇" 的技术许可——DNA "小岛" 上可以同时 "生长" 大约 1 000 个相同的 DNA 分子。[5] 这种技术引起了约翰的注意。与单个 DNA 分子相比，这种 DNA 簇技术可以将荧光信号提高三个级别。事实上，约翰之前曾建议应用生物系统公司购买同样的技术，希望能够借此改进测序技术，但领导层对此并不感兴趣。所以当他看到这个小型的英国生物技术公司获得这项技术时，他又给索莱科萨的董事长打电话问道："你们还需要首席执行官吗？"

...

在接下来的几年里，随着约翰·韦斯特的加入，索莱科萨团队完成了一项具有里程碑意义的工作：他们对微生物体 PhiX174 的基因组——也就是弗雷德里克·桑格于 1977 年测序的含有 5 386 个碱基的基因组——进行了测序。克莱夫并没有就此公开发表论文，而是在 2005 年 2 月的一封公司内部邮件中宣布索莱科萨成功地完成了 PhiX174 测序，展现了该公司真正的雄心：推出一款有竞争力的产品，对整个人类基因组进行测序。

从含有 5 386 个碱基的单链 DNA 病毒到含有 60 亿个碱基的人类基因组，这条道路很漫长，但这家公司在不断壮大。2005 年，约翰和索莱科萨公司的管理团队，包括公司前首席执行官尼克·麦库克，完成了与另外一家公司的"反向合并"。这是一家深陷困境的 RNA 测序公司，名为林克斯治疗公司，位于加州的海沃德市。索莱科萨这家私营公司收购了上市公司林克斯，并借其在纳斯达克上市，获取其客户基础和商用测序仪的分销系统。合并后的公司现在有两种不同的测序技术，因此必须做出重大战略决策，新公司应该采用哪种技术呢？加州人自然更青睐自己的技术，有些人甚至预测英国分部的业务会逐渐减少。但是约翰、克莱夫等人觉得，相比林克斯的技术，DNA 簇测序的潜力更大，所以最终决定采用索莱科萨公司的技术。该团队迅速推出了第一个商业测序系统和基因组分析系统，并于 2006 年 6 月发售了首台以 DNA 簇"合成测序"为特征的测序仪。

人们对这款产品很感兴趣。虽然这些早期顾客知道"下一代"测序仪只不过是一个原型机，而且据反馈经常出故障，但订单还是源源不断，因为科学家认为该技术可能会大规模提升测序能力。这台测序仪不是对数百个 DNA 分子进行测序，而是可以同时读取包含数百万个不同分子的序列。围绕这台测序仪的讨论很快引起了基因组学领域的领跑者因美纳公司及其首席执行官杰伊·弗拉特利的注意。[6]总部位于加州圣迭戈市的因美纳公司当时是"寡核苷酸"制造商中的领头羊。寡核苷酸就是 DNA 的短片段，是构成微阵列技术的基础，这种技术可以在一个玻片上测量大量基因的表达水平。然而，因美纳公司还想扩大这项优势，也看到了测序领域的未来，并且正在寻求相应技术。不过，弗拉特利还没拿起电话，约翰·韦斯特就先联系了他。

索莱科萨团队注意到，即使他们有了高效的新测序仪，人类基因组测序的成本还是很高。第一台测序仪可以对 10 亿个碱基进行测序，这在当时看来似乎很了不起，但要用这项技术准确测定人类 DNA 序列，仅仅对基因组中的一个特定区域进行一次测序远远不够，我们需要对同一区域进行 20 多次测序，也就是说，如果想要深入研究人类基因组并获得可靠信息，需要对近 1 000 亿个碱基进行测序。而且由于测序仪每次对一个区域测序需要三天，一台测序仪在不间断运行的情况下，对整个基因组进行测序需要的时间将长达一年，这实施起来似乎并不现实。因此，约翰及其团队开始把注意力集中于基因组中他们最感兴趣的部分。如果只对基因序列进行测序，忽略其他 98% 的基因组会怎么样呢？尽管当时已经很清楚，基因组的非基因部分绝对不是"垃圾"，但其功能，特别是与疾病之间的关联却不那么清楚。也许他们可以只对由基因构成的 2% 的基因组进行测序？他们的计划是合成数十万个寡核苷酸，将其作为"诱饵"，从任何给定的 DNA样本中只找出感兴趣的区域。这将减少测序的工作量和成本，有些工作可能只需要一次测序就能完成。他们需要一个寡核苷酸供应商，所以约翰联系了因美纳公司。

约翰在圣迭戈的办公室里与因美纳公司首席执行官进行了一次成功的会面，敲定了一大笔寡核苷酸订单。当约翰起身准备离开时，弗拉特利拦住了他并问道："就这些吗？没有别的要谈了吗？"2006年，索莱科萨被因美纳收购，股票交易值为6.5亿美元。如今，因美纳仅股票市值就接近90亿美元，许多人认为因美纳400亿美元的总估值主要来自在测序业务上的表现和潜力，而到目前为止，其测序业务完全建立在索莱科萨技术的基础上。

虽然弗拉特利和因美纳最初收购索莱科萨是想促进其基因芯片业务，但他们很快就认识到索莱科萨公司的技术可能会带来新的商机。收购后不久，随着研发加速，第二代基因组测序仪问世，测序片段长达75个碱基对，每天数据吞吐量达25亿个碱基。[7]这使因美纳一跃成为全球测序市场的前沿和中心。2010年，一项工程进展使得DNA簇可以在流通池的两个表面聚集，极大提高了测序输出。事实上，这种被称为"HiSeq"（高通量测序）的方法使同时对5个人的基因组进行测序成为可能（如果只对某些基因进行测序，则可以对100个人进行测序）。这种能力的大幅提升使因美纳测序仪在美国、中国和其他国家被大量使用。整个世界都意识到测序技术对科学和医学产生了革命性影响，测序单个外显子组和基因组的成本也在下降（大约相当于几美元就能买到那辆法拉利）。为庆祝新测序仪的推出，因美纳决定为10个人提供"个人"基因组测序。[8]因美纳首席执行官杰伊·弗拉特利排在测序名单的第一位。女演员格伦·克洛斯紧随其后。在由10个人组成的最初测序小组中，有4个人姓韦斯特。[9]

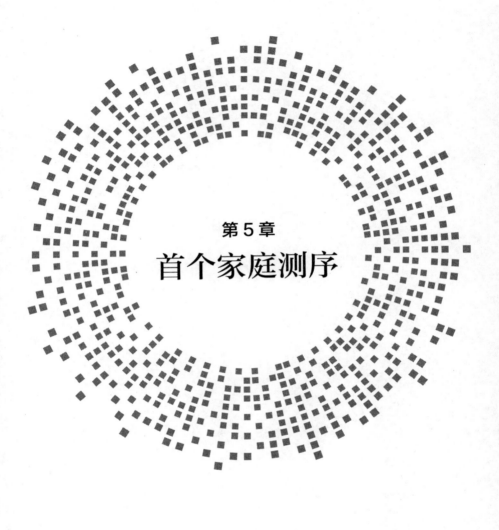

第 5 章

首个家庭测序

"我们应永远铭记前人的足迹。"

——利亚姆·卡拉南

"全球经济建立在两个基础之上：内燃机和微软电子表格。永远不要忘记这一点。"

——凯文·赫克托

　　关于斯蒂芬·奎克基因组的论文发表后不久，约翰·韦斯特就给我打了电话。虽然我知道他与索莱科萨公司的关系，但我们从未见过面。他介绍自己是麻省理工学院毕业的工程师和企业家，多年来一直从事 DNA 测序技术的研究，更重要的是，他还是两个孩子的父亲，几年前曾患肺栓塞。我觉得他是把我当成医生在询问意见，所以我以医生的口吻和他交谈。

　　肺栓塞这种病有时很严重，有时却也相当隐蔽。患者的血凝块起初较小，通常出现在腿部。肺栓塞是由一团微小的细胞集聚引发的一系列病理反应。这些细胞将液体血液变成固体血凝块，血凝块会上升到心脏并进入肺部血管，穿过肺部越来越小的分支，最后，进入一个与其直径相同的分支，无法再往前移动，只能嵌在那里，阻断血液流动。该分支所分布的肺组织也会因缺乏血液和氧气而无法正常运作，从而引起疼痛、呼吸急促和缺氧等症状，这就是肺栓塞。血块的大小决定了其在肺部血管分支中的位置：血块越大，能堵塞的血管就越粗，问题也越严重。事实上，我们中的许多人在年老时都可能会死于一些小的肺栓子，这些栓子嵌在我们肺部细枝大小的动脉中，在我们的日常生活中可能也不会被发现，但大的肺栓子能瞬间导致死亡。

值得庆幸的是，约翰的肺栓塞"仅仅"导致了疼痛和呼吸短促，当时使用华法林这种药就可以治疗。华法林能阻止肝脏中特定凝血因子的产生，是一种治疗血栓的有效方法，剂量非常高时，还可以杀死老鼠（是一些鼠药的主要成分）。然而，华法林对约翰并不那么有效，尽管他完全按照处方服用了药物，但一段时间后又发生了肺栓塞。我们深感担忧的同时，也有些意外。但是，他为什么要给我打电话呢？为什么不去找血液科医生呢？因为这听起来完全像是血液凝固的问题。

"唉，我很担心这会影响我的孩子，所以我决定对我的家人进行基因组测序。"他说。

"你说什么？能再说一遍吗？"

"我和我女儿一直在做一些基因分析方面的工作，也取得了一些进展，但考虑到你研究过斯蒂芬·奎克的基因组，所以我们希望你能帮助我们做更深入的研究。"

听完后我的下巴差点儿掉到地上。我非常想弄清楚他刚才说的是什么意思。所以，我还是直接问吧："现在是2010年，你已经对你所有家人的基因组进行了测序？而且，你和你女儿一直在做基因分析？并且，你想知道我们是否可以提供帮助？还有，你说的是你17

岁的女儿，而这是她高中的科学项目？"

欢迎来到硅谷。

约翰和他的女儿安妮一直在研究"变异体识别文件"。[1] 这些文件只有几兆字节，列出了每个被测序的人的基因中与人类参考序列不同的地方，其中参考序列是由人类基因组计划创建的序列。这项工作主要在微软的电子表格中完成，这本身就是一项了不起的成就，尤其是考虑到微软的电子表格已将其最大行数从几十万扩展到解析基因组文件所需的数百万。安妮已经开始绘制她和哥哥保罗遗传自父母的那部分基因组了。

约翰那天在电话中向我描述了其研究进度，很明显，这对我们来说是一个很好的机会：这是因美纳进行基因组测序的首个核心家庭，而且该家庭还患有一种无法解释的疾病。但是，在研究完斯蒂芬·奎克基因组后的一年中，我们团队的成员都回到了正常的生活轨道，开始开展各种其他科学工作，积极治疗患者。我经常和别人讨论：如何将其中一些方法应用到临床中，为一个家庭开发基因组工具（那种能够解释并利用一个核心家庭共有的基因组片段信息的工具，那种可以比对四个家庭成员患病风险的工具）？这可是一项艰巨的任务。

然而，我有一种预感，基于家庭的基因组分析将对基因组学未来在医学领域的应用起到至关重要的作用。事实上，我们无法从其他角度来看待医学中的基因组学。在遗传学科室里，每当我们见到一个新家庭，我们都会整理出这个家庭好几代人的家谱，列出谁和谁有亲属关系，谁在什么时候患了什么病，这能帮助我们判断该疾病是通过母亲一方还是父亲一方遗传的，或者双方都遗传了，或者双方都不遗传。了解疾病在一个家族中的遗传方式，可以很大程度地提高我们的诊断能力。新的"全基因组"背景下的一个重要优势就是，我们可以根据家族中该疾病的患者，缩小可疑致病变异体的搜索范围。例如，如果我们知道某种疾病只有在两个基因拷贝都受到影响的情况下才可能发生，那么我们就可以通过计算机缩小搜索范围。或者，如果某种疾病首次出现在一个孩子身上，就是说父母完全正常，而新生儿却患有这种疾病，那么我们就可以通过计算机在孩子身上寻找一种全新的变异体，这种变异体在父母双方身上都不存在。

如此绝佳的机会，我们怎能错过呢？而且，我们上次合作很愉快，该到重整旗鼓的时候了吧？

在接下来的几天里，我联系了分析斯蒂芬基因组的团队，跟他们说完这件事后，没有人犹豫。我们打算做一些新研究！但显然，我们需要一些新成员。

斯坦福大学当时刚聘任了一位遗传学教授——迈克·斯奈德，他来自耶鲁大学，兴趣爱好非常广泛。例如，作为一个遗传学家，他不仅对基因感兴趣，还对这些基因编码的蛋白质以及这些蛋白质在细胞转化过程中的副产物（代谢物）很感兴趣。事实上，他曾师从斯坦福大学最著名的发明家之一罗纳德·戴维斯。[2] 此外，他对基因组调控（研究基因表达如何开启和关闭的科学领域）也很感兴趣，曾用酵母做过相关研究。

迈克身材清瘦，情感热切，非常谦虚，自称是个工作狂。他似乎可以改变时空规则，能在同一时间出现在不同的地方。可能在我参加一个电话会议时，他的声音就会突然出现，而他本人可能在世界上某个遥远的地方，那边是凌晨 4 点，他刚刚起床准备去健身，觉得有些重要的想法要和我分享，所以就打电话过来。他一被聘为教授就开始和我们讨论如何将斯蒂芬基因组的研究成果应用到患者身上。迈克设想在斯坦福医院建立一个新的个性化医学中心，并组建一个生物信息学家团队，以便未来能够对成千上万的人进行基因组测序。迈克是一个很有使命感的人，他想给医院里的每一个患者做基因测序。我很欣赏他的这种雄心壮志。

迈克聘请的第一个人是一位出色的年轻科学家，名叫卡洛斯·巴斯塔曼特。卡洛斯出生在委内瑞拉的加拉加斯市，但是在迈阿密长大，他的父亲是一名传染病医生，母亲是一名临床心理学家。他比较早熟，十几岁时，白天穿着校服去上学，晚上在他的苹果 II 电脑上运行纽约证券交易所的数学模型。很明显，他注定要成为一名学者或金融大亨。在迈阿密大学攻读了六年的医学博士之后，卡洛斯又到哈佛大学继续深造。在著名科学家理查德·勒旺廷著作的启发下，他对种群遗传学萌生了兴趣，刚到波士顿就被理查德·勒旺廷纳入门下，在哈佛大学攻读了硕士和博士学位。之后，他跟随澳大利亚基因组学名人彼得·唐纳利爵士在牛津大学做了一段时间的博士后研究，后来又在康奈尔大学担任教职，从那里被聘请到斯坦福大学。卡洛斯性格开朗，能言善辩。他不仅才华横溢、心胸开阔，而且风趣幽默、博学多才，所以他一定能很好地融入这个团队。

就这样，我们团队在韦斯特家族加入后又迎来了卡洛斯和迈克两位新成员。

· · ·

我们的第一个任务是再次核对我们掌握的韦斯特家族的基因信息，这在我们看来应该很简单。

几年前，约翰的血液医生为了治疗其肺栓塞，对其进行了凝血异常检查。除常规检测外，这项检查还包括一项对特定凝血因子即凝血因子 V（促凝血球蛋白原）的基因检测，检测其基因中的单个碱基突变。这种突变容易导致过度凝血，最初是由荷兰莱顿的研究人员发现的，所以被称为莱顿第五因子——我们最终发现约翰携带了这种因子。[3] 当时的基因检测用的是桑格测序法，只对其基因组中的一个位点进行测序。所以，既然我们已经有了其基因组中每个位点的腺嘌呤、胸腺嘧啶、鸟嘌呤和胞嘧啶，那么我们接下来要做的就是在大约60亿个碱基中找到那两个碱基的位置（因为基因有两个拷贝，一个来自母亲，一个来自父亲）。

然而，我们在约翰的数百万个变异体中搜索时，发现了一件奇怪的事。更确切地说，最终结果出乎意料，我们没有找到凝血因子V的变异体。是之前的检测出错了，还是我们读错了基因组？这到底是怎么回事？

要找到问题的答案，我们得去纽约州的布法罗市。

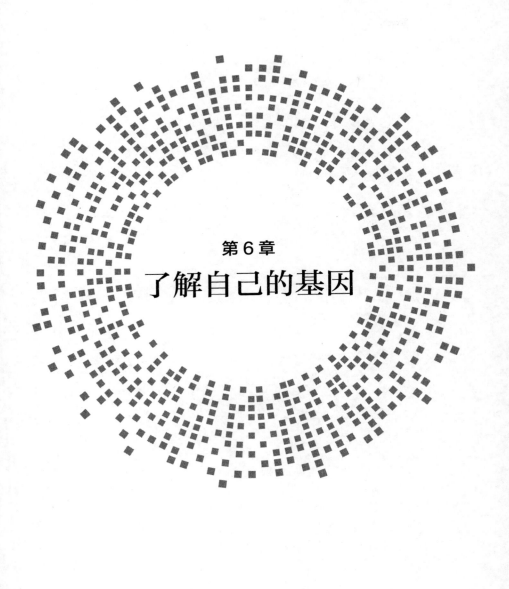

第 6 章

了解自己的基因

"哦，请给我一个家园，那里牛群闲庭信步，鹿和羚羊嬉戏玩耍，那里没有令人泄气的话语，每一天都风景如画。"

——布鲁斯特·M.希格利

"我有权热爱生命，追求自由，享用鸡翅。"

——敏迪·卡灵

1997年3月一个寒冷的星期天，《布法罗新闻报》刊登了一则广告，宣传这座因鸡翅和双重词性而闻名的城市[1]，因为其名字（Buffalo）既是动词又是名词（你知道"野牛恐吓野牛"这句话吗？[2]）。报道称，当地科学家正在为一项大规模国际研究寻找20名志愿者。"我们的目标是破译人类遗传信息（人类蓝图），这些信息决定了从父母那里遗传的所有个体特征，"广告中写道，"该项目的研究成果将对未来医学的发展产生巨大影响，改进遗传性疾病的诊断和治疗。"再往下还有加粗的字样："所有个人信息都不会被保留或外传。"

刊登这则广告的是基因组科学家彼得·德容，他是罗斯威尔帕克癌症研究所的首席研究员，也是早期基因组测序技术的先驱，这一技术后来为美国能源部的人类基因组计划奠定了基础。[3] 彼得来自荷兰，在乌得勒支大学获得博士学位后，开始研究 PhiX174 的基因，弗雷德里克·桑格和早期的索莱科萨公司也曾对 PhiX174 这一有机体进行过测序。彼得在阿尔伯特·爱因斯坦医学院和北卡罗来纳大学工作了一段时间后，又加入了北加利福尼亚州的劳伦斯·利弗莫尔实验室的一个团队，思考如何才能对整个人类基因组进行测序。好胜心在一定程度上推动人类取得了很多重要进步，日本人似乎也抓住了这一理念，迅速发展起来。随着项目的推进，彼得被召回了东海岸。

这一项目想尽可能避免任何一个志愿者贡献出自己的所有 DNA 用于测序，正如彼得多年后在一篇论文中所阐述的那样，"因为这可能会使公众和媒体对其身份产生好奇"。所以，最初的计划是利用 10 名志愿者的遗传信息构建一个完整的人类基因组，每个志愿者贡献的 DNA 在最终用于测序的 DNA 中占比为 10%。因此，最终的 DNA 序列将是拼接起来的，从一个匿名个体的序列跳到另一个，并在某个未知位置再次跳转到另一个人。

该项目还有一个不同寻常的特点。一个真正的人类基因组是"二倍体"，意味着每样东西都有两个拷贝（一个来自母亲，另一个来自父亲）。[4] 然而，参考基因组将会是单倍体，每个人类基因和所有其他的 DNA 都只有一个拷贝。这个由 10 名志愿者组成的基因组单一拷贝将成为一个标准，在未来几年里所有其他基因组将与之进行对比。这就是人类基因组计划。

这个过程首先要将每个志愿者的 DNA 分成 20 万个碱基字母长的 DNA 片段，并将这些片段插入所谓的细菌人工染色体中，然后将这些染色体导入实验室培养皿的细菌中。随着细菌生长和分裂，每个菌落都会复制出许多自己的人类基因组短片段，这些菌落合在一起就构成了一个完整的人类 DNA "库"。这项技术后来实际上被 "鸟枪" 测序法取代了，即直接扩增较短的 DNA 片段，而不需要利用细菌对一段特定的 DNA 进行多次复制。

彼得将他的博士后送到加州理工学院学习细菌人工染色体技术，他的实验室和加州理工学院的实验室一起被选中为人类基因组计划准备人类基因组库。

《布法罗新闻报》刊登广告后不到一个星期，60 名志愿者就被安排前往罗斯威尔帕克癌症研究所。在那里，他们将会与遗传咨询师面谈，并获得知情同意。之后，他们将提供一份 50 毫升的血液样本，此后的所有步骤中，该样本将仅通过参与者编号和性别来进行识别。（为了配合基因组计划，抽血的技术人员是两对同卵双胞胎：一对是高加索人，另一对是非裔美国人。）两个实验室都依据这 60 个样本建立了人类基因组库，然后样本将被运往世界各地的测序中心，这些测序中心都经过层层选拔，为人类基因组计划做出了重要贡献。

虽然最初的计划是从样本中随机选择 10 个个体的 DNA 序列，但并非一切都按计划进行。罗斯威尔帕克癌症研究所的人类基因组库产生了稳定且高质量的 DNA，而加州理工学院的人类基因组库则反复遭到病毒感染。出于这个原因，人类参考基因组的很大一部分来自两个基因组库——也就是说 DNA 仅来自两个人——这两个基因组库都是在罗斯威尔帕克癌症研究所建立的。事实上，在人类基因组计划的最终序列中，大约 80% 来自一个名为 RPCI-11 的基因组库，是一个非裔美国人的 DNA，而其余的则来自 RPCI-13，是由彼得自己的 DNA 制成的基因组库。[5]

· · ·

我们之前提到过，在约翰·韦斯特的基因组中找不到莱顿第五因子这一凝血因子变异体，但令人困惑的是，在其基因组的同一位置，有另一个较为突出的变异体，而我们很快就认定它是该位置的正常 DNA 序列。我们突然想到，或许"参考"基因组实际上包含了一个碱基突变，导致了疾病。毕竟，参考基因组来自现实中的人类，如果提供该段参考基因组的人实际上受到了莱顿第五因子突变的影响呢？事实上，如果这段以荷兰城市命名的 DNA 真的来自荷兰基因组科学家，而其 DNA 又是人类基因组计划中成功使用的两个基因组库之一呢？考虑到有 3% 的荷兰人携带该变异体，这一假设还是很有可能的。

我们检查了人类参考基因组，发现我们的直觉是对的。事实上，该位点的参考基因组就是莱顿第五因子突变。这样一来，约翰的第二个"正常"基因拷贝就被视为突变了。（他有一个正常变异体和一个莱顿第五因子变异体。）

这立即引起了人们对犯下严重错误的担忧。如果一个患者从父母双方各遗传了一个莱顿第五因子变异体（同样，对于在某些人群中出现概率高达 5% 的变异体来说，这并非不可能），那么两个基因拷贝都包含了这种带来风险的变异体，结果会怎样呢？这个人出现血栓的风险会更高——可能是普通人群的 80 倍——但是我们新式的基因组检测根本检测不到，因为两个突变基因拷贝的碱基字母和人类参考基因组相同！这真是令人震惊。显然，我们需要解决这个问题。

更令我们担心的是，很明显这不是基因组中唯一一个存在问题的位点。参考基因组中肯定隐藏了其他疾病的致病性变异体，因为它来自现实生活中的人。我们在约翰身上发现了凝血因子 V 突变只是因为我们正好检查了那里。所以我们怎么才能找到其他所有未知的变异体呢？

最后，经过一番头脑风暴，弗雷德里克·杜威提出了一个不错的想法。他推断说，对于任何一种特定的遗传性疾病，大多数人不会患这种疾病，这一事件发生的概率很大。那么，为什么不找出参考基因组中每一个存在罕见碱基的位置，并用最常见的变异体代替它呢？从本质上讲，这可以创造一个"无疾病的参考基因组"。毕竟，作为参考基因组，你难道不希望它像其他医学上的测量指标一样，代表大部分"正常"群体吗？于是，一个被称为"千人基因组计划"的项目开始了，该项目已经收集了数百人的样本，对这些样本进行了测序，并发布数据。（我们还只是在讨论世界上对基因组进行了深入测序分析的几十个人，但这个项目提供了三个不同祖先的人群身上最常见的变异信息。）利用这些数据，在接下来的几个星期里，弗雷德里克·杜威创建了三个新的人类基因参考序列，涉及三个主要种族，极大地提高了我们变异检测流程的速度和准确性，并最大限度地降低了遗漏严重致病性变异体的可能性。就凝血因子 V 而言，这意味着我们不会错过有 80 倍肺栓塞患病风险的患者。

我们已经花了几个星期的时间研究约翰基因组中的一个 DNA 位点，现在是时候研究其他 DNA 位点了。我们不仅要研究他的基因组，还要研究其家族成员的基因组。

• • •

我们开始研究如何利用"家族的力量"，计算出谁从谁那里继承了什么 DNA 片段。[6] 我们首先采用了一种叫作隐马尔可夫模型的统计方法（安德烈·马尔可夫是 20 世纪初的俄国数学家）。[7] 这种方法很强大，卡洛斯·巴斯塔曼特的团队在这方面有丰富的经验。在给定几项输入信息（这些输入信息也包括之前的状态）的情况下，隐马尔可夫模型会输出一个隐藏或未知"状态"的概率。这听起来似乎有点儿复杂，所以请耐心听我讲解。想象一下，有两个居住在不同城市的朋友。其中一个朋友（我们就叫他布法罗·比尔吧）有三种上班方式：步行、骑自行车、开车，他会根据天气情况在这三种方式中进行选择。比尔的朋友吉尔来自杰克逊维尔，她可以奇迹般地知道比尔每天是怎么上班的，甚至还能知道布法罗最近几天的天气情况。她的任务是猜测今天布法罗的天气怎么样，她到底是怎么做的呢？举个例子，假设她发现比尔今天开车去上班，并且考虑到昨天也在下雨，那么她估计布法罗今天下雨的概率是50%。她还猜测，如果下雨，比尔开车的可能性就是80%。现在，她可以对布法罗今天的天气做出一个明智的猜测。（新闻快讯：下雨了！）

把这个类比运用到基因组中，如果我们沿着各个家庭成员的基因组序列开始研究，任务是猜测孩子在每个位点上从父母中的哪一方遗传到了哪个碱基字母，那么我们已知的是每个家庭成员的DNA序列，就好比知道比尔今天开车去上班，而今天的天气（未知的）就好比是哪个孩子从父母中的哪一方继承了哪个碱基字母，这是需要我们来推测的。这是一个有用的方法，因为你的某一串碱基字母来自父母中的哪一方（前几天的天气），实际上是决定你接下来的碱基字母来自谁的一个重要因素（因为基因组的某些部分是一起遗传的），就像天气一样。

这样，我们就讲解完了。现在你了解了所有科学中最有用的数学模型之一，但是，你可以用这些信息来做些什么呢？知道基因组中任何一个特定位点的遗传状态的最大用处就是你可以开始做一件叫作"定相"的事情了——不仅能计算出一个人在基因组中任何一点的两个碱基字母，还可以计算出从双亲同一染色体上一起遗传下来的碱基字母。[8]在某些情况下，了解这些可能非常重要。例如，如果你在同一个人的同一个基因中发现两个潜在的破坏性变异体，那么知道它们是在同一基因拷贝上还是在不同基因拷贝上就非常重要。如果两个都在同一个基因拷贝上，那么你仍然有一个完整的基因，事实证明，这对许多基因来说已经足够了。但是，如果两个拷贝上都有这一破坏性变异体，那么该基因的两个拷贝都将无法正常运作。利用这项技术和一些其他的技巧，弗雷德里克·杜威能够对整个家族的所有基因组进行定相。

除了遗传自父母的DNA片段，每个个体都有少量全新的变异体。当时大约是2011年，没有人真正知道到底有多少个全新的变异体，不过人们普遍认为其数量并不是很多，因为复制DNA的过程表现出了显著的保真度。事实证明，在人类基因组生成过程中，大约每1亿个碱基中就会产生一个新的变异体（该数值随着父母年龄的增加而上升），因此我们每个人都会携带40~80个全新的变异体。[9]这就在一定程度上决定了我们每个人的基因是独一无二的。当然，基因组非常长（有60亿个字母），而且只有2%的基因组是由基因组成的，这意味着一个基因带有变异体的概率只有1/50，而重要基因的重要区域携带新变异体的概率则会更低。值得庆幸的是，在约翰的孩子身上，没有一个新的变异体出现在对健康有重要影响的基因区域。

• • •

阿图尔·布特的研究小组对韦斯特家族的4名成员进行了高血压、心脏病等数十种常见疾病的风险评估。这些评估有时被称为"多基因"风险分数，因为它们是将许多常见基因变异体的影响结合在一起而得出的。单独一种变异体对疾病的发生可能只有很小的影响，但是加在一起时，就可能会大幅提高患病风险。当时，我们对于风险评估体系中应该包括哪些基因变异体，以及如何用具体的分数评估这些变异体共同作用带来的影响，还没有具体深入的想法。然而，通过在人口风险分布的背景图上绘制每个家庭成员的风险图，我们还是从中学到了很多东西。从这些分数中我们得到一个惊人的发现：对于某些疾病而言，孩子的风险指数和父母的风险指数相近，或是介于父母之间；而对于另外一些疾病，孩子的风险指数则明显高于或低于父母，就像两个矮个子的父母偶尔会生出一个比他们都要高的孩子一样。这一发现告诉我们仅仅通过询问家族病史来判断遗传风险不一定完全准确。显然，总有一天，我们将减少对患者家族病史的询问，而更多地关注他们实际的患病风险。

尽管我们有功能强大的计算机，但临床基因组分析的大部分工作还要依赖人工完成。聪明的遗传学家、遗传咨询师、管理员和数据整理员收集了各类证据，证明了候选基因变导体能够导致疾病，而已发现的基因变异体也确实导致了疾病。这个过程需要人工查阅论文，并将其所看到的内容转化成支持和反对每个候选基因变异体的论据。就像在法庭上一样，每一种变异体都会被"起诉"。只不过，这里不是法院，通常只是一间低矮的会议室，被传唤的证人是科学论文，而我们自己，就是法官和陪审团。但即使在这方面，计算机也能提供帮助。

我们已经在思考如何构建基因变异体数据库，以允许个人指定他们想知道多少信息。[10] 例如，那些进行了基因组测序的人会想知道他们是否有与不治之症相关的基因变异体吗？我们应该如何对待一种可以挽救患者生命，却涉及侵入性手术的干预措施（比如植入除颤器或骨髓移植）？[11] 我们开始以标准化的格式对这些因素进行分类，想象一下我们有一个虚拟的"旋钮"或"刻度盘",进行了测序的个体可以向上或向下转动这些旋钮或刻度盘,从而个性化地了解自己想要知道的医学基因组信息。他们还可以根据自身需要进行筛选过滤,如发病年龄、疾病的严重程度、治疗的可能性、治疗的侵入程度(例如,心脏直视手术与每日服用药物)。实现这些的前提是人们确信某个特定的变异体确实会**导致**疾病。当时,没有地方可以查阅上述团队对不同变异体的"起诉"中所包含的"案例法"。由美国国立卫生研究院资助的一个名为临床基因组的联盟承担了对这些变异体进行编目的任务,该联盟由一个全明星团队领导,包括哈佛大学的海迪·雷姆,贝勒大学的莎伦·普隆,斯坦福大学的卡洛斯·巴斯塔曼特以及北卡罗来纳大学的乔纳森·伯格和詹姆斯·埃文斯。

距离约翰·韦斯特第一次打电话给我已经过去大约 6 个月了,到了把检测结果交还给他们的时候了。我们的遗传顾问凯莉·奥蒙德再次加入科学家和医生的队伍中。我们首先确定了韦斯特一家想知道的事情。对韦斯特家庭成员——约翰、朱迪、安妮和保罗来说,他们想知道一切,这并不奇怪。凯莉提到,将与成人发病有关的检测结果告诉 18 岁以下的孩子并不常见。此外,约翰和朱迪本想提前知道孩子们的检测结果,但是,安妮和保罗都花了时间分析自己的数据,所以他们提出异议:他们也想知道一切。

最后,我们在大约两个小时的时间里,向这个家庭展示了我们的主要分析成果,随后提供了大量的文件和电子表格供其离线阅读。我们开始讨论我们对人类遗传的认识,然后又继续谈论其基因组中的具体医学发现。自然,我们花了很多时间讨论血液凝结这一问题。

从我们已知的约翰身上与凝血相关的变异体开始,我们再次扩大了搜索范围,将文献中已知的影响其他三名家庭成员(包括约翰的妻子朱迪)凝血的所有基因和变异体都纳入了考虑范围。此外,我们还研究了每个人的基因处理药物的能力，尤其仔细研究了华法林，因为这种抗凝血药物未能阻止约翰第二次患肺栓塞。最终我们找到了五种与该家庭凝血问题相关的变异体。我们发现，约翰将其两种会造成风险的变异体都遗传给了女儿安妮，但没有遗传给儿子保罗。令人惊讶的是，我们还发现朱迪携带了三种容易导致凝血的变异体，并且她将其中两种遗传给了安妮（尽管她和安妮都不曾有血栓病史）。因此，安妮总共遗传了四种易患血栓的变异体，其中两种来自她患过肺栓塞的父亲，另外两种来自她从不曾患血栓的母亲。

我们能通过基因组推出他们对药物的可能反应是怎样的吗（药物基因组学）？安妮和朱迪的肝脏能正常代谢华法林吗？能。我们还发现，安妮及其母亲是另一种药物的超快速代谢者，这种药物被称为氯吡格雷，有时用于稀释心脏病发作患者或中风患者的血液。由于该药物在体内被代谢为活性药物，实际上在超快速代谢者体内血液稀释作用更为有效，造成出血的风险也更高。这意味着，如果安妮或朱迪将来因为血栓而服用这种药物，例如心脏动脉血栓，就需要特别注意出血问题。

最后，我们试图通过研究约翰的基因组来弄清楚为什么即使采取了很好的血液稀释疗法，他还是遭受了第二次肺栓塞。是他代谢华法林的方式有问题吗？还是说他服用的华法林剂量不足以应对其强大的凝血系统？我们的药物基因组学团队检查了与约翰代谢这种药物和其他所有重要药物最相关的基因，发现其华法林代谢基因正常，这表明约翰第二次肺栓塞并不是由血液稀释无效引起的，而是由他血液凝固的遗传倾向引起的。

在我们于 2012 年发表这项研究成果时，约翰·韦斯特及其家人被《华尔街日报》誉为基因组的"先驱者"。[12] 这一点其实很难反驳，特别是考虑到他们既是患者又是科研小组成员的双重身份。韦斯特一家帮助我们开创了一个新时代，在这个时代中，基因组信息很容易获取（他们基因组的"法拉利"价格仅为1.5美元）。问题不在于你**能否**获得基因组信息，而是你**想不想**获得。事实上，尽管安妮当时还在上高中，但在之后的几年里，她将向科学界听众做多次演讲，公开谈论这些分析和发现，以及她如何相信这些发现与其生活息息相关。2019年秋天，她对我说："知道我有莱顿第五因子，让我避免了可能导致血栓的药物治疗。""知道自己没有乳腺癌的致病性基因变异体也很重要。"现在，她是印第安纳大学法律系的一名学生，对医疗隐私特别感兴趣，她说她喜欢了解自己家族的基因"怪癖"——比如他们的雀斑是从哪里来的，或者她父亲为什么讨厌香菜。"尽管我们从斯坦福提供的分析结果中得到了数量惊人的信息，但我们的家人仍需要睁大眼睛，关注遗传学领域可能对我们产生影响的新发现，"她补充道，"在医学中使用个人基因组学并不是一次性的，而是一个持续的过程。"

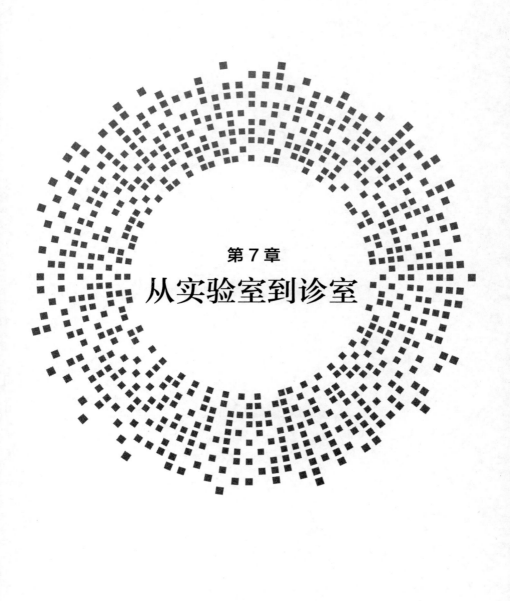

第 7 章

从实验室到诊室

"外游者，求备于物；内观者，取足于身。"

　　　　　　　　　　　　　　　　　　——列子，《列子·仲尼》

　　"与一味地推销自己相比，扎实的业务能力会给你带来更多的财富。"[1]

　　　　　　　　　　　——马克·安德森，安德森－霍洛维茨基金

　　自 2009 年对斯蒂芬·奎克的基因组进行分析以来，我们就陆续接到一些对自己基因组感兴趣的人打来的电话，这些人中不仅有像约翰·韦斯特这种家里孩子患有疑难杂症的父母，还有那些早期做过测序的生物技术专家，以及对"最新事物"感兴趣的亿万富翁。随着成本持续下降，向患者提供基因组检测似乎很快就会变得更为普遍。尽管有广泛的呼吁，但最终为"所有人"测序的这一想法并不太可能实现，不过我们似乎已经有充分的理由对罕见病或遗传病患者进行测序。基因组测序即将成为主流。

　　那时，我们自己的测序工作依赖研究生和心脏病学研究员来完成，并且主要侧重于学术研究，坦率地说，我们没有时间满足广大患者的测序需求。所以，2010年，我开始和拉斯·奥尔特曼讨论我们是否应该成立一家公司，将临床测序从学术界转移到商业市场，他似乎对此很感兴趣。我还与迈克·斯奈德和阿图尔·布特讨论了此事，他们已经在讨论要成立一家这样的公司了。之前为了出售岳父的手工金属制品，我曾建立一个网站（现已倒闭的 funkymetals.co.uk），[2] 除此之外，我没有任何创办公司的经验，但我认识一个人，他就是风险投资家迈克尔·莫里茨。

迈克尔是硅谷的传奇人物，他来自威尔士的卡迪夫市，是曼联的超级球迷，在带领投资基金会进军我们今天所知的硅谷之前，曾写过两本关于苹果公司历史的书，还与长期执教曼联的亚历克斯·弗格森一起写过一本关于领导力的书。迈克尔曾就读于牛津大学，和我一样，就读于基督堂学院。他的办公室位于沙山路，紧邻斯坦福大学校园，我去那里找他时，他也很乐意和我见面。

沙山路是硅谷风险投资家们居住的地方。从斯坦福大学校园里看，这条路是一条中等陡峭的上坡路，斯坦福大学的许多教员会骑自行车沿此路上山，这种"上山"之旅也被其称为朝圣之旅。很多知名公司就是在这样的情况下诞生的，包括谷歌、英伟达、奈飞、特斯拉、艺电、思科、杜比、雅虎、照片墙（Instagram）、领英、色拉布（Snapchat）、威睿（VMware）等。迈克尔是红杉资本的高级合伙人，红杉资本坐落于山顶，是硅谷最著名的风险投资公司之一。在过去40多年中，红杉资本已经投资了250多家公司，这些公司的总市值达到1.4万亿美元，其中包括苹果、雅虎、谷歌、英特尔、甲骨文、贝宝（PayPal）、Stripe、优兔（YouTube）等。

我很清楚这段历史，于是我在一个温暖的6月夏日到达那里，在豪华的大厅里紧张地等待着。屋内的装饰虽然稀疏，却很有品位，散发着成功的气息。大厅四周有好几个会议室，里面陈设昂贵，还有大得离谱的平板电视（至少和我们那些老旧的学术研讨室相比是这样的）。迈克尔穿着休闲裤和开领衬衫（看起来像硅谷的制服），他走了过来，面带笑容地伸手迎接我。我们从冰箱里取了一些冰水，然后去了他的办公室。当时开放式办公空间非常流行。我走到他的办公桌前，惊讶地发现其办公桌位于其他几个办公桌中间，同事们就在几米开外。这是一位身价数十亿美元的投资者，曾多次入选《福布斯》的"米达斯"榜单（"全球最佳创投人"榜单），被评为硅谷最成功的投资者，然而实际工作中他像个研究生一样坐在一间开放的办公室里。

"其实，我并不知道你是否听说过基因组学革命。"说这句话时我突然意识到，对于一个给史蒂夫·乔布斯（苹果公司联合创始人）、杨致远（雅虎公司联合创始人）和拉里·佩奇（谷歌公司联合创始人）开过支票的人来说，在我看来具有革命性的东西在他眼里可能算不上有什么革命性。他专心听我讲述我们在基因组领域的各种尝试，以及我们对临床基因组测序公司的一些设想。一开始我们的谈话还有些尴尬，不过后面就越来越自在。他提醒我，因美纳公司已经在进行临床基因组测序了，为什么还要再建这个新公司呢？他讲话时热情大方，显然对这一话题很熟悉，让我感到很自在，我也变得更加活跃了。我解释说，我们已经发明了对整个基因组进行全面医学解读的工具，这是现在市面上其他公司所没有的（例如，因美纳公司更专注于基因组测序而不是基因组解读）。我向他展示了我们为斯蒂芬基因组制作的可视化资料，这些资料整合了医学和基因组的数据。"有一天，通过你的电子病历，医生会像查你服用过的药物一样，轻松地查到你的基因组！"我大声说道，情绪也变得更加激动了。他转移了注意力，向后靠在椅背上，最后说道："这听起来确实很有趣。"他思考了一会儿，认为这似乎是一个不错的想法，也同意把我介绍给他的一些同事，这样我们就可以开始策划这个基因组学公司的相关事宜了。

· · ·

大多数学者在日常生活中并不经常接触商业，所以会对创立一家公司感到很兴奋，毕竟这对他们来说是一个全新的领域。事实上，在一些大学里，商业化被视为"学术的黑暗面"。商业环境下高额薪水的诱惑很可能会带来学术"买卖"，玷污学术界的氛围。尽管自 2015 年起，美国商界在基础研究方面的支出实际上已经超过了联邦政府的支出，学术界和商界之间的联系也正在逐步增强，但这两个领域仍有很大不同。

不过，斯坦福大学把学术界和商界做了很好的融合。多年来，斯坦福大学技术许可办公室将大学实验室获得的知识产权广泛应用于商业领域，也因此闻名于世。1970 年以来，斯坦福大学已正式创造了 11 000 多项发明，并颁发了 3 600 多项商业化许可证，共计获得了超过 17 亿美元的专利使用费收入。事实上，有些公司的技术与斯坦福大学也有着密切联系，这些公司名称中甚至包含了这所大学的信息，例如，太阳微系统公司（以斯坦福大学网络命名）开发了 JAVA 编程语言，该公司于 2010 年被以 74 亿美元的价格出售给了甲骨文公司。太阳微系统公司的第一台计算机就是基于安迪·贝希托尔斯海姆在斯坦福大学读研究生时设计的工作站造出来的。

在生物医学领域，吉米·卡特在 1980 年 12 月 12 日签署的《贝赫 – 多尔法案》使大规模技术转让成为可能。[3] 这项法案首次明确规定大学可以使用联邦研究基金（如美国国家卫生研究院的基金）支持的知识产权，并从中（"拥有所有权"）获得经济利益。其中的知名事件是该法案将斯坦福大学所谓的限制性内切酶"基因剪接"专利授权给基因泰克公司，从而引发了生物技术革命。[4]

　　大概在我到斯坦福的第一周，我就注意到了这一法案在美国和英国学术文化中造成的差异。在英国，我认识一个拥有专利的人，他也因此在部门里还算小有名气。在那一周里，我无数次听到"专利"这个词。这或许是因为我的导师与安捷伦科技公司（生物技术领域最热衷于专利的公司之一）有着密切合作，所以我见到"专利"这个词的频率比其他人都要高，但英美两国在商业化创意理念的保护方面确实存在很大差异。

　　现在，因为我们准备自己成立一家基因组测序公司，所以我很高兴能进一步探索这种文化。虽然这家新公司还只是一个设想，也没有具体的名字，但我们已经开始讨论团队中的每个小组可以从中获得专利授权的进展，也开始与沙山路的更多投资者商谈。

· · ·

　　有一件事已经很明确了：尽管我们希望我们的基因组团队可以为公司奠定强大的科学基础，但我们仍需要一位商业领袖。"作为斯坦福大学的教员，你可以毫不费力地让投资者相信你的技术能力，但你也必须让他们相信你可以管理好他们的资金。"这是许多风险投资家常说的话。回到斯坦福，我们绞尽脑汁地思索可以联系的人，也询问过一些有识之士，但仍没有找到合适的人选。然而，有一天，我们突然意识到要找的人其实就在眼前：约翰·韦斯特。我们刚刚研究过这位首席执行官的基因组。约翰不就是一位成功的工程师和商人吗？在将基础临床测序技术出售给当下主导市场的公司的过程中，他不是起到了关键作用吗？在过去几个月里，我们不是经常和他讨论基因组对临床医学的潜在影响吗？我们决定，下次无论谁见到约翰，都要探探其口风，看他是否愿意领导这样一家公司。

结果，几周后我就在一次例会上见到了约翰，当时我们正在讨论对韦斯特家族基因组分析的进展。所以，当弗雷德里克·杜威阐述我们对其家族疾病易感性的最新见解时，我脑子里在想的是一会儿该怎么和约翰讲这件事。会议结束后，我朝约翰走去，想和他单独谈谈。我还没来得及张口，他就问我能不能单独聊一下。我们走出会议室，上演了一出"你先说，不，你先说"的相声。最后我赢了，他先说："我只是想知道，你们应该听说过有些学者会自己开公司，那么你们有没有想过建立一家专注于基因组学的公司？"

我们曾经开玩笑说，约翰是史上被审查得最深入的首席执行官，因为我们对其 DNA 了如指掌。

· · ·

约翰加入后，我们准备在帕洛阿尔托的梅菲尔德面包店举行公司重要的"餐巾纸"会议（叫这个名字是因为我们经常把在喝咖啡时获得的灵感写在餐巾纸上），那里供应香醇的意大利咖啡和本地最好吃的杏仁牛角面包。那是一个寒冷的冬日早晨，我 7 点就起床准备过去，我的味蕾也有些迫不及待了。然而，我们注定无法享用美食，因为我们忘记查看那家店的开门时间了。我们坐在空荡荡的露台上冻得瑟瑟发抖，作为公司创始人，我们的首个任务是为公司的首次会议寻找一个室内场地，结果却没有找到。但是不管怎样，我们都在进行一次新尝试，大家对此也很是着迷，在接下来的几年里我们将涉足一个新领域。随着大家对公司的规划和想法不断涌现，我们也越来越信心十足。

但是，我们的公司还需要一个名字，我们试了几个都不太满意。

我的兄弟提议的一个名字得到了热烈响应：和谐医学（Concinnity Medical，concinnity 的意思是"将某物的不同部分巧妙而和谐地安排或组合在一起"）。[5] "concinnity" 这个词，迈克·斯奈德试着念了 3 次都没有成功，每次都以不同的方式失败。在喧闹的笑声中，这个名字最后也没有被采用。最终，拉斯·奥尔特曼的朋友玛拉·尼尔，在伍德赛德酒馆（一家离斯坦福大学不远的餐馆）的一次晚宴上想出了一个名字。拉斯当时正在讲解我们这个项目，他的朋友问这家公司打算做什么。拉斯回答说，我们正计划将人类基因组用于个性化医疗。"这样啊，"她说，"那你应该试试用拉丁词。"她建议用 "Personalis" 这个词，该词来自 "Cura Personalis"，这个短语的意思是"关心整个人"，在天主教堂中经常被反复诵读。拉斯当时对这位朋友承诺，如果 "Personalis" 这个名字被采用，他将把公司 1% 的股份送给她（这位朋友在 2019 年 12 月，即首次公开发行 6 个月后认领了该股份）。

最终，大量的知识产权组合从斯坦福大学转移到了普森诺里斯公司（Personalis），这是约翰和技术许可办公室花了几个月时间谈判的成果。在那段时间里，创始团队基本每个星期天下午都要开会，在会上聊天、设想并讨论那一周与风险投资家接洽的进展。我们终于确定了一个投资团队，该团队的领导者包括阿宾沃斯公司的乔纳森·麦奎蒂（索莱科萨公司当时就是阿宾沃斯公司投资的），以及当时在莫尔·戴维多风险投资公司任职的休·西格尔。是时候庆祝一下了。那是一个阳光明媚的星期天下午，在生物信息学研究生项目的会议室里，我们用冰镇在实验室橡胶冰桶中的啤酒来庆祝我们这一创业项目，冰桶是迈克·斯奈德从他的实验室里偷来的。如果你仔细观察门框，仍然可以看到我们庆祝时留下的印记——由于没有开瓶器，我们还是像学生时代那样利用门框来开啤酒瓶。

．．．

几个月后，迈克·斯奈德接到了一项任务，要用一切可能的技术，每时每刻测量自己的一切。我是说**一切**。从 2010 年开始，也就是迈克刚到斯坦福大学不久，他就会带着各种穿戴设备出席会议。你可能会看见他一只手腕上戴着智能手表，另一只手腕上戴着 Fitbit 健身腕带，有时还会戴一个扑克牌大小的臂带装置，用来检测空气中的毒素。有一次，他带着一个前置摄像头参加会议，这个摄像头可以对房间里的每个人进行延时拍摄，这把大家都吓坏了，所以他很快就把摄像头收了起来。斯坦福医学院院长劳埃德·迈纳把迈克称为"历史上被研究得最多的生物体"。

当然，迈克首先要做的就是对自己的基因组进行测序，而且，他并不满足于此。他想监测免疫系统的白细胞中哪些基因最活跃（即反复出现），也想测量血液中循环的蛋白质和尿液中产生能量的分解物，还很认真地研究了自己的粪便，甚至连自己身上的"微生物组"（在我们的皮肤和肠道中发现的细菌），他也做过深入研究。每当其身体出现不适症状时，他总是非常兴奋，因为这种不适一定会使其身上的测量值发生明显变化。我记得有一次他打电话给我，很兴奋地说："尤安，好消息！"

"获得新的资助了？写出新论文了？还是又有新项目了？"我大声问道。

"是我感冒了！"他回答，兴奋之情难以抑制，"你能来给我抽血吗？"

基因组学、蛋白质组学、代谢组学——这是一场由他导演和主演的单人"多组学"表演。

在"迈克计划"中，我的实验室的主要任务是临床全基因组分析和解读，所以心脏病学研究员弗雷德里克·杜威再次启动了我们的变异检测流程——就是用来分析韦斯特家族的那个流程。在迈克的基因组中，我们在一个名为 *TERT* 的基因中发现了一个致病性变异体，该变异体通过缩短端粒（染色体的保护性末端，其大小可以表明细胞老化程度）发挥作用。随后，迈克也实际测量了其端粒的长度，发现其端粒缩短的白细胞数量偏多，但仍处于正常范围内。这意味着其骨髓可能会过早丧失制造红细胞的功能。因此，虽然迈克更关注自己患糖尿病的风险（值得注意的是，他第一次出现糖尿病症状是在他研究自己的那段时间里），但我们更关注的是其再生障碍性贫血的遗传风险。这是一种罕见的疾病，这种疾病患者的骨髓将不再生成红细胞。我们建议通过定期检测红细胞的数量来建立贫血的早期预警系统。

2012 年，迈克将其发现发表在了《细胞》杂志上，这是现有文献中关于"多组学"最早的研究之一，论文中总结的数十亿个数据都是由这位资深研究者亲自测量的。这篇文章也引起了媒体的广泛关注，《自然·新闻》甚至在报道的标题中创造了一个新词："个人基因组（narcissome 由自恋'narcissism'的前一部分与基因组'genome'的后一部分拼缀而成）的崛起"。

不过，迈克不仅对研究自己感兴趣，还希望我们医院的每个患者都可以进行基因组分析，甚至还为所有对测序感兴趣的遗传学教员提供免费的基因组测序服务（我已经为自己和我父母的基因组进行了测序，许多其他教员也报名这样做）。同时，他还和我的博士后导师托马斯·奎特莫斯合作了一个试点项目，对临床患者进行测序。托马斯·奎特莫斯是最初把我带到加利福尼亚的人。（"好的，你的这个苏格兰人我们要了！"这是他写给维克·弗罗利歇尔的纸条上的内容，对此我永远心怀感激。）迈克和托马斯·奎特莫斯从斯坦福的初级保健科室招募了一些患者来参加该项目，他们会把最终的基因组测序结果返还给患者。现在已经有十几个人报名参加了。随着时间的流逝，测序数据也即将公布。我们需要计划一下该如何解读这些数据并将其返还给患者。

自研究斯蒂芬·奎克的基因组以来，我们一直在设想把基因组测序推广到斯坦福医院的科室。这项研究是我们第一次真正尝试将这项技术应用于现实世界中的普通医疗科室。到目前为止，运行变异检测流程已经成了一项常规工作，但要完全解释某个基因组的医学意义，仍然需要大约 50 小时的研究。[6] 通过使用因美纳公司的技术以及相对较新的美国完整基因公司的技术进行测序，我们已经完成了 10 多个基因组的测序工作，患者们都在等待结果，很明显我们需要别人的帮忙。我们需要的是一位在分析和优先处理基因变异体方面接受过专业培训，且经验丰富的遗传咨询师，一个接触过基因组测序并且可以立马投入工作的人，一个不会被这个雄心勃勃但缺乏宣传的研究计划所困扰的人。找到这样一个人的概率有多大？到目前为止，遗传咨询师已经成了一个供不应求的热门职业，而那些在斯坦福大学接受过基因组和外显子组培训的人，更是炙手可热。我打电话给我们遗传性心血管疾病中心的首席遗传咨询师科琳·卡雷舒寻求建议。她告诉我："你知道吗，我正好有个合适的人选。"我顿时感到兴奋不已。

当时，梅甘·格罗夫刚从斯坦福大学遗传咨询专业毕业。她曾是斯坦福大学本科生帆船队队长，永远都散发着正能量，她记住的击拳组合（两拳相碰，体育比赛开始或结束时与队友和对手球员一起庆祝的形式）可能比历史上任何一个人都多。她极具天赋、充满活力、乐观积极、敢于冒险，看起来很适合这份工作。因此，迈克负责在其实验室生成序列数据，托马斯·奎特莫斯负责与患者沟通，弗雷德里克·杜威主要负责变异检测流程，梅甘则负责解读基因组，我们的下一次基因探索之旅就这样开始了。

在大多数患者加入这个项目后，情况发生了一些变化，我们的首要任务是联系他们，获得其知情同意。幸运的是，梅甘可以借这个机会向患者提供遗传咨询，在我们提供结果之前为患者设定期望。虽然我们选择的斯坦福初级保健科室的很多患者是本地人，但很多人也有能力在世界各地生活和旅行。于是，我们开始打电话追踪每一个参与者，更新其知情同意书，并提供遗传咨询。我们也告诉他们：数据即将揭晓。

我们希望从这些数据中收集并反馈给患者的各种见解与我们从早期基因组中得出的见解相似，不过现在过程更加精简了。我们有一个改进了很多的罕见变异体变异检测流程，弗雷德里克·杜威将其连接到一个"包装器"中，这样它就可以在一个步骤中运行，经过筛选的一组优先基因变异体就可以传给梅甘——我们由一位女性构成的管理与咨询团队。同时，我们更新了冠心病和糖尿病的常见变异体风险评分（有时被称为"多基因"，因为它们将许多基因变异体的风险叠加在了一起）。这一风险评估体系中也包含传统的风险因素，如高血压、吸烟和高胆固醇。药物基因组学团队重新投入行动。与之前不同，这次我们会得到一份正式的基因组报告，这是对患者基因组全面分析后得到的一份简要总结，里面涉及我们所了解的所有遗传风险。

开始尝试同时处理这么多基因组时，我们突然发现如果想为患者的黄金时段做好准备，基因组测序还需要从以下几个方面做出改进。首先是"覆盖度"——读取测序过程中覆盖基因组中每个位点的独立次数，检查并复检以确定位于该位点的是哪个 DNA 碱基。我们很早就知道，读取每个位点的次数是我们能否准确掌握该位点碱基是腺嘌呤（A）、胸腺嘧啶（T）、鸟嘌呤（G）还是胞嘧啶（C）的关键因素。我们最终形成了一个标准，即至少要有 20 个高质量的碱基被正确定位到相关位置。

但是，基因组技术发展迅猛，迄今为止，这一标准并不是每次都能实现的。在斯蒂芬的基因组中，我们平均读取每个位点 20 次，而在韦斯特家族中则是 30 次左右。所以现在的问题是：对于任何既定的患者，要想得到有效的检测结果，我们到底要在每个关键基因中对多少个位点进行检测？我们决定检查美国医学遗传学学院指出的 56 个最重要的基因（因为它们可以对遗传性癌症或心源性猝死等疾病提供可操作的指导）。

检查结果发人深省。我们发现，每一个具有重要医学意义的基因都包含了一些无法说出名字的重要区域。这意味着致病性变异体可能就潜伏在其中一个区域，但我们无法找到。在大多数情况下，一个基因中无法确定的区域内有 2%~6% 的腺嘌呤、胸腺嘧啶、鸟嘌呤或胞嘧啶，但对于某些基因来说，这一比例远远超过 10%。这似乎是个大问题。如果在对患者进行测序时，漏掉了 5% 的基因，你就可能错失做出诊断的机会，或者做出一个错误的诊断结果，而这种诊断可能关乎生死。

相比之下，基因组试验的其他发现则让我们对基因组测序保持乐观态度。遗传学专家对"健康的"个体测序的后果有很多担心，尤其是后期的医疗费用将高到无法承受。因此，为了追踪这笔费用，我们询问了每个患者的主治医生，看看他们想做哪些检测来跟进我们提供的基因检测结果。我们计算了一下这些费用，发现平均总额并不像有些人预测的那样是几十万美元、几万美元，而是 700 美元左右。即便不考虑基因组测序可能会为其他昂贵的医学治疗节省开支，这个价格相对来说也还是比较便宜的。

有位参与者就是一个很好的例子，她的体内有一种致病性变异体

BRCA1，众所周知这种基因变异体可以导致乳腺癌和卵巢癌，这意味着她未来患乳腺癌或卵巢癌的风险很高。事实上，根据一些预测，这种变异体会使其一生中患乳腺癌的风险增加到 50% 以上（人们的平均发病风险为 10%）。携带这种变异体的部分患者选择通过手术切除乳房或卵巢，以将患癌症的概率降至几乎为零。2013 年 5 月，在《纽约时报》的一篇专栏文章中也谈到女演员安吉丽娜·朱莉因自己携带 BRCA1 变异体而决定进行乳房切除手术。

一天晚上，梅甘和我拿起电话想把这个消息告诉患者。打这个电话很难，接听起来就更难了。我们挤在我办公室里的固定电话旁，花了几个小时的时间，向患者及其丈夫讲解了这一发现及其意义。首先，我们又解释了一遍如何进行测序，以及分析过程。我们强调，目前这只是一个研究发现，还需要通过批准的临床实验室检测来进一步确认。然后，我们讲述了如何发现 BRCA1 变异体，并详细介绍了采取的质量控制措施，以确保这是真实的。我们突然停了下来，意识到患者及其丈夫可能除了今天谈话的主题，不会记住其他的更多内容。他们的问题是什么？我们解释了 BRCA1 基因是如何参与 DNA 修复的，以及当其出现问题时，分裂的细胞更容易积聚致癌的突变。我们也谈到了这是如何增加乳腺癌和卵巢癌的患病风险的，还讲解了一些患者为了降低这种风险选择进行的手术。最后，也是最重要的一点，我们介绍了我们的乳腺癌团队如何为其提供服务，我们也可以立即安排预约。他们很感激地接受了我们的提议。

从那一刻起，我们就很清楚，我们正在进入一个新世界，在这个世界里，获取这种隐藏在我们基因组中显而易见的风险信息，将成为可能，甚至变得平淡无奇。不过与任何新技术一样，我们面临的最大挑战是使用该技术的伦理和经济问题。

最后一篇论文于 2014 年春发表在《美国医学协会杂志》上，重点介绍了我们在将基因组学应用到临床的过程中所面临的挑战，同时也介绍了可以随时获取此类数据所带来的惊人机会。我们从经济角度分析得出，基因组检测不会给患者增加沉重的医疗费用负担。此外，鉴于目前遗传学家和遗传咨询师人员有限，这项研究还带来了一个鼓舞人心的消息，我们可以通过全科医生将结果反馈给患者。全科医生乐于获取新信息，从而能在患者患病前针对患病风险采取相应措施。最后，我们发现对少数人（不到十分之一的个体）来说，可能会有一些潜在的改变生活的发现，比如携带 *BRCA1* 变异体的患者。

就在该文发表之前，我接受了美国国家公共广播电台科学新闻编辑南希·舒特的采访，我想用一个比喻来表达基因组带给我们的希望和机会。在基因组医学"诞生"后的短短几年里，我们已经从全世界只有少数几个基因组被测序，而且没有什么分析框架，到现在可以考虑向任何患有罕见的、遗传性或无法解释的疾病患者提供测序服务。"我们都见证了这一想法的诞生，"我说道，"随着基因组研究取得新进展，现在我们觉得这一想法已经成长为一个调皮顽劣的少年了。"

"这个少年需要一些严厉的爱。"我最后笑着说道，略带一丝讽刺的意味。

第二部分　基因诊断

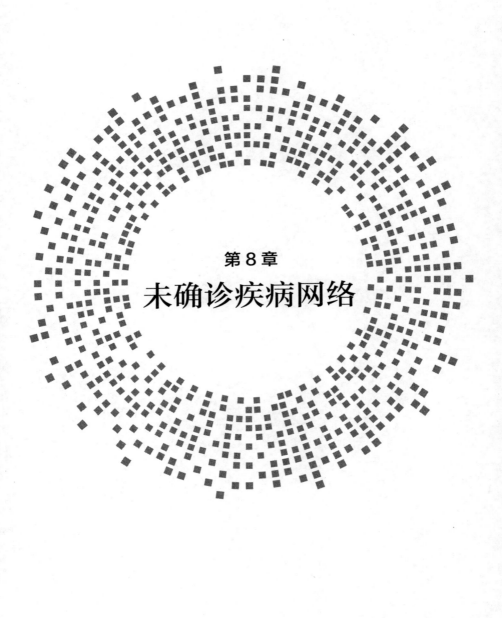

第 8 章

未确诊疾病网络

"你只是看到了，却并未观察。"

——福尔摩斯，《波希米亚丑闻》，

阿瑟·柯南·道尔

"埃里克·福尔曼医生：我觉得你的论据华而不实。

格雷戈里·豪斯医生：我觉得你的领带丑陋不堪。"

——《豪斯医生》第 1 季：奥卡姆剃刀

　　和许多人一样，我发现我的"智人同胞"有着无穷的魅力。我喜欢观察他们的动作，看他们的互动，以及他们在认为自己没有被人看到时的行为方式。有时我会假装自己是英国广播公司的野生动物记者戴维·阿滕伯勒[1]，小声地对这些动物在原生栖息地的行为认真做出一番评论。其实我私下里觉得每个人都会这么做。

　　到不同城市或国家旅行时，观察别人是一件特别有趣的事。我喜欢观察人类习惯中的共性，试着猜测陌生人之间的关系。他们为什么会在这个时候来到这个地方？他们不在这里的时候又在做什么？餐馆的那位收银员在核对账单时，是否有点儿过于仔细？摄影师或画家凝视远方时，是否正在物色他们下一幅风景作品的素材？我的岳母特别擅长观察他人，她不仅有着不可思议的视觉观察能力，还有着敏锐的偷听技巧。有时，我们出去吃晚饭，每当她眼神呆滞地听我讲故事时，我便知道她已经沉浸在我后面那张桌子上染着蓝色头发的老太太和梳着油头的年轻男子的谈话中了。我随即转移了自己的听觉注意力，试图跟上其节奏，但我这方面的能力实在与其相差甚远。

作为一名医生，这种观察能力还有额外作用。传统医学的妙处同时也是折磨之处就在于，你很难忽略周围人身上的诊断线索：弯曲的指甲暗示缺铁性贫血，脸颊发红暗示红斑狼疮，蜘蛛状的血管或发黄的眼睛暗示肝病。[2]尤其是许多遗传性疾病，会在外貌上表现出显著特征，如鼻子坡度、眼睛间距、耳朵高度。那个又高又瘦的人是否患有马方综合征（一种遗传性结缔组织疾病）？或者我刚刚认识的那个人，他握手时停了好长时间才把我的手松开，他是在对我施加某种原始的威严，还是说这可能是强直性肌营养不良（一种脑肌疾病）的早期征兆？这就是诊断医生在给患者看病时的所思所想。

积极调动各类感官，并将观察结果与对人的深刻认识相结合，这是乐趣真正开始的地方。在诊所，这意味着仔细观察房间里的每样东西。精心修剪的指甲以及从头到脚精致的护理和装扮意味着什么呢？这可能是个人风格。或者，以防万一，我们把问题想得深入一点，这也可能是为了掩饰疾病而人为制造的健康假象。情绪烦躁并不停查看时钟意味着什么呢？或许我们应该重新为患者测一下血压，想想甲状腺是否有问题，问问患者工作与生活是否平衡（因为除非你主动询问患者，否则很少有人会主动讲）。我们也可以问一下患者家庭关系是否和谐。也许有一种比较明显的家庭关系，挫败了患者戒烟的尝试。这时，你应该把注意力转移到患者的配偶身上，因为没有配偶的支持，患者永远戒不掉烟。

英国广播公司有一个很棒的节目，我在写博士论文期间经常在午休时观看。节目的名字叫《穿过钥匙孔》。[3]节目主持人会带着观众随意参观一些名人的非常整洁的房子，指点着房间里的各类家具，12分钟后，让观众猜猜这是谁的房子。主持人的口头禅是这个节目的亮点："线索就在那儿！"只不过其发音带有一种做作的"中大西洋"口音（介于美式发音和英式发音之间）。有时为了达到效果，他还会明显拉长发音："线——索——就在——那儿——！"我在处理问题时，脑子里会不时重复这句话（经常会让我笑出声来）。不过这句话的确有道理，你看：线索真的就在那儿。

• • •

阿瑟·伊格内修斯·柯南·道尔本人就是一名医生，常沉迷于观察的力量。他出生于1859年，在苏格兰的爱丁堡医科大学学医。1881年毕业后，他一直努力在这个行业争得一席之地。他当过一段时间的随船医生，然后在英国南海城开设了自己的全科诊所，最后在伦敦开始执业，专攻眼科。尽管他接受过专业训练，但很少有患者来找他看病——这对世界来说是件好事，因为这让他有时间发展另一个爱好：写作。柯南·道尔一生中写了许多小说和纪实类作品，但其中最有名的是56篇系列短篇故事集和4部小说，主要讲述由"咨询侦探"解决的犯罪案件。第一本书出版于1891年。在一位前军医的帮助和虚构记录下，这位咨询侦探开始了他的故事，他有一个相当奇怪的名字，叫夏洛克·福尔摩斯。[4]

塑造福尔摩斯这个角色时，柯南·道尔很大程度上受到了其医学导师之一约瑟夫·贝尔医生的影响。[5]贝尔是爱丁堡皇家医院的外科医生，接诊过很多患者，包括著名的维多利亚女王。贝尔以其观察能力而闻名，经常随机挑选陌生人并猜测他们的职业和最近的活动，其精准度令周围的人惊讶不已。柯南·道尔在谈到贝尔时说："他的强项是诊断，不仅是对患者疾病的诊断，还有对其职业和性格的诊断。"[6]

鉴于柯南·道尔的背景，福尔摩斯的故事会以各种形式突出医学的特点也许并不奇怪。早在第一本书的第一个场景中，华生就在一个医学实验室里遇到了福尔摩斯，当时福尔摩斯正试图通过开发一种血红蛋白检测方法来提高在犯罪现场检测血液的能力。事实上，《福尔摩斯探案全集》共提到 68 种疾病、38 位医生、22 种药物、12 个医学专业和 3 种医学杂志。[7]

福尔摩斯办案的过程需要高超的观察力，[8]包括对世界的认识以及对人性的理解，与我们处理医学谜团的方式有许多相似之处。[9]福尔摩斯经常说，"看见"（被动的）和"观察"（主动的）是不同的。在《银色火焰》这个故事中，在探长搜查了某一地区几分钟后，福尔摩斯在同一个地方从泥土中捡出一个烧了一半的火柴盒。探长说："没想到我竟然把它漏掉了。"福尔摩斯答道："我看到它是因为我一直在寻找它。"同样，我们教导自己的医学生要积极观察，如果感觉到脉搏上升缓慢，就必须去寻找主动脉瓣狭窄杂音。

当事情的发展与我们的预期结果不同时，也需要积极观察。在《银色火焰》中，福尔摩斯提到了"狗在夜间的离奇事件"——这件事的离奇之处就在于那天晚上狗在有外人闯入的情况下并没有发出叫声。[10]我们观察的关键点是，一个闯入者来到马厩而那只狗却**未发出**叫声这一事实。可以得到的推论是，凶手是狗很熟悉的人。但是，只有在你主动观察和思考时，才会发现问题的关键之处。如果我感觉到患者手腕的脉搏有明显的"水冲脉"起伏，我就会去寻找主动脉瓣泄漏的杂音。如果我没有发现杂音，作为一个诊断医生，我就必须进一步研究这一"奇怪的事件"。

福尔摩斯在办案时会运用到自己的所有感官。在医学上，我们历来也鼓励学生调动多种感官来诊断疾病。[11] 我们不再用手指蘸取尿液尝味道来诊断糖尿病，但我们试图找到听觉和视觉之外的诊断方法。例如，嗅觉可以是一种特别有效的辅助手段，古希腊人和中国人能用气味来检测肺结核等传染病。如今，每一个医学生都被教过如何去辨别糖尿病酮症酸中毒患者呼吸中的特殊酮类气味。同样，没有一个医生或护士能够忘记胃溃疡患者粪便的气味，因为其血液已经渗入了消化道。（病房里的其他人通常也不会忘记这种味道。）当然，柯南·道尔在创作时也积极发挥了鼻子的作用。在《血字的研究》中，福尔摩斯闻了尸体，这是他办案的一部分。在《巴斯克维尔的猎犬》中，福尔摩斯把一张信纸拿到离脸几厘米的地方，闻到"有一股淡淡的白茉莉香味"。这使福尔摩斯联想到了一位女士，并从那一刻起决定了他处理该案件的整个策略。

现代文化仍在强调《福尔摩斯探案全集》中的经典医学故事。事实上，福克斯电视连续剧《豪斯医生》的创作者就承认自己受益于柯南·道尔笔下著名的咨询侦探故事。[12] 这部剧从 2004 年到 2012 年共播出了八季，并在 2008 年成为世界上收视率最高的电视剧——人们似乎对侦探悬疑类故事很是着迷，无论是关于法医的，还是关于犯罪的，或者最好是两者兼而有之的侦探故事。对于那些特别注意相似之处的人来说，他们可能会发现该系列中隐藏着几个"彩蛋"。例如，有一次，据透露，格雷戈里·豪斯住在 221B 公寓，他的驾照后来证实他住在贝克街，与夏洛克·福尔摩斯的住址相同。此外，两个虚构的人物都有滥用药物的问题，而且都依赖于一个职业为医生的密友：一个叫华生，一个叫威尔逊。豪斯被枪杀那一集的字幕显示，凶手的名字是莫里亚蒂（福尔摩斯的死对头）。

《豪斯医生》有一个前提——这个诊断部门敢于突破常规，愿意接受治疗难度极大的病例，愿意使用任何可能的方法来进行诊断，即使这意味着与相关法规条例、生物学以及保守的医疗方法背道而驰。这一理念与美国国立卫生研究院比尔·加尔提出的构想——真正的未确诊疾病网络——有很多相似之处。[13]

• • •

比尔·加尔大约是现实生活中与格雷戈里·豪斯医生最像的人了。然而，与急躁、易怒、喜怒无常的豪斯相比，比尔确实是个可靠、友善的人，对待严肃的事情很认真，不过也经常说风凉话。他有一种小学生的幽默本能，总是才思敏捷，妙语连珠，似乎随时都能讲出令人啼笑皆非的双关语笑话。

比尔出生在威斯康星州密尔沃基以西大约 24 千米的沃基肖市，父亲是密尔沃基一所贸易学校的英语老师，母亲是一名打字和速记老师。比尔就读于一所耶稣会天主教男子高中，在那里他学了四年拉丁语，两年希腊语，用他自己的话来说，他还学会了"写作、说话之类的东西"。随后他去了麻省理工学院，在那里很快便意识到自己想做身体新陈代谢紊乱方向的研究。到了第二年，他将喜欢的研究方向细化到遗传条件（"先天性代谢紊乱"）。作为学位的一部分，他获准在哈佛大学学习遗传学课程。业余时间，他还在麻省理工学院约翰·斯坦伯里的实验室工作，斯坦伯里是该领域的元老级人物，也是经典教科书《遗传性疾病的代谢基础》[14] 的唯一原作者。所以，在比尔踏入医学院的门槛之前，一切都已成定局。1972 年，比尔进入威斯康星大学麦迪逊分校医学院，开始攻读博士学位。随后，他学了四年儿科，并前往美国国立卫生研究院进一步深造。在那里，他一边准备临床和生化遗传学的医护资格考试，一边对一种罕见的代谢疾病进行实验室研究。由于当时医院对医生的从业证书要求较少，他在学习理论课程的同时，也会在美国国立卫生研究院的临床中心寻找感兴趣的患者来强化所学知识。

比尔白天在美国国立卫生研究院临床中心的走廊里奔走，晚上在实验室里研究代谢疾病，这样的经历激发了他更宏大的想法，他想解决那些仍然无法确诊的顽症。事实上，1989年他就向国家儿童健康和人类发展研究所提出了一项计划，想拿出相当大的一部分时间来研究"新"疾病。"比尔，这是个很糟糕的主意，会毁了你的职业生涯。"当时的一位导师这样对他说。他一边向我讲述，一边捧腹大笑。于是，他又回归到日常工作中，研究并观察那些患有罕见代谢疾病的孩子。

过了将近20年，他才有机会将计划付诸实践。2007年，美国国立卫生研究院罕见病办公室主任打电话跟他说，经常会有未确诊疾病的患者与他们联系。[15] 主任指出，罕见病办公室应该是那些患有已知罕见病的患者去的地方，而那些未确诊疾病的患者正好被排除在外。他问比尔是否愿意用他们手头上的一点资金来帮助这些患者。比尔对此很感兴趣，这也是他这么多年来心心念念的一件事。正巧，大约在同一时间，美国国立卫生研究院临床中心想要扩大其"罕见病"科室——该科室主要引进对那些极不寻常且无法解释的疾病有新发现的人才。这两个想法似乎非常吻合，20年后，比尔突然觉得自己最初的想法似乎可以实现了。美国国立卫生研究院的"豪斯医生"就这样诞生了。

然而，如果没有美国国立卫生研究院院长当时的远见卓识，这些努力可能还不会有什么成效。埃利亚斯·泽古尼出生于阿尔及利亚，但其职业生涯的大部分时间都在约翰斯·霍普金斯大学度过，在那里一路晋升，先后担任放射学系主任、医学院副院长，最后被乔治·沃克·布什总统任命为美国国立卫生研究院院长。[16] 当时，比尔不知道美国国立卫生研究院主任对这项新的未确诊疾病工作有所了解，直到主任办公室让其帮忙起草一份新闻稿来宣布这项工作时，他才知道这项工作的重要性。2008 年 5 月 18 日，比尔在临床中心的医疗会议室参加了发布会，发现 25 名记者和 90 个患者权益团体的代表也通过电话收听了会议内容，这时他才终于明白自己可能已经加入了怎样的一个计划。新的"未确诊疾病计划"在全美受到广泛关注，《新闻周刊》、美国广播公司晚间新闻、探索频道，以及其他的许多媒体都对此进行了报道。泽古尼博士的愿景在新闻稿中说得很清楚："少数患者的症状与已知情况并不相符，这使对其进行护理和治疗非常困难。然而，生物医学研究的历史告诉我们，仔细研究疑难病例可以为疾病的治疗机制提供新的见解——无论是罕见病还是常见病都是如此。美国国立卫生研究院未确诊疾病计划的目标有两个方面，即改善个体患者的疾病管理，并在总体上推动医学知识的发展。"

这个雄心勃勃的项目尽管宣布时声势浩大，但当时的人手只有比尔、两名护士和一名调度员。然而，国家官方媒体刚刚发布通知，表示现在有一个地方可以帮助那些无处就医的未确诊疾病患者了。比尔回忆说："他们便开始向我发送病历表，我坐在这张桌子前想，我到底在这里做什么？我是一名儿科医生，然而现在摆在我面前的却是一沓 6 英寸① 高的（成人）病历。我其实有点儿害怕。"幸运的是，比尔已经在美国国立卫生研究院临床中心工作了很多年，所以他开始打电话给朋友和同事，呼吁他们施以援手，同时也希望能激发其好奇

---

① 1 英寸 ≈ 2.54 厘米。——译者注

心。在接下来的几个月里，他终于把这列"火车"开上了正轨，但"火车"究竟会驶向何方，尚不可知。

尽管项目启动时声势浩大，但其实资金并不充足，整个项目主要依靠比尔从早到晚长时间工作，仔细研究病历，然后恳求同事帮助处理疑难病例。比尔找到泽古尼说，他认为依靠同事们的帮助不是长久之计。值得庆幸的是，这位美国国立卫生研究院院长觉得比尔的话很有说服力，也感受到了媒体的积极回应对该项目造成的压力，他提出如果美国国立卫生研究院其他项目的负责人愿意共同出资 100 万美元，他也将从院长基金中拿出 100 万美元用于该项目。有了近 200 万美元的资金，未确诊疾病项目第一次有了良好的资金基础。更令人欣慰的是，尽管泽古尼此后不久就离开了美国国立卫生研究院，但在离开之前，他确保了该项目未来三年的预算都能到位。这让比尔得以聘请两位儿科医生兼临床和生化遗传学家，辛迪·蒂夫特和戴维·亚当斯（他还是一位生物信息学家），以及代谢疾病护理专家琳恩·沃尔夫。但这仅仅是个开始，很快，该计划就会在全美范围内推广。

2013 年，在华盛顿的一次遗传学会议期间，我和比尔的同事戴维·亚当斯在酒吧聊天时，第一次从他那里听说了多站点"未确诊疾病网络"计划。他解释说，这个想法是要让学术医学中心参与进来。美国国立卫生研究院将拨款资助临床工作，以治疗罕见的未确诊疾病，且不需要考虑患者的支付能力。此外，该项拨款也用于资助后续了解和治疗这种疾病的科学研究。2019 年，比尔·加尔向美国国立卫生研究院时任院长弗朗西斯·柯林斯提出这个想法后，也获得了其资金支持。真是太棒了！我从来没听说过美国国立卫生研究院有这样的项目。事实上，在我看来，解决这样的"疑难杂症"似乎是我们许多人投身医学的原因。这听起来很像是我们这些在斯坦福的人想要参与的事情。

美国国立卫生研究院任意一项拨款的申请过程都是相当艰辛的，

这次也不例外。你要阅读信息网站，分析常见问题，参加网络研讨会，然后组建团队，详细地制定出预算，寻求他人支持，反复撰写提案，敦促每个人竭尽所能，以期按时完成目标。这是一个混乱而紧张的冲刺过程。

其中最重要的任务是组建合适的团队。从比尔·加尔之前在美国国立卫生研究院的项目中，我得知很多患有未确诊疾病的患者是有神经系统疾病的儿童，因此我打电话邀请保罗·费希尔加入这项事业，他是一位有着超凡魅力的儿科神经病学主任。此外，还有乔恩·伯恩斯坦，他是一位出色的临床医生，是斯坦福大学医学遗传学部主任，多年来一直在从事相关工作。马修·惠勒完成心脏病学培训后也加入了我们，就这样我们有了自己的团队。在研究计划中，我们试图突出斯坦福大学可以为这个国家项目贡献的力量：从我们先前的基因组测序工作到诸如远程会议终端的技术创新（该技术可以将远在异地的专家"带入"罕见病患者的病房）。我很确定我们甚至还在申请书中放了一张机器人的照片。不管是不是机器人促成了这一协议，我们都很高兴斯坦福大学能被列入最初的一批研究中心。这些研究中心包括哈佛大学的一个网络协调中心，七个临床站点（斯坦福大学、杜克大学、哈佛大学、范德堡大学、加州大学洛杉矶分校、贝勒医学院和美国国立卫生研究院项目），以及两个测序中心。随后，我们会增加一个生物储存库、两个模式生物体筛选中心，并在 2019 年再增加五个临床站点。

由于我们在基因组解读方面有一些经验，美国国立卫生研究院的领导层热情地邀请我和比尔共同主持这项新网络工作。就这样，在倒时差的情况下，差不多是加州时间早上 4：30，我来到华盛顿特区一家名为螺旋的酒店，进入其会议室，参加了指导委员会的第一次会议，与会者有 40 人，其中大多数人我只是听说过而已。我们互相握手问候，并做了简单介绍，而后落座。比尔转向我说："我们可以开始了吗？"

• • •

2015 年 9 月 16 日，通往未确诊疾病网络的大门正式打开，此后几年，这一直是一场科学和智慧的冒险之旅。在接下来的章节中，你将会了解到我们治疗过的一些患者，以及获取其基因组信息是如何改变其生活的。我很享受与这些家庭一起并肩作战，这是我最喜欢的一种医学活动，可以发掘我们内心的福尔摩斯。这也让我们对未确诊疾病患者所经历的事情有了更深入的了解：那是一种无人知晓的疾病带来的独特的孤独和煎熬，是一次可以被称为"医疗奥德赛"的经历。

古希腊吟游诗人荷马的诗作被称为史诗并非毫无道理。在《奥德赛》中，主人公奥德修斯花了 20 年的时间逃离食人的独眼巨人、唱着催眠般的海妖之歌的美女、长着一排鲨鱼牙齿的狗头怪物以及多起海难，历经千难万险回到家，却发现家中住着多个其妻子的追求者，这些求婚者希望他死亡已久的传闻是真的，这样他们就可以正式争夺其妻子。在一声叹息之后，他构思出一个巧妙的计划，在求婚者中举办了一场射箭比赛，他参加了比赛并获胜，之后他用剩下的箭杀死了所有求婚者。[17]

鉴于奥德修斯为了回到其妻子身边所经历的一切，"奥德修斯之旅"一词进入大众词典似乎合情合理。[18]《牛津词典》将"奥德赛"定义为"一段漫长且多事的或充满冒险的旅程或经历"。考虑到患有未确诊疾病的家庭在求医问诊的过程中要经历各种磨难和困苦，所以将其求医治病之旅比作奥德修斯之旅也是很合适的。他们花费数年时间不断寻医问诊，心情像坐过山车般大起大落，医疗账单堆积成山，医疗费用高达几万美元甚至几十万美元，其内心甚至压抑着更多情感，这显然可以称得上是"漫长且多事的旅程"。

当这些疾病对年幼孩子的神经系统产生破坏性影响时，当疾病的不确定性持续多年仍没结果时，我无法想象这些家庭所承受的心理压力。许多人把患有未诊断疾病的状态比作被困在孤岛上，而我们的作用就是帮忙在这座孤岛上架起一座离开这里的桥梁，帮助他们走出自我怀疑和孤立。

这就是我们在诊断时要给予患者的希望。

第 9 章

寻找致病基因

"亲爱的，你要忍耐。和你之前经历的比起来这算不上什么。"

——荷马，《奥德赛》

"那些探索未知世界的旅行者起初是没有地图的，地图是他们探索的结果。他们不知道目的地在哪里，通往它的直接路径还没有修建。"

——汤川秀树，物理学家

马特·迈特有一个博客。[1]他努力学会了如何应对棘手的博士项目，而且很有沟通天赋，所以他在博客上写了很多关于计算机科学、研究生院和其他话题的内容，也有很多粉丝。2007 年底，他的妻子克里斯蒂娜生下了一个男婴，取名伯特兰。然而，这对新手父母很快便注意到一些不寻常的情况。"伯特兰 6 个月大的时候，很明显有些事情不对劲。"迈特坐在我的办公室里回忆道，他正好从亚拉巴马州到西海岸访问。迈特长着一头沙色的头发，留着浅色的胡须，尽管这个故事他已讲过几千遍了，但每当再次提及他都倍感温暖，蓝绿色的眼睛还会泛着光亮。那是一个大清早，但迈特像往常一样精力充沛，充满活力。他说话的语速比常人都要快，而且讲话时思维也十分敏捷。他继续讲到伯特兰发育迟缓，似乎有癫痫发作。"后来，我们发现他不会哭。事实上，他会哭，只是不会流泪。"他说。

迈特和克里斯蒂娜先后带伯特兰去看了儿科医生、发育专家、儿童神经科医生。每个人都会提出一个潜在的致病原因，并且大多数是致命的。迈特回忆说："我们接受了一个接一个的诊断，而且经过一系列检测后，每一个诊断又都会被否定。真的太可怕了，因为这就像一次又一次地被判处死刑，然后又不断得到缓刑。"这种过山车式的情况持续了两年时间。

迈特对应对一些复杂的挑战并不陌生，但那些挑战通常是计算机编程方面的。12岁的时候，他就成了一名黑客，这份对计算机的热情伴随着他从高中一直到大学，他在佐治亚理工学院一口气完成了学士、硕士和博士学业。毕业后，他创办了两家科技公司，尽管创业有诸多好处，但其中的一个弊端就是没有稳定的医疗保险。[2] 显然，伯特兰需要专业的医疗帮助，所以迈特需要一份更为稳定的工作，于是他加入了犹他大学计算机科学系，从事网络安全研究，利用政府的超级计算机来做一些类似模拟清洁煤发电厂的事情。这确实比当黑客要好一些。

尽管有机会接触到超级计算机，但他并没有解决伯特兰的医学难题。在差不多两年的时间里，其他人也没有解决这个难题。几经周折，他和克里斯蒂娜最终来到了杜克大学医学中心。2009年4月，他们在那里遇到了遗传学家范达纳·沙希、遗传咨询师凯莉·肖赫和计算机科学家戴维·戈尔茨坦，他们打算联手做一项开创性研究，通过外显子组测序（对由基因组成的2%的基因组进行测序）来解决疑难病症。[3] 迈特和克里斯蒂娜毫不犹豫地说："给我们报名吧。"

接下来等待结果的两年是十分难熬的。伯特兰现在急需照顾：他行动要依靠轮椅，缺乏交流能力，还经常咬牙或发呆，这让医生认为他确实患有癫痫。他每隔几个月就要住院一次，这给迈特和克里斯蒂娜带来了很大压力，因为他们必须想办法全天照顾他。2012 年，他们接到了杜克大学团队的电话。"我们好像知道这是什么病了。"范达纳告诉他们。尽管该团队列出了几种可能有关的基因变异体，但他们认为伯特兰的情况最有可能是由一种名为 NGLY1 的基因表达完全被阻断造成的。她补充说，如果这是真的，那么伯特兰将是第一个被诊断出患有这种疾病的人。伯特兰从父母双方各遗传了一个无法正常表达的基因。他的父母之所以没事，是因为他们除了有一个被破坏的基因拷贝，还有一个正常工作的基因拷贝来保护他们，而伯特兰却没有。人们认为该基因参与了细胞的"垃圾收集"过程，如果这一过程以某种方式停止，"垃圾"就会积累在细胞中，从而引发疾病。杜克大学的研究小组在显微镜下观察了伯特兰的肝脏组织活检，确实发现了一种不明物质在积累。尽管很难将这一观察结果与基因直接联系起来，但似乎还是有些道理的。接下来的问题是："我们认为这可以解释这种疾病，但是，在没有第二个患者的情况下，我们很难下定论。"

既然没有第二个患者，那该怎么办呢？

如果伯特兰是目前唯一已知的患者，那我们可能需要几十年才能找到下一个患者。虽然现在测序变得越来越普遍，但是，要找到另一个患者，不仅需要外显子组或基因组测序足够普及，好让世界另一个地方的另一个患者也能够得到检测；而且，那位患者的医疗团队也必须认为最有可能的致病基因是 NGLY1 基因；此外，我们还必须想办法把那位患者和伯特兰联系起来。这是个巨大的难题，真的可能需要几十年的时间，而且需要大量的运气。

迈特不准备等待，也许科技可以提供一个转机。他有一个计算机科学主题的博客，如果他写一篇关于伯特兰的文章，说明一下其症状，那会怎么样呢？这将是一个良好的开始，但是谁会读呢？所以他需要设法获得更广泛的影响力。他突然想到，如果他能让自己的博客文章像病毒一样传播开来，更多的人就会读到这篇文章。这篇文章还必须找到合适的术语词条，并且出现在谷歌搜索榜上，这样，如果另一个家庭在谷歌搜索"没有眼泪"[4]或"眼睛干涩"，就会看到这篇文章。他想了一会儿，随后做了一个决定：要达到这一目的，还需要利亚姆·尼森。[5]

在一篇题为《追捕杀子凶手》的博客文章中，迈特这样写道：

"我花了三年时间，

找到了杀害我儿子的凶手，

我们做到了！"

在这段文字下面，是 2008 年《飓风营救》这部电影中利亚姆·尼森的剧照，他的蓝色眼睛尖锐地透过一帧定格凝视着读者。电影讲述的是一名前美国中央情报局特工为了从绑匪手中救出自己的女儿，与其展开了殊死搏斗。他的枪直指读者，其紧张的情绪让人想起这部电影中的一句标志性台词，这句台词是用好听的爱尔兰口音说出来的，略带锋芒："我没有钱，但我有一套非常特殊的技能。"

在爱尔兰人的怒目之下，迈特的故事仍在继续：

"我要澄清一点，

我的儿子还活着。

我和妻子克里斯蒂娜有责任保护我们的儿子。"

迈特的博客于 2012 年 5 月 29 日发布，然后他开始等待。

$$\cdots$$

　　就在几年前，千里之外的马特·威尔西和克里斯汀·威尔西正准备从纽约搬回西海岸。[6] 来自加州的马特和来自俄克拉何马州的克里斯汀看起来就像一对好莱坞夫妇。马特身材高大，肩膀宽阔，头发漆黑，笑容可掬；而克里斯汀金发碧眼，神情轻松，总是乐呵呵的，简直像个加利福尼亚人。他们在斯坦福相识，并在斯坦福纪念教堂举办了婚礼，那里距离马特出生的斯坦福医院不到两千米。从斯坦福大学商学院毕业后，一家人为了马特的工作搬到了纽约，但他们在东海岸并没有逗留太久。克里斯汀怀孕了，随着月份越来越大，明显有些事情不太对劲。克里斯汀做了产前筛查，结果显示她的孩子可能有健康问题，尽管羊膜穿刺术（对胎儿周围的液体进行样本分析）没有发现任何异常，他们还是怀疑有什么问题。他们搬回了加州，住在马特父母家附近。和大多数怀孕的准妈妈一样，克里斯汀对肚子里宝宝的一举一动都非常敏感。在 39 周又 5 天的时候，她觉得宝宝一点儿动静都没有了，于是她和马特立即驱车前往医院，去检测宝宝的运动、心率和她的宫缩。检测开始几分钟后，现场突然混乱起来。克里斯汀解释说："他们简直把我的衣服都扯下来了。我在慌乱中被撞了几下，被插上了管子，然后被送去做紧急剖宫产。"马特则穿着医院的手术服焦急地坐在手术室门外。

　　几个小时后，克里斯汀醒了过来，发现她生下了一个女婴。她和马特一直就孩子的取名问题争论不休，甚至在孩子出生的前一天也没有达成一致意见，但当护士们问马特给他们英勇的小宝宝取什么名字时，他毫不犹豫地说出了克里斯汀喜欢的名字：格雷丝。

　　刚开始的时候，格雷丝有些没精神，还有点儿黄疸（皮肤发黄，表明肝功能不佳），对于一个新生儿来说，这两种情况都不算少见，但格雷丝有一项标志着感染的血液指标升高了，这就不常见了。不过，在重症监护室的几个星期里，她并没有发生任何感染。最后，医生允许她出院了。

可回到家后的生活并不轻松。格雷丝没有像大多数婴儿那样逐渐增加体重，她脾气暴躁，安定不下来，进食也有困难。她还开始轻微抽搐，头奇怪地歪向一边。出院时，其肝功能检查结果只是有点儿不正常，而现在检测结果得出的数字已超出正常范围10倍以上。事情很不对劲。格雷丝的肌肉控制力很差，很明显，这可能是一种遗传性疾病。

马特和克里斯汀来到了斯坦福医院遗传科室，在那里他们遇到了生化遗传学主任格雷格·恩斯和遗传咨询师朱莉娅·普拉特。朱莉娅·普拉特从小就对哲学和伦理学有着异于常人的迷恋，这也注定她日后要从事遗传咨询工作。朱莉娅和格雷格发现许多患者患有影响身体化学反应的神秘疾病。她向我讲述了她和格雷格加入我们的遗传性心血管疾病中心前的那些日子，并说道："当时赌注有点儿高，完全是一种对情怀的追求。"这种追求驱使这个团队每周工作60~80小时，在医院没有窗户的地下室里辛勤工作，编制庞大的电子表格——每一个可能的线索、每一个假设、每一个试验结果都要逐个尝试，以期解开这些谜团。朱莉娅回忆说，来自加利福尼亚中央山谷的农场工人会给自己生病的孩子穿上熨好的干净衣服，然后乘坐5小时的大巴带孩子来到医院科室。"而且，你知道的，这些家庭很多其实并不富裕，而我们也确实很想帮助他们。这也促使我们非常努力地工作。"

虽然马特和克里斯汀有雄厚的经济实力和强大的人脉，但是从另一方面来说，他们和那些农场工人并没有什么不同。遗传性疾病不受文化程度和社会地位的限制，每个患者的家庭都会经历相似的情感旅程。

格雷格和朱莉娅开始为格雷丝寻找病因，并进行了一系列基因检测。他们将可能的致病原因一一列出来。当时，大多数基因检测都只能对一小部分基因进行桑格测序，但由于保险公司不愿意支付费用，这项工作也经常受到阻碍。而且，每一次新测试都要等待数周时间。在格雷丝这一病例中，这些等待之后并没有得到什么答案。

马特听说过基因组测序，知道它还处于研究阶段。但是，如果现在可以一次完成整个基因组的测序，为什么还要一次只测序一个基因呢？作为一名科技企业家，马特知道要快速行动，收集所有能收集到的数据——即使你第一次得到这些数据时不知道该怎么处理。马特与贝勒医学院遗传学家胡达·佐格比和澳大利亚遗传学家理查德·吉布斯取得了联系。佐格比因为发现了几种致命性儿童疾病的病因而闻名世界，吉布斯则是贝勒人类基因组测序中心的创始主任，也是为詹姆斯·沃森进行基因组测序的团队负责人。为了找出格雷丝病情的潜在病因，马特问佐格比和吉布斯是否可以考虑对自己的家人进行基因测序。

在这期间，马特的爸爸碰巧和多年好友约翰·弗赖登里奇交谈了一次，约翰既是一名投资者，也是斯坦福大学董事会的前主席。[7] 听说贝勒医学院的研究团队即将开始对威尔西夫妇进行基因组测序，约翰主动帮忙让马特和克里斯汀与斯坦福大学的迈克·斯奈德和阿图尔·布特取得了联系。阿图尔是我们团队的一员，第 1 章讲到他研究了斯蒂芬·奎克的基因组，而迈克·斯奈德是斯坦福的遗传学教授，你在第 5 章也认识了他。迈克当时正在对那些未确诊疾病患者进行基因组测序，为了找到问题的答案，他同意对马特、克里斯汀和格雷丝进行基因组测序。基于自己在商业和技术领域的经验，马特选择不告诉贝勒医学院和斯坦福大学团队还有另外一个团队也在研究这个病例，他想看看双方是否能独立得出相同的答案。

这一策略似乎很奏效。一段时间后，两个团队都独立得出了相同的答案：病因极可能是一个叫作 SUPV3L1 的基因。两个团队能得出同一结果似乎很令人兴奋，但在团队内部并没有达成一致的意见。与以往一样，眼前的挑战并不是可能的致病基因或变异体太少，而是太多了。迈克·斯奈德的一个博士后迈克·史密斯曾提出另一个可能的致病基因，但当时人们对这个基因知之甚少，而且也无法将其与格雷丝的症状联系起来，所以大家认为这个基因是病因的可能性很低。马特和克里斯汀参加了迈克·斯奈德的实验室会议，讨论其女儿的基因组测序结果。他们根据自己对格雷丝本人的深入了解，花了几个小时的时间研究分析那些可能的致病基因，然后逐一进行排除。

在这段时间里，马特和克里斯汀继续在美国各地飞来飞去，带着格雷丝去见尽可能多的专家。他们和布拉德·马古斯是密友，马古斯是佛罗里达州的一位成功商人，他的两个儿子患有一种无法确诊的致命性神经系统疾病。布拉德带着儿子们去看了一个又一个医生，但都无果，直到有一天，他们遇到了一位医生，他恰好以前也见过这种情况，认为这是一种叫作毛细血管扩张性共济失调突变的疾病。这就是驱使马特和克里斯汀继续寻医问药的原因，尽管花费很大，他们也很疲惫，但很可能有一位医生以前见过与格雷丝病情类似的情况，而他们正在寻找这个可以揭开这一谜团的人。

当时贝勒医学院团队中有一位加拿大博士后学者马修·班布里奇。[8] 一天，理查德·吉布斯和马特走到其办公桌前，建议他看看格雷丝的基因组。班布里奇以前编写过一个可以确定基因变异优先次序的软件，用来帮助解决未确诊疾病。他立即打开了这个软件，开始运行。

怀疑度最高的基因，即两个研究小组最初都确信是罪魁祸首的那个基因，很早就被贝勒医学院的布雷特·格雷厄姆和哈佛大学的瓦姆西·穆萨的实验室通过试验排除了。班布里奇和威尔西夫妇决定采取新的方法。他们没有严格按照格雷丝的病症对可能的致病基因进行筛选，而是更广泛地研究了其基因组中所有正常表达被阻断的基因。检查这份清单时，另一个基因引起了班布里奇的注意，尽管他还不了解这个基因，但它已经被列在斯坦福提供的原始清单上了。班布里奇越来越相信这可能就是致病基因。所以，像每一位基因组专家在了解一个新基因时都会做的那样，他打开一个互联网浏览器，然后用谷歌搜索。随后，他惊讶地发现自己直视着利亚姆·尼森那双凶狠的蓝眼睛。

· · ·

马特·迈特那篇以利亚姆·尼森为主角的博客已经像病毒一样传播开了，几周之内，浏览量就达到了数百万。除了这个爱尔兰特工那引人注目的"钩子眼"，迈特还确保该博客中包含了与伯特兰身体状况相对应的关键词。2013 年 2 月，科学家马修·班布里奇从这篇博客中了解到奇怪的头部动作、癫痫发作以及发呆这些发病症状。格雷丝和伯特兰之间有着惊人的相似之处（尽管也有不同之处）。班布里奇立即给克里斯汀·威尔西发了邮件，提出了几个问题，其中包括：格雷丝会流泪吗？伯特兰·迈特极不寻常的一点就是，尽管他经常哭，但他并不会流泪。[9] 这种泪液分泌不足的情况非常罕见。

克里斯汀收到了邮件，并在当天回复了班布里奇："会，格雷丝可以流泪，但不是经常流泪。"在之前的问诊过程中，威尔西一家曾向一些临床医生强调了泪液分泌不足这一问题，但医生都不予考虑。克里斯汀补充说："三年里，我只见她流过几次眼泪。"

班布里奇收到这封邮件时非常激动，正如他后来告诉美国有线电视新闻网的那样："作为一名科学家，这意味着突然找到了问题的突破口，一切都对上了。你知道，这种激动的感觉就像你会跑到大街上大喊'找到啦！'"他有点儿颤抖，努力压制内心的激动，强迫自己24小时之内不告诉贝勒医学院的其他人，看自己能否在新假设中找出什么漏洞。然后他做了一个演示文稿，去看看他还能说服谁。

有一个人他不需要说服，那就是迈克·斯奈德实验室的迈克·史密斯。史密斯从一开始就支持 *NGLY1* 突变这一结论。然而，现在不同的是，大家最初看好的 *SUPV3L1* 基因和其他几个候选基因都被否定了。此外，现在也有多名患者出现了类似的症状，包括一个来自土耳其的家庭，他们的医生也看到了这篇博客。[10] 所有这些患者似乎都发生了 *NGLY1* 突变。

一个庞大的基因组科学家团队和一群家庭一起努力多年，跨越不同国家和大洲，得出了一个新结论，并解决了这个问题，答案就是 *NGLY1* 发生了突变。但现在的问题是：接下来该怎么办？

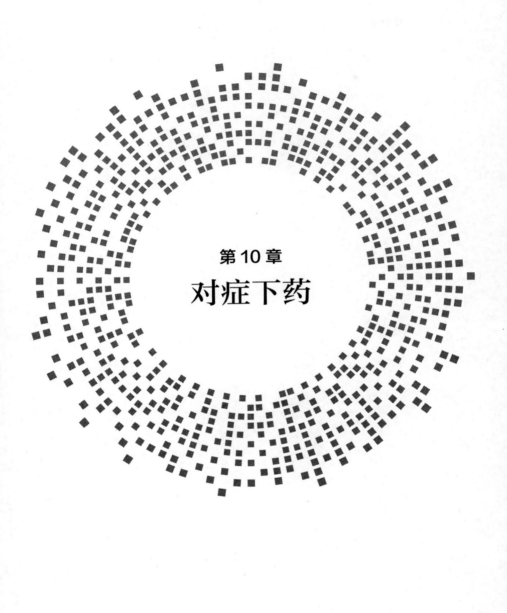

第 10 章

对症下药

"父母对孩子的爱是其他任何友谊、任何感情都无法比拟的。"

——亨利·沃德·比彻

"走出困境的唯一方法就是自寻出路。"

——杰夫·贝佐斯，亚马逊公司创始人兼首席执行官

从诊断到治疗一种疾病的过程可以有多种形式。[1]这条道路漫长而曲折，但首先要在分子层面上搞清楚到底是哪个生物过程出了问题。

蛋白质负责细胞的工作，当细胞老化或受损时，这些蛋白质就需要被循环利用。NGLY1基因的产物是N-聚糖酶1（其缩写为NGLY1），这种蛋白质在细胞中起着多种多样的作用，人们正在逐渐发现这些作用，包括将糖（聚糖）从蛋白质中分离出来，这样一来，这些蛋白质就可以被循环利用。如果这一过程遭到破坏，后果将非常严重，本应被降解的蛋白质就会积聚起来。你可能听说过一些由于蛋白质再循环出问题而引起的疾病，比如帕金森病、囊性纤维化。现在，又多了一种NGLY1疾病。

NGLY1 可以将糖从蛋白质中分离出来，这就引出了一个问题：为什么糖会附着在蛋白质上？好吧，事实证明，即使蛋白质已经形成，细胞仍能改变蛋白质。这个过程被称为翻译后修饰（因为这一过程发生在蛋白质从 RNA 中被"翻译"出来之后）。这些修饰有很多种形式，包括其他化学基团附着在蛋白质上或从蛋白质上被去除，以调节蛋白质的功能。事实上，细胞中的蛋白质会不断添加或移除这些糖基和其他化学基团，以使其应对细胞环境的变化。对糖来说，这一过程被称为糖基化，而这些糖基的去除（去糖基化）则主要依赖于 NGLY1。

为了掌握如此复杂的生物学知识，马特·迈特和马特·威尔西自学了生物化学的速成课程。作为课程的一部分，伯特兰的父亲马特·迈特去见了琳恩·沃尔夫——美国国立卫生研究院未确诊疾病计划的护理专家，也是比尔·加尔的同事。琳恩带领迈特仔细了解了所有涉及 NGLY1 的生化途径。迈特了解到，NGLY1 为了去除糖基，专门破坏了蛋白质和 N- 乙酰葡萄糖胺（其缩写为 GlcNAc，发音为"glick-nack"）之间的键。伯特兰和格雷丝的细胞中 GlcNAc 含量较少，似乎是因为他们缺乏 NGLY1。一个念头悄悄地进入迈特的意识，影响着其内心。如果 GlcNAc 对去糖基化如此重要，而 NGLY1 疾病患者的 GlcNAc 含量很低，也许我们可以通过某种方法替代 GlcNAc 来治疗疾病？但是，我们怎么才能做到这一点呢？他打开谷歌搜索栏，想找一些关于如何提高 GlcNAc 含量的文献，结果惊讶地发现他可以在亚马逊上买到片剂形式的药物。实际上，他当时正好在电脑屏幕上看到了一瓶药片（有些人把这种药当作一种营养品来辅助治疗关节疼痛）。他移动鼠标，点击了"立即购买"。几天后，这种可以治疗其儿子致命性遗传性疾病的药物被装在一个棕色亚马逊快递盒里，送到了他家前门。

但随后，迈特又有了新的顾虑。这种方法似乎太简单了。他们对 NGLY1 和 GlcNAc 的作用知之甚少：这种糖类补充剂会不会对伯特兰的身体产生副作用？与美国食品药品监督管理局批准的降胆固醇药物不同，该药物并没有对 10 000 名患者进行临床试验以证明其安全性和有效性。但现实摆在眼前，功能失调的 NGLY1 导致了伯特兰的疾病，而这很可能是因为患者体内缺乏刚买来的那种药物中所含的化合物。

现实促使他做了决定。收到药物后不久，伯特兰就因为肺炎住进了医院。这样的事每年都会发生好几次，每次迈特和克里斯蒂娜都担心这会是最后一次。所以他们决定：如果儿子这次能活着出来，他们就去试试 GlcNAc 补充剂。"作为父母，如果有一种可能帮助孩子的治疗方法，而你却不知道（它是否有效），你该如何原谅自己呢？"迈特说。

现在他们必须制订出一个用药方案。马特决定做的第一件事就是自己服用大剂量药物。大型制药公司在测试一种新药的安全性时，会先给动物注射高剂量的药物进行试验，然后才会给患者使用。但这是一种补充剂，一种糖，不是新药。迈特一天就吞下了 60 克，大约一整瓶的量，接下来几天他一直对自己进行监测。除腹泻之外，他没有发现任何不良反应。因此，根据其他类似的补充剂的服用剂量指南，他开始给 6 岁的伯特兰服用儿童剂量的 GlcNAc 补充剂。等待开始了。

起初，一切一如往常。反正，迈特也不确定要多久才能有效果。在伯特兰婴儿时期，这种疾病也是过了一段时间才被发现的。也许治疗也需要几个月或几年才见效。然而，就在第三天早上，迈特听到伯特兰在厨房里喊叫，他走进厨房，看到伯特兰正在哭喊着要吃早餐。迈特朝伯特兰瞥了一眼，发现他有些异常。随后，迈特很快意识到伯特兰与以往不同的地方。迈特告诉我："我有生以来第一次看到泪水顺着伯特兰的脸颊流下来。"如前所述，NGLY1 疾病的特征之一就是泪液分泌不足，即不流眼泪。然而，开始服用 GlcNAc 补充剂三天后，伯特兰却在这里哭得稀里哗啦的。为了印证这不是幻觉，迈特和克里斯蒂娜不再让伯特兰服用补充剂，他的眼泪又没了，继续用药，又可以流泪了。事实上，他们已经这样重复很多次了，结果都是一样的。他们甚至将孩子的眼泪送到糖基化疾病专家那里去分析蛋白质。后来，迈特和克里斯蒂娜还注意到，在服用补充剂后，伯特兰夜间发病（最初被认为是癫痫发作）的频率也降低了，而且睡得更安稳了。

看来这次的冒险得到了回报，但迈特还想了解更多。为了进一步研究 GlcNAc 在 NGLY1 疾病中的作用，他与犹他大学果蝇遗传学专家周恩慈（Clement Chow）进行了合作。周恩慈制作了一个 *NGLY1* 基因被破坏的果蝇模型。[2] 正如预期的那样，这些果蝇体内的 GlcNAc 含量下降了。此外，只有 18% 的果蝇能存活到成年。当他们从果蝇出生开始就在其食物中添加 GlcNAc 时，70% 的果蝇可以存活下来。

· · ·

这种新的诊断结果还有其他切实的好处。对迈特一家和威尔西一家来说，其中的一个好处就是计划生育。对于许多患者及其家属来说，他们可以借此了解家族的疾病遗传情况。例如，有些家庭发现，导致其孩子患病的基因变异体在父母双方身上都不存在，但会在孩子身上首次出现。这意味着该疾病在第二个孩子身上再次出现的概率不会太大，这对他们来说是一种极大的安慰。对于其他家庭来说，如果能了解疾病是如何从父母遗传给孩子的，那我们就可以进行干预。迈特夫妇后来又生了两个孩子，有感而发写了一篇文章，讲述了弄明白伯特兰的病因是如何改变其人生历程的。"在伯特兰没有确诊的情况下，怀上维多利亚是一个非常感性却也十分为难的决定……作为一个患有重病的孩子的父母，我们曾经也饱受抑郁症的折磨……在情绪最为低落的时候，再要一个孩子对我们来说代表一种希望。然而，我们知道如果没有确切的诊断结果，受孕就会存在严重风险。"克里斯汀·威尔西也提到找到病因带给他们的喜悦："我们感到非常宽慰，对未来也充满希望。这意味着我们可以生更多的孩子，并对其进行筛查。"

通过了解导致伯特兰和格雷丝罹患 NGLY1 疾病的特定基因变异体，我们可以提高未来孕育健康婴儿的概率，这要归功于一种已经存在了二十多年的技术：体外受精。[3]

1978 年 7 月 25 日，在英国曼彻斯特的奥尔德姆总医院，首个体外受精婴儿路易丝·布朗诞生了。[4]帕特里克·斯特普托和罗伯特·爱德华兹在《自然》杂志上报道了这一科学突破，罗伯特·爱德华兹后来也因此获得了诺贝尔生理学或医学奖（因为当时帕特里克·斯特普托已经去世，所以没有获奖资格）。当时，路易丝的孕育和出生成了头版新闻。体外（In vitro，字面意思是"在玻璃中"）受精是指从准母亲的卵巢中提取完整卵子，并在实验室培养皿中将其与精子结合。[5]一旦卵子受精，胚胎就开始分裂，先是分裂成两个细胞，接着是四个，然后是八个，再之后是十六个。在这个阶段，或者稍晚一点，胚胎是一个由细胞组成的圆球，可以安全地取出其中的一个或多个细胞进行基因检测。对多个胚胎进行检测可以降低疾病的遗传概率，只有无破坏性基因变异体的胚胎才会被植入母亲体内，从而将新生儿的患病概率降至最低。

整个过程被称为植入前遗传学诊断，该技术最早于 1989 年应用于一名有患囊性纤维化风险的婴儿。[6]不过这种方法并不是对每个人都有效，因为很多情况下这个过程可能会失败。事实上，植入前遗传学诊断并不适用于迈特和克里斯蒂娜，因为缺乏 *NGLY1* 基因变异体的胚胎不够健康，所以无法植入。不过，他们还是自然受孕怀上了第三个孩子，并且在怀孕期间确认了新宝宝没有携带有问题的 *NGLY1* 基因变异体。（这是在怀孕早期通过一种叫作绒毛膜绒毛吸取术的技术完成的，即从胎盘中提取一小部分胎儿的样本进行基因检测。）

• • •

与此同时，在加利福尼亚，克里斯汀和马特的朋友们一直在询问他们如何才能帮到格雷丝，于是这对夫妇成立了一个专门应对 NGLY1 疾病的基金会——格雷丝科学基金会。[7] 该基金会通过协调全球各方的力量，将患有 NGLY1 疾病的家庭和 NGLY1 疾病研究人员汇聚在一起，一共资助了来自 6 个国家的 150 名科学家。2019 年，全世界共有来自 38 个不同家庭的 50 名患者了解到该基金会。通过基金会，马特和克里斯汀几乎每天都会与患有 NGLY1 疾病的家庭交流。他们在与新确诊的家庭谈话时非常谨慎。"在和每一位新患者家属交谈时，我们尽量给他们设定合理的期望，让他们的孩子变成正常人或许不太可能，但我们是否能改善其原来的情况呢？他们能否从 1 个字都不会说到说出来 10 个字呢？他们能不能从使用 G 管①进食或被人喂食，变成自己吃饭呢？毕竟享受饮食是享受生活的一个重要部分。"马特说道。他们当然希望如此。

科学在不断发展。格雷丝科学基金会资助了斯坦福大学教授卡罗琳·贝尔托齐研究 NRF1，NRF1 是一种"转录因子"，其作用是控制其他基因的表达。[8] NRF1 控制着细胞中另一个蛋白质的循环过程，这种蛋白质被称为蛋白酶体，但它发挥功能的前提是 NGLY1 从其身

---

① 经皮内镜胃造瘘管，是一种塑料管，插入人的胃内，以实现肠内喂养。——译者注

上移除一个糖基。由于 NRF1 在细胞中具有如此重要的作用，通过一些其他手段弥补 NGLY1 的功能，从而达到减少 NRF1 缺失带来的不良影响，这似乎是个有希望达成的目标。

另一个可能对治疗 NGLYI 疾病有效的方法是由科学家铃木匡发现的，他最早发现了 *NGLY1* 基因，并建立了最早的试验模型。[9] 他发现，人们可以通过抑制或从基因上干扰 ENGase 的表达来弥补缺乏 NGLY1 所带来的影响。[10] ENGase 是另一种酶，其作用是将糖从蛋白质中移除。犹他大学的一个研究团队考虑是否有哪种已获批准的药物具有抗 ENGase 活性的功效，他们建立了一个 ENGase 酶的 3D 计算机模型，然后在一个包含所有已知结构的药物化合物数据库中搜索，看能否找到适用于 ENGase 酶的药物。[11] 这有点儿像在计算机程序中模拟一把锁，然后通过计算机程序测试数千把钥匙的结构来找到对应的钥匙，这样就不需要将每一把钥匙都试一遍了。他们的模型发现了 13 种可能有效的药物，于是研究团队订购了每一种药物，并在一个真实的试管中测试每一种药物抑制 ENGase 的能力。有一类药物特别有效：质子泵抑制剂，一种非处方抗酸药物。其中雷贝拉唑和兰索拉唑这两种质子泵抑制剂效果最佳。

伯特兰现在已经服用了一段时间的 GlcNAc 补充剂和两年的兰索拉唑。最近，他在一台眼动追踪电脑（由眼睛控制鼠标）上拼出了自己的名字。"我当时吓坏了，"迈特说，"我想，'天哪，这是怎么回事？'"现在，当迈特问"是"或"不是"的问题时，伯特兰也会点头表达"是"或摇头表达"不是"了。

"哦，天哪！"迈特说，"伯特兰可以与人交流了。"

那眼泪又是怎么回事呢？生物学家赫德森·弗里兹是桑福德·伯纳姆·普雷比医学发现研究所人类遗传学项目主任兼教授，其研究的最新进展揭示了答案。[12] 尽管 NGLY1 在细胞循环中起着作用，但缺乏 NGLY1 的细胞似乎并没有被未经处理的"循环物"填满，在研究中，博士后学者米塔里·丹部有一个意外发现。正常的细胞放到水溶液中时，会像海绵一样，被溶液充满，直到爆裂。然而，当把带有 *NGLY1* 突变的儿童的细胞放入水溶液中时，却没有任何反应。结果发现这是因为 NGLY1 促进了细胞表面水道即水通道蛋白的扩散。生物学家很熟悉水通道蛋白，因为它们能调节身体中许多体液的含水量：汗水、大脑和脊髓中的液体、唾液和眼泪。如果没有 NGLY1，水通道蛋白在泪腺中就无法扩散，眼泪就无法分泌。谜团解开了。

马特和克里斯汀现在已经将患有 NGLY1 疾病的家庭和研究 NGLY1 的科学家汇聚在一起，举办了六次 NGLY1 年度会议。每当看到他们网站上的照片，你就会坚定对集体力量和共同责任的信念。这就是基因组诊断方法的厉害之处。有时人们会问："知道病因就够了吗？"他们想知道，如果没有找到治疗方法，那么仅给一种仍然难以治疗的疾病命名又有什么意义呢？但患者和家属从不问这个问题。克里斯汀·威尔西告诉我："得了无法确诊的疾病比单纯生病更可怕，因为你不知道自己下一刻会怎样……你就像是在跌跌撞撞地往前走，随时随地都有可能摔倒起不来。"如果不是为了诊断这种疾病，这些家庭就不会走到一起，马特和克里斯汀就不会建立一个基金会，计划生育就不可能实现，数百名科学家现在也不会聚在一起研究治疗方法。

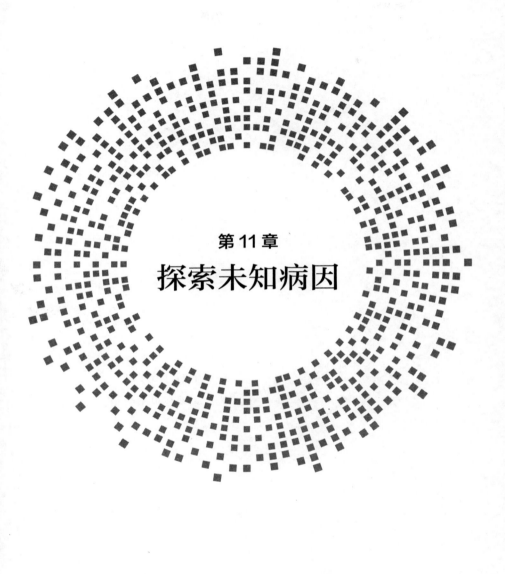

第 11 章

探索未知病因

"与众不同成就自我。"

——小猪，《小熊维尼》，

艾伦·亚历山大·米恩

"我是稀有的，一切稀有的东西都有价值；因此，我是有价值的。"

——奥古斯丁·曼迪诺

未确诊疾病网络于 2015 年 9 月 16 日开放，头 20 个月，1 519 名患者被转诊，601 名患者被接收以进行评估。2018 年底，我们在《新英格兰医学杂志》上发布了最新研究成果，描述了 382 名患者的完整评估情况。[1] 我们成功对其中 35% 的患者做出了诊断，在此过程中确定了 31 种新的综合征，并结束了这些患者的求医旅程。此外，在成功诊断出病因的病例中，有五分之四我们能够进一步改进对患者的护理，提供针对患者病情的特定疗法（如药物或补充剂），或者减少不必要的诊断检测，因为已经有明确的诊断了。在许多情况下，我们还可以提供特定疾病的遗传咨询，以帮助其计划生育。在这一章中，我将和你分享一些相关患者的故事。

· · ·

以 7 岁的卡森和 5 岁的蔡斯为例。第一次见到他们时，你可能首先会注意到这对兄弟漂亮的金发，再靠近一点儿，你会看到他们闪闪发光的蓝眼睛，就算距离很远你也不会忽视他们灿烂的笑容。你会被他们迷人的外表吸引，目不转睛地盯着他们，以至于你可能没有注意到他们坐着轮椅。

我们第一次见到这对讨人喜欢的兄弟及其父母丹尼·米勒和尼基·米勒是在 2017 年。[2] 那时，这两个孩子都不会说话，无法把杯子举到嘴边喝水，无法自己坐起来，也不会走路，而且症状在逐渐加重。虽然卡森的运动发展指标在婴儿时期稍有滞后，但 12 个月大时确实走了几步，然而，这大约是他运动能力发展的极限了。如果说有什么不同的话，那就是从那以后，他的运动能力似乎有点儿倒退了。弟弟蔡斯大约就在那个时候出生，父母对他的出生充满喜悦，也带着几分忧虑，哥哥的发育确实有些不太对劲，蔡斯也会这样吗？

丹尼和尼基带卡森去看行为学专家，然后去看发育学专家，后来又去看一个又一个神经学专家，但谁也没能给出答案。兄弟俩最终被转诊到当地的专家中心，由罕见神经系统疾病的专家接手。当时，卡森大约 16 个月大，医生给出的诊断结果为"脑瘫"。然而，这个宽泛的标签并没有揭示出卡森的问题究竟是由什么引起的，也没有揭示出如何更好地进行治疗，更不能帮助他们确定蔡斯是否有危险。他们需要更多信息。

当蔡斯的运动发展指标也开始落后时，医生们变得更加忧心忡忡。很明显，从智力角度看，这两个男孩的发育都很正常，但两人都患有严重的运动障碍。事实上，两个男孩的磁共振成像都显示，大脑基底神经节有损伤，而基底神经节负责协调平稳、有意识的运动。由于两个男孩都受到了影响，毫无疑问这是一种遗传性疾病，当地医生对其进行了基因检测。最初，医生只对卡森和蔡斯的少数基因进行了测序，不过医生最终还是对其全部的 20 000 个基因进行了全外显子组测序，而且不止一次，而是两次，但是，答案仍然令人难以捉摸。接下来的三年里，丹尼和尼基一边忙着照顾孩子们，一边也试图弄明白这个问题。

孩子们入睡后，从深夜到凌晨，丹尼和尼基会仔细研读越攒越厚的医疗记录，搜索互联网的每一个角落，试图了解可能的诊断结果，以及每一个诊断对他们的家庭来说可能意味着什么。正如丹尼所说，"很多东西都不确定，我们非常焦虑，无数个夜晚辗转难眠。我会在凌晨两点起床，一连研究好几个小时，因为我睡不着"。2016 年，他们第一次听说了未确诊疾病网络，在其第五位神经学专家的帮助下，他们提交了一份申请。

了解到这对健康父母所生的两个男孩都出现了严重的早发性神经疾病症状后，我们很快就决定将这两个男孩纳入我们的网络，然后着手解决这个病例。

按照惯例，我们对其基因组进行了测序，那时我们还没见过这家人。的确，通过卡森和蔡斯之前的外显子组测序（我们查看了其所有的 20 000 个蛋白质编码基因），我们没有找到任何答案。但是全基因组测序有一些明显的优点，可以更精确地表示每一个基因的整体情况，而外显子组测序可能有点儿不完整，常常会遗漏基因的起始和末端部分，这些部分包含调控元件，而调控元件是开启和关闭基因表达的重要部分。全基因组测序也可以更好地检测基因组中的严重破坏情况，例如大块 DNA 被删除或插入不该出现的位置。

在这种情况下，我们选择对四位家庭成员都进行基因测序，以便比较两个男孩和他们父母的基因。与此同时，斯坦福大学医学遗传学主任乔纳森·伯恩斯坦为了更好地了解这对兄弟运动能力发育迟缓的本质，还对他们进行了临床检查。我们的一位遗传咨询师詹妮弗·科勒也加入进来，与丹尼和尼基一起讨论了遗传评估的进展。

2018年3月，研究结果证明，对这个家庭所有成员进行全基因组测序这一方法非常强大。因为丹尼和尼基没有患这种病，所以研究只集中在我们认为会导致运动能力发育迟缓的基因上，每个男孩都从父母双方各得到了一个破坏性基因变异体。因为丹尼和尼基发育正常，所以很可能是两种变异体的结合导致了这种疾病。卡森和蔡斯似乎都从父母的 MECR 基因中继承了两个破坏性变异体，之前进行的外显子组测序没有检测到其中一个变异体，因为它位于外显子组没有覆盖到的调控区域。

詹妮弗把证实和反驳这个基因以及其他最有可能的致病基因的证据放在了幻灯片上。然后，我们整个团队围坐在会议室的一张桌子旁，一起讨论了这些证据。首先，我们关注的是基因本身。我们对其了解多少？事实证明，答案是"不多"。由该基因编码的蛋白质位于什么位置？从先前的研究来看，这一点似乎很清楚——它存在于线粒体中，线粒体是细胞中生产能量的工厂。蛋白质在那里做什么？它似乎是能量生产流程的一部分。它还与哪些蛋白质相互作用呢？我们不知道。

在寻找完该基因可能导致两个男孩患病的证据后，我们又研究了那些特定的变异体。它们对基因有多大的破坏性？在这个病例中，其中一个变异体极具破坏性，因为它改变了基因信息的处理方式，而另一个变异体则没有那么明显的破坏性，因为它似乎仅影响了调控区域。我们的计算机模型是否"猜测"到这些变异体会有破坏性或危害性？大多数模型的预测结果是，其中一个或两个变异体将严重破坏蛋白质。

詹妮弗一头扎进这些证据中。2016 年《美国人类遗传学杂志》发表了一篇重要论文，文中描述了携带 MECR 基因变异体的患者。[3]该论文描述了来自 5 个家庭的 7 名患者。这看起来是个给予人希望的线索，但詹妮弗之前已经尝试过很多次了。通常，儿童疾病会引起相似的脑和神经问题，尤其是当 MECR 基因变异体位于调控区域时，这很难下定论。但是，阅读这篇论文时，她注意到一些不同寻常的地方：论文中所有的儿童似乎都在语言和运动方面发育迟缓，却保留了认知（智力）能力。她记得以前在什么地方见过这句话。詹妮弗从斯坦福大学遗传学家和儿童神经学家毛拉·鲁兹尼科夫那里调出了卡森和蔡斯的临床记录，里面就有这句话："语言和运动迟缓，但认知能力保持不变。"这看起来确实很有希望。詹妮弗进一步阅读，发现这篇论文中描述的一些患者与卡森和蔡斯脑部扫描的特征相同，即基底神经节发生改变，而基底神经节是大脑中负责运动的部分。如果我们发现的两种变异体都被证明具有破坏性，这肯定就是答案。显然，其中一种变异体由于基因自身发生变化而具有破坏性。但对于调控区域的变异体，只有通过试验才能证实它破坏了蛋白质，为此，我们需要携带变异体的细胞。我们的实验室团队培养了从这两个男孩身上提取出的皮肤细胞，然后对所有 RNA 信息进行了测序，看看 MEPAN 的遗传信息是否被破坏了。不久，研究团队得出结论：两种变异体都具有破坏性，卡森和蔡斯成为世界上第八个和第九个被诊断为 MEPAN综合征（这说起来比线粒体烯丙基辅酶 A 还原酶蛋白相关神经变性容易多了）的患者。

团队其他成员开始利用这些信息寻找治疗男孩身上这种疾病的方法。由 MECR 基因编码的蛋白质是线粒体内部产生能量的复杂流程的一部分。请稍等片刻，我来解释一下它是如何工作的。想象一下，有个玩具厂在生产布娃娃，流水线上的每个工人都是在布娃娃的某种组装状态下接收到布娃娃的。他们把自己负责的零件组装进去，然后交到下一个工人手中。细胞中重要的能量分子也是这样制造出来的。想象一下，现在其中一个工人生病了（这就是被破坏的基因）。假设这名工人负责的部分是装配布娃娃的胳膊和腿。由于该工人无法工作，接下来就会发生这几件事。首先，下一个负责添加衣服和鞋子的工人，收到的是还未装配胳膊和腿的布娃娃，因此无法完成自己的工作。这导致未装配肢体的布娃娃越来越多，装配流水线就无法正常运转。未装配的胳膊和腿也越积越多，最后，布娃娃的生产将完全停滞。所有这些工厂生产线上的问题都可能单独或共同导致最终生产流程瘫痪。显然，最好的解决办法是另外找一名有相关经验、能胜任这份工作的工人代替因病休假的那名工人。这样，整个生产线就可以再次正常运作。这就相当于在合适的时间把一个正常基因放回出问题的细胞中。这是"基因治疗"的终极目标，但可惜，它仍然很难实现（见第 19 章）。既然这种方法不太可行，那我们该怎么办呢？如果我们可以通过运送一些额外的布娃娃来绕过这一问题，这些娃娃已被安装好胳膊和腿，就差穿好衣服，然后再从工厂的生产线上运到装箱部门，那会发生什么呢？

在 MEPAN 综合征的病例中，这些额外的娃娃是一种叫作 α 硫辛酸的分子。换句话说，这是通过给患者提供有缺陷的 *MECR* 基因无法产生的东西，从而绕过患者的基因问题。万幸，你可以在亚马逊上以每瓶 16.99 美元的价格买到 α 硫辛酸（有些人会把它作为一种补充剂来治疗由糖尿病引起的神经问题）。

· · ·

卡森和蔡斯开始服用 α 硫辛酸和中链甘油三酯油（MCT 油），

以帮助替换"工厂生产线"中的缺失部分。令人惊讶的是，几个月后，丹尼和尼基就看到了变化。确诊之前，这两个男孩的运动能力都比较差。两岁时，卡森就丧失了在无人帮助的情况下坐起来或向前走几步的能力。蔡斯在很小的时候就会爬了，但从一岁左右起，他也逐渐失去了这种能力。自从服用了补充剂，他们运动能力的下降趋势逐渐稳定下来，其神经学医生也看到了实质性改善。"这对我们来说是件大事。"丹尼补充道。2019 年春天，在描述其儿子诊断结果的文章发布后，丹尼和家人很友好地分享了他们的故事。他们在哥伦比亚广播公司的《今晨》节目和美国国家公共广播电台的《早间新闻》节目中介绍了其家庭情况，以及"未诊断疾病网络"对他们的意义。[4]丹尼告诉我："对于患有未诊断疾病的家庭来说，未诊断疾病网络是一个无与伦比的医疗项目——在这里我们可以接触到世界上顶尖的研究人员和临床医生，而且任何人都可以参加，无论家庭经济状况如何，这在当今的医疗领域可以说是独树一帜。他们为那些患有罕见疾病的家庭带去了希望，虽然这些家庭有的可能一贫如洗。"

疾病确诊后，丹尼开始与其他患 MEPAN 综合征的家庭以及世界各地研究这一代谢途径的科学家建立联系，也开始筹集资金以进一步推动研究。2019 年初，他创办了 MEPAN 基金会，该基金会的主要目标之一是更好地联系患 MEPAN 综合征的患者家庭。[5]对于卡森和蔡斯来说，我们很幸运地找到了一篇科学论文，并将其他家庭中类似的运动障碍和大脑扫描结果联系起来，从而帮忙做出了诊断。但是，想通过发表论文来与世界其他地方患有类似疾病的患者或医生取得联系，需要满足三个前提。首先，在世界某个地方的某个遗传学家偶然发现了足够多的新疾病患者，并且决定将其发现写出来；其次，他写的这篇论文经过漫长的审稿过程最终能发表出来；最后，该论文碰巧被世界各地其他接诊类似患者的医生读到。但是，当生命危在旦夕时，这并不是一个能够及时联系患者、家庭和疾病研究人员的有效方法。幸运的是，我们现在有了更好的办法。

其中的一个办法被称为"红娘交流"，这实际上是一个由哈佛大学和博德研究所的海迪·雷姆教授领导的论坛。[6]该论坛为罕见病的信息共享提供了一个很好的交流平台，大家可以在此放心地交流信息（如患者的症状、体征、血液检查结果和基因组测序结果），这些信息对疾病的诊断来说至关重要。现在，每隔几周我们就会通过这个论坛收到一些信息，询问我们是否见过具有某种症状的患者，或被认为会导致某种症状的基因。最终，这一工作将实现自动化，大型计算机将日夜不停地对大量数据进行压缩，并将这些数据连接起来。

· · ·

未确诊疾病网络的几个关键优势让我们成功为卡森和蔡斯做出了诊断，并解决了像他们一样的病例，而其他人却都失败了，这有两个原因。其中一个是由于美国国立卫生研究院的支持，我们并不仅限于使用患者保险所涵盖的检测方法（常规医疗实践中须受限）。因此，仍处于研究阶段的技术，如基因组测序，甚至 RNA 测序，都可以被应用于医疗实践。更重要的是，除了就诊的患者，我们还能对其他家庭成员进行测序——通过比较受影响和未受影响的家庭成员的基因，可以大大缩短"可疑"基因的名单（就像我们在第 5 章中首次对韦斯特家庭所做的那样）。

正如我们在第 7 章中所讨论的，偶尔会有人问我们，所有这些额外的检测是否会"使医疗系统破产"。事实上，基因组医学反而节省了资金——这一点值得强调，因为我们正试图通过这种方法来帮助更多患者。未确诊疾病患者的医疗支出占医疗总支出的比重很大。目前，基因组测序的费用约为 800 美元，但在重症监护室住一天的费用是 10 000 美元——而那些未确诊疾病患者往往都要去重症监护室。我们曾统计过一组成功诊断的未确诊疾病网络患者的医疗费用，来到未确诊疾病网络之前，其平均护理费用超过 30 万美元。相比之下，其未确诊疾病网络评估的平均费用才不到两万美元。这一做法产生的影响很明显：如果我们能够更早地为其中一些患者提供基因组测序，其医疗护理费用可能会锐减 94%，这还不包括那些非物质层面的好处，比如让患者家庭免受精神上的痛苦。请记住，对于许多发育疾病来说，有一个关键的治疗窗口期，在这一时期采取替代疗法可能会改变患者的一生。如果能及早做出诊断，就可以尽早开始治疗，从而极大减轻疾病康复的负担。

• • •

虽然我们 74% 的病例是通过基因组测序解决的，但还有超过 10% 的病例是依靠梳理治疗记录、仔细寻找线索、跟踪线索、召集专家研讨等方法解决的。我们认为这是夏洛克·福尔摩斯式的方法。

例如，2016 年，当我们第一次见到罗伯特·莱瑟斯时，他已是一位年过七旬的老人了。八年来，他一直反复发热冒汗，还患有棘手的皮疹和严重的肌肉疼痛。起初，发热被归咎于他所服用的一种药物，然而，停药后并没有停止发热。另一种假设是，他可能患有一种罕见的肺结核，因此他连着好几个月用抗生素治疗，但还是没有任何变化。接下来几年里，考虑到过度活跃的免疫系统可能是问题所在，他还尝试了三种旨在广泛抑制自身免疫系统的药物，结果还是收效甚微。在这些症状持续了五年之后，他来到明尼苏达州罗切斯特市的梅奥诊所寻求第三种治疗方案。梅奥诊所的医生对罗伯特·莱瑟斯进行了CT扫描、超声检查、磁共振扫描、多种血液检查，以及针对罕见发热综合征的基因检测，比如一种被称为家族性地中海热的罕见发热综合征，然而，所有这些检查都没有任何发现，他几乎放弃了治疗的希望。三年后，在去斯坦福大学神经科寻找第四种治疗方案时，他被转诊到我们的未确诊疾病中心。

他现在就坐在我们面前，急切地想知道自己到底出了什么问题。他的医疗记录中并没有太多有用线索，血液中有一种来自抗体的蛋白质含量确实异常高，这表明免疫系统被激活了，但除此之外，就没有什么线索了。内科医生贾森·霍姆和马修·惠勒先收集了罗伯特之前所有的治疗记录和病历，并请了血液、皮肤和关节疾病方面的专家来帮忙诊断。他们还请了我们的传染病团队过去，因为反复发热冒汗最常见的原因就是传染病。

我们的传染病专家尚蒂·卡帕戈达是首个将这些罕见症状联系在一起的人，这些症状包括发红发痒的隆起状皮疹，血液中有抗体蛋白，以及长期间歇性发热。卡帕戈达知道有可能是家族性地中海热（即使基因检测结果为阴性），但在60多岁时首次患上这种病并不常见。穆克勒－威尔斯综合征也会引起发热，但通常还会伴有耳聋。另一种罕见疾病冷吡啉相关周期性综合征（CPAS）也是如此，主要表现为关节疼痛、皮疹和发热。按照同样的方式，他们还提出了其他几种可能性，但后来也都被否定了。

但有一种罕见疾病似乎更符合罗伯特·莱瑟斯的情况：一种由法国皮肤科医生利利亚纳·施尼茨勒于1972年首次提出的综合征。[7]迄今为止，被报道的施尼茨勒氏综合征仅有160例。这种疾病被归类为"自身炎症"，炎症是指身体对损伤的自然反应，当皮肤被割伤或刮伤时炎症会引起红肿，而当炎症在不该发生时发生，我们就可以称之为"自身炎症"。

如何验证这个假说呢？首先，我们有证据证明是炎症吗？有的。患者血液中的白细胞总数和炎症标志物 C 反应蛋白水平都升高了。如果罪魁祸首确实是施尼茨勒氏综合征，患者皮肤中应该还会有一种特殊白细胞的侵入，这种白细胞叫作中性粒细胞。有吗？事实上，在显微镜下检查患者发炎的皮肤时，确实发现了这种细胞。再进一步，我们还能找到什么其他证据来证实这一猜想呢？施尼茨勒氏综合征的另一个关键特征是患者血液中有一类异常抗体会激增：通常被称为 M 抗体（这是最大的抗体，也是首个对感染做出反应的抗体）。然而，罗伯特血液中的异常抗体蛋白似乎主要是 G 抗体（最常见的抗体，占人体抗体的四分之三），这实际上**不是**施尼茨勒氏综合征的典型症状。然而，在深入查阅医学文献后，我们发现极少数施尼茨勒氏综合征患者体内确实主要是 G 抗体而不是 M 抗体。我们在慢慢地靠近真相。最后，怎么解释罗伯特的其他症状呢？患者出现皮疹和发热时，我们通常会怀疑是关节问题。但在这个病例中，由于没有任何主要的关节问题，我们可以排除许多其他可能的诊断。就是施尼茨勒氏综合征，我们做出了诊断（但没有进行基因组检测）。

当然，做出诊断的一个重要目的是找到治疗方法。我们的风湿病科主任科妮莉亚·韦恩德主要研究免疫系统如何老化，以及老化是如何导致炎症性疾病的。其研究团队揭示了炎症细胞侵入组织，然后设法停留在那里，从而导致红肿等问题这一机制。她发现了罗伯特身上的这些炎症特征，并开始制订治疗方案。对于免疫系统过度活跃的患者，我们经常使用类固醇等药物来抑制免疫系统各方面的功能（罗伯特也曾尝试过这种方法）。然而，正如你所料，使用大锤敲击小钉子是有效的，但也会造成严重的附带伤害，副作用包括体重增加、腹胀、皮肤恶化、肌腱断裂，甚至还有抑郁或情绪波动。好消息是，既然已经将这种情况确定为"自身炎症"，我们就可以将治疗的重点更精确地放在炎症的根本原因上。过去几十年里，我们对炎症的理解也取得了显著进展。炎症的一个重要调节因子是一种叫作白细胞介素–1 的免疫系统"激素"。过去几十年里，它一直被许多制药公司视为炎症的"重要调节器"。事实上，使用白细胞介素–1 阻滞剂时，罗伯特的症状确实有所改善，然而被转诊到未确诊疾病网络时，尽管他使用了这种疗法，却再次出现发热症状。

2012 年，《过敏和临床免疫学杂志》上刊登了一篇论文，文章研究了三名施尼茨勒氏综合征患者，研究人员成功抑制了一种与之密切相关的激素——白细胞介素–6。我们和罗伯特的医生讨论了这一发现，他们给罗伯特换上了这种阻滞剂。2019 年底，我和罗伯特通了电话，看看其治疗效果如何，结果发现药物治疗效果很好。我问他，在苦苦寻医问药八年却没有得到答案的情况下，未确诊疾病网络是否帮到了他，他毫不犹豫地说了声"当然"。

罗伯特的故事告诉我们，有时观察、讨论和推理等传统方法可以让我们在不需要进行基因组测序的情况下找到问题的答案。事实上，尤其是当你的问题可能出自免疫系统——一个会根据周围环境、病毒感染和疫苗接种不断调整生理机能的系统时，我们就不指望对你的基因组进行测序会对找到解决办法有很大帮助。此外，免疫细胞会通过重组自身基因组的某些区域来应对周围的环境变化和病毒攻击，这使得它们能够对无数已知和未知的攻击者做出反应并予以击退。我们知道这些区域会被重新排列以产生"适应性免疫"，如果我们能分离出这些特定的免疫细胞，然后对其基因组的特定区域进行测序，那么我们就可以为了解免疫性疾病打开一扇新的大门。事实上，这确实是正在发生的事情。对于某些患者，我们现在可以"对免疫系统进行测序"，从而开始确切了解其免疫系统是如何进行适应的。很快，我们就能利用这些信息针对免疫问题进行精准治疗了。

· · ·

2014 年，一个名叫阿莉莎·劳森的 4 岁小女孩被转诊到我们的未确诊疾病中心。阿莉莎生来就有与众不同的面部特征，而且关节也有问题。我们的遗传学家乔纳森·伯恩斯坦为其做检查时发现，阿莉莎关节松动，脊柱弯曲，胸部突出，还有扁平足，所有这些都表明她患有一种罕见的结缔组织疾病，即马方综合征。然而，令人困惑的是，她也有一些不属于马方综合征的特征：头发和眉毛稀疏，鼻子呈梨形。这两个特征有时在一种更罕见的疾病患者身上才会出现，这种疾病被称为毛发 – 鼻 – 指（趾）综合征（TRPS1）。这一罕见的特征组合令乔纳森迷惑不解。此外，还有一个情况需要我们注意，即马方综合征的患者多为高个子，而 TRPS1 的患者则多为矮个子，而阿莉莎是正常身高，那是不是可以排除这两种诊断的可能了？乔纳森又想到了一种可能。马方综合征的"高"效应会抵消 TRPS1 的"矮"效应，从而使阿莉莎的身高正常，这就是让之前所有诊断医生都倍感困惑的原因吗？她可能同时患有这两种疾病吗？

在医学上，我们经常让学生把"奥卡姆剃刀原理"应用于其临床推理中：[8] 如果两种罕见症状出现在同一个患者身上，那么它们与一个病因有关的可能性要比与两个病因有关的可能性大得多。哲学家把这一点表述得更直白：在其他条件相同的情况下，更简单的那种解释更有可能。虽然人类习惯于发现罕见或不寻常的东西，但事实上，"常见的都是普通的事物"。或者，用马里兰大学的西奥多·伍德沃德在 20 世纪 40 年代说的一句名言来表述[9]："如果你在中央公园听到蹄声，你首先想到的会是马，而不是斑马。"[10]

马方综合征的发病率为五千分之一，TRPS1 为百万分之一，因此一个人同时患有这两种疾病的概率约为五十亿分之一。换个角度来看，你有生之年被闪电击中的概率只有三千分之一，而美国强力球彩票的中奖概率目前是三亿分之一。[11]

然而，在罕见病医学领域，我们放眼望去，处处都能看到斑马。在阿莉莎的基因组中，我们的遗传咨询师黛安娜·察斯特罗发现了马方综合征和 TRPS1 的可疑变异体。这种情况发生的概率为五十亿分之一，而当时地球上大约有七十亿人，因此正如我的同事马修·惠勒所说："阿莉莎这一病例在世界上基本上是独一无二的。"

在确定了这两项新的诊断后，我们制订了一个明确的行动计划。医学专家跟踪阿莉莎的每种情况，并根据建议对其主动脉进行筛查。主动脉是心脏中的一个大血管，马方综合征患者的主动脉可能会扩张。

阿莉莎现在是一个聪明快乐的二年级学生。她喜欢马和龙，也喜欢做妹妹卡莉的大姐姐。她不仅喜欢动物，还对资源的循环利用充满热情，她希望通过一次次小的改变来拯救地球。她的妈妈告诉我："阿莉莎知道她的病是个医学难题，但这并不能阻止她对美好生活的向往和追求。"

• • •

有时，我们通过给患者做检查，翻查记录，寻找线索，认真分析，就可以做出诊断；有时可以对患者的基因组进行测序，并通过基因组线索来做出诊断。然而，有时，所有这些都不足以让我们做出诊断。

想象一下你尽最大努力锻炼身体时的那种感觉：你肌肉酸痛，感到不适，身体不堪重负。这很大程度上是乳酸堆积造成的，不过幸运的是，这只是暂时的。当你从运动中缓过来，身体开始代谢乳酸，调整体内的酸水平，你很快就开始感觉好起来了。然而，现在想象一下，当你没有运动的时候，你的身体开始产生过量乳酸。也许这是紧张了一天的反应，或者是你有点儿感冒。但是，现在乳酸并没有像你从运动中恢复过来时那样消退。事实上，这种想象是指乳酸严重堆积，可能会使你陷入昏迷状态，需要进入重症监护室。这就是小女孩安娜希所经历的事情，我们第一次见面时她才 6 岁。

正常情况下，这种代谢紊乱是由编码线粒体内能量产生装置的基因变异体引起的，线粒体是每一个活细胞的动力源，能产生能量分子ATP。在每个线粒体内，都有 5 个高辨识度的引擎生产 ATP，它们被称为复合物 I~V。通常，复合物 I~V 的突变都会导致疾病（人们通常认为复合物 V 突变的后果"很严重"，会使人丧命）。也许问题出在其中一个引擎上？如果这些引擎失灵了，那么细胞就必须用另外一种方式来制造能量，由此产生的副产品就是乳酸。然而，当我们观察复合物 I~V 的基因，并测量其实际能量输出时，并没有发现任何异常，真是出乎意料。如果安娜希的线粒体工作正常，那么我们怎么解释其病症呢？

基因组测序提供了第一个关键突破口，因为它可以对一个人的所有基因进行测序，而不仅仅是那些众所周知的基因。在安娜希身上，基因组数据管理员戴安娜·菲斯克和遗传咨询师梅甘·格罗夫发现了 ATP5F1D 基因的一种变异体，该基因是线粒体内生产 ATP 的关键"第五引擎"。事实上，安娜希的两个拷贝都受到了同一变异体的影响。但是，尽管它在第五引擎的形成过程中发挥了作用，但人们以前从未将这种特定的基因与疾病联系在一起，那么我们如何证明这就是答案呢？我们如何从候选基因推演到新的综合征呢？

正如我们一再看到的那样，在罕见病的世界里，多和他人交流有时很有用。2015 年，我们团队中来自哥伦比亚的协调员和遗传学家利利安娜·费尔南德斯和遗传咨询师詹妮弗·科勒第一次见到了安娜希及其母亲。一年后，美国人类遗传学会会议在温哥华举行，他们在会议上贴出了一张关于安娜希病例的海报。碰巧，来自英国纽卡斯尔的研究人员罗伯特·泰勒一直在研究一位有类似症状的本地患者，并且也将这一基因列为重点研究对象。他在浏览会议议程时惊讶地发现页面上有他一直在研究的基因名字。他立即联系了安娜希的医生，这位医生把罗伯特和我们团队联系了起来。詹妮弗和罗伯特约定在安娜希的海报前见面，在那里他们讨论了两个病例的显著相似性，包括两个孩子都是由健康父母生的。每个患者基因的两个拷贝都受到了影响。突然之间，每个团队似乎都找到了他们所要找的"第二个病例"，但仅凭这一点还不足以证明就是这个基因导致了疾病，我们还需要证明，这个基因的变异体实际上减少了第五引擎的能量生成，即所谓"复合物Ⅴ"。

我们带着假设到未确诊疾病网络的实验室设计了试验，试图解开这一谜团。试验目标是直接测量来自两个相似患者皮肤细胞中的五种复合物的能量生成，证明复合物Ⅴ的能量生成减少了。这是通过依次阻断患者细胞线粒体中的每一个复合物并测量能量输出来实现的。事实上，这两个孩子的能量输出都急剧下降。此外，每个患者皮肤细胞内的线粒体在显微镜下看起来都很畸形，但由于皮肤细胞不需要太多的线粒体，它们也很稀疏，所以难以展开研究。不过，心脏细胞中充满了线粒体，以使心脏能够跳动。因此，为了更详细地检查患病的线粒体，我们将患者的一些皮肤细胞转化为干细胞（这种细胞可以转化为身体中任何一种细胞），然后通过一种特定的"心脏细胞"配方，我们又将其转化成心脏细胞，这些心脏细胞可以在实验室的培养皿中自发跳动。实际上，我们创造了一个微型的患者心脏。因为心脏不停跳动，所以它们非常依赖线粒体来为肌肉收缩提供能量——而这些患者心脏细胞中的线粒体看起来尤为不寻常，而且存在畸形。再加上其能量生成受到了损害，就这样，整个故事开始串起来了。

然而，这些细胞只是培养皿中的细胞。安娜希身上被改变的复合物V真的会在生物体内引起疾病吗？我们再次利用未确诊疾病网络的独特优势来回答这个问题。在未确诊疾病网络中，得克萨斯州贝勒医学院有一个特殊团队，主要通过建立果蝇遗传性疾病模型来帮助解决病例难题。果蝇是遗传学中很有用的模型，因为它们可以快速繁殖，而且很容易进行基因改造。当然，它们在进化程度上与人类相距甚远，但与培养皿中的细胞相比进步一些，对于研究常规的基因功能来说，这些模型是非常有帮助的。为了研究我们患者的变异体，贝勒医学院的雨果·贝伦研究团队做了一个巧妙的试验，他们制造出一种可以随意开启或关闭人类基因变异体的果蝇。随后，他们开始在果蝇体内添加人类基因的拷贝，包括正常的人类基因，或者和我们的患者一样发生突变的人类基因。他们把果蝇基因全部关掉后，果蝇的幼虫完全没有发育。因此，很明显，这个基因对生物体来说至关重要。接下来，他们只关闭了大脑和神经组织中的果蝇基因，这些果蝇的存活时间稍有延长，但仍然很快就死了。接下来，他们在关闭果蝇基因的同时，又打开了一个正常的人类基因。这些果蝇转而使用人类基因来产生能量，并且很好地存活了下来。所以，现在我们对这个基因有了较多的了解，当果蝇自身的基因被关闭时，正常的人类基因可以"拯救"果蝇。现在的问题是，突变的人类基因（安娜希的基因，或者那个英国孩子的基因）可以起到同样的"拯救"作用吗？如果可以的话，那就说明突变的人类基因实际上还是可以正常工作的，所以这种基因可能并不是我们患者的病因所在。雨果的研究团队关闭了果蝇基因，然后在不同的果蝇中打开每个患者突变基因的一个拷贝，结果发现所有的果蝇都死了。这一试验结果明确证实了患者的基因突变破坏了基因在生物体内的功能。

马修·惠勒与研究过另一名患者的英国同事一起整理了所有的研究成果，于 2018 年初在《美国人类遗传学杂志》上发表了关于这种新疾病的发现。这种疾病现在有了一个正式名称——线粒体复合物 V（ATP 合酶）缺乏症，核型 5，简称为 MC5DN5。正如安娜希的母亲在《旧金山纪事报》上说的那样，"至少医生们确切知道了她得了什么病，也许他们现在可以更好地对她进行治疗了"。[12] 事实上，尽管我们还没有专门针对线粒体疾病的有效治疗方法，但确定致病基因和致病机制意味着我们可以通过让患者服用补充剂、给出饮食及生活方式建议等形式进行一系列治疗。

· · ·

我们有很多方法来进行诊断，尽管我们做出了很大努力，但大多数病例仍然没有得到诊断。对于那 65% 仍未被确诊的患者，我们并没有失去希望。科学在继续向前发展，每个月、每一年都有关于新发现的文献被发表。有时，我们仅仅根据新发表的文献重新审视已有的测序数据，就可以做出诊断。

我们会继续扮演"疾病侦探"的角色，调查新的病例，以期找到诊断方法，并在未来某一天找到治疗方法。2018 年，美国国立卫生研究院将未确诊疾病网络扩展到 12 个临床站点。现在许多其他国家也有未确诊疾病项目，比尔·加尔主持了未确诊疾病网络国际小组的年度会议。2019 年，吉娜·科拉塔在《纽约时报》发表的一篇文章中介绍了我们的一些患者，《本周好消息》栏目也对此做了专题报道。[13]最近，我问比尔，他当初接受在美国国立卫生研究院开设"未确诊疾病科室"的提议时，是否预见到了这种影响。他发出了特有的爽朗笑声，说道："我从来没有想到它会有什么结果。"我们都应该心存感激，正是因为比尔的坚持，以及世界各地医疗团队与家庭的创造力和韧性，我们才得以结束对近半数患者的医疗探索。未来任重而道远，但即使是福尔摩斯本人也一定会对这些进展赞赏有加。

第三部分　心脏那些事

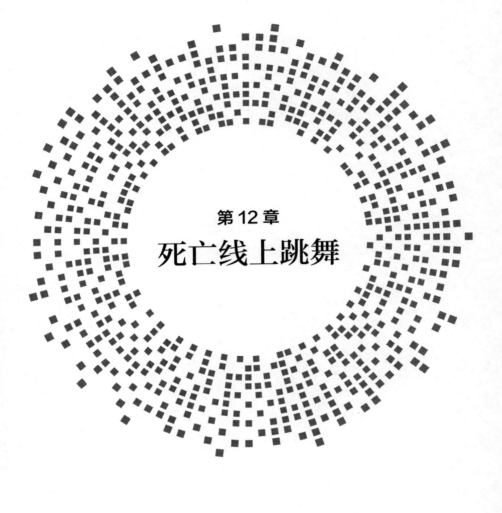

第 12 章

死亡线上跳舞

"没有翅膀，舞者也能飞翔。"

——拉维·纳萨尼

"心脏一点也不实用，除非有一天它能变得坚不可摧。"

——锡人，《绿野仙踪》，
莱曼·弗兰克·鲍姆

杰兹琳还没出生时我们就认识她了，她的母亲怀孕 36 周时，产科医生注意到杰兹琳的心跳约为每分钟 70 次。对坐着看书的成年人来说，这个心率很正常，但一个 2.7 千克的婴儿正常心跳应该达到每分钟 140 次左右。

医生根据杰兹琳的低心率诊断她患有某种类型的心脏传导阻滞，即电信号在穿过心脏时遇到了一个意料之外的停止信号。于是，她的母亲被转诊到斯坦福的露西尔·帕卡德儿童医院，医生决定对其进行紧急剖宫产。杰兹琳已经发育到足以在母体外存活，但显然还需要心脏病专家立即出手相救。手术很顺利。作为来到这个世界的新公民，她接受了第一项医学检查——心电图。当时是安妮·迪宾给她做的检查，安妮是世界著名的儿童心脏"电工"，专门处理心脏电活动方面的问题。她为人直率，脚踏实地，精力充沛，才华横溢，善于把复杂的概念简化成小孩子的把戏。换句话说，如果新生儿身上似乎有难解的心脏电学问题，那么她就是你要找的人。心电图检查结果清楚地表明，杰兹琳所患的并不是传统意义上的心脏传导"阻滞"，而是一种特别严重的长 QT 间期综合征。长 QT 间期综合征是一种罕见疾病，表现为每次心跳后，心脏电重置时间延长 [①]。真正的问题不在于电重置时间延长，甚至不在于由此导致的低心率，而在于 QT 间期延长这种电活动异常可能会导致有致命危险的心率。各种压力较大的状况尤其可能触发这种危及生命的心率。而且，说实话，没有什么比出生压力更大了。自从你有意识以来，就一直被温暖湿润的羊膜腔包裹着。进行剖宫产时，你在短短数秒内就被从中拉出，暴露于寒冷陌生的外部世界。突然之间，你必须开始呼吸，这是你以前从来没有做过的事。从前有羊水作为屏障，外界那些声音听起来低沉模糊，远在天边，而现在对你敏感的耳朵来说却无比响亮。到处都是陌生人的声音，四周充斥着"哗哗"作响的刺耳警报声。唯一熟悉的声音（母亲的声音），你现在也听不到。突然间，你被人抱起来，上下左右地挪动，这是之前从未经历过的事。在全身被擦拭后，你被包裹起来，产生了一种不可思议的陌生感觉。这种压力让杰兹琳在来到这个世界的第一天就发生多次心脏停搏。那天，安妮一只手搭在杰兹琳的脉搏上，一只手用手指在其瘦小的胸腔上做着心肺复苏，推动血液在她幼小的身体内循环，将她从鬼门关拉了回来。一支专家团队迅速集结壮大，夜以继日地研究问题所在，以及更重要的问题——怎么救她。

---

① 心室从除极到完全复极的膜电位变化时间延长。——译者注

· · ·

　　杰兹琳所患的疾病可以追溯到 19 世纪 50 年代，当时在德国莱比锡有一家聋儿机构，产科医生弗里德里希·路德维希·迈斯纳被派去调查一起令人震惊的悲剧事件。一个聋哑女孩偷了另一个孩子的东西，机构负责人赖希先生当着其他孩子的面把女孩叫出来，想给她机会自己坦白。迈斯纳写道："看到自己崇拜的老师流露出责难的神色，女孩感到很难过，也很懊悔。"但老师没能按原计划让女孩得到教训。女孩被叫出来后，还没受到任何惩罚，就倒下死了。这还不是最糟糕的。迈斯纳医生去告知女孩父母这个坏消息时，了解到一些情况，进一步加深了这场意外的悲剧感。女孩的父母已经不是第一次接到这样的噩耗了，他们还有两个孩子也是在类似情况下猝死的，一个是受到了惊吓，另一个是因为怒火中烧。迈斯纳于 1856 年记录下这个案例，描述了童年期耳聋与猝死倾向的共存关系。[1]此时距离发明心电图还有几十年，而一个多世纪后，两位挪威医生才首次将这种心脏疾病描述为我们现在所知的长 QT 间期综合征。

　　这两位挪威医生是安东·耶韦尔和弗雷德·朗格－尼尔森，他们是奥斯陆大学的医学研究员。[2]20 世纪 50 年代，他们也遇到了一个有着耳聋和猝死这一奇怪症状组合的家庭。六个幸存的兄弟姐妹中有四个人耳聋，且发生过昏厥。他们研究了这六个人的心电图，发现只有耳聋的四个人有 QT 间期延长。他们还观察到了早搏和短时的不协调心律，看起来似乎与猝死有关。安东·耶韦尔将其大部分年华都奉献给了对这种疾病的研究，将该病命名为"心脏－耳聋综合征"，现在我们称之为"耶韦尔和朗格－尼尔森综合征"。

　　值得注意的是，在这些家族中，每个孩子的父母都没有受到影响，心率和听力都正常。耶韦尔和朗格－尼尔森综合征很快被证实会通过一种被称为"常染色体隐性"的方式遗传，这意味着父母双方都贡献了一个致病性基因变异体，若孩子同时携带这两个基因变异体，就会患上这种综合征。

几年后，在1964年，一位名叫欧文·康纳·沃德的爱尔兰儿科和心脏病医生接诊了一个令人费解的病例：一个6岁的女孩多次昏厥，但听力正常。[3] 女孩16个月大时，跑着跑着就晕倒了。后来，她昏厥发作得越来越频繁，到3岁时每隔几天就会昏厥一次，有几次昏厥时还伴有抽搐。即使多次住院也没能找到原因，因为其间没有出现一次昏厥。她是个真正的医学未解之谜。医生还没有排除心理原因。沃德医生希望能解开这个谜团，于是他让这名小女孩住进了他所在的医院，让她戴着心电监护仪的电极在医院里跑来跑去，试图重现其症状。有一次她在跑步时突然倒下了。治疗团队急忙进行心电图检查，发现了一种宽宽的扭曲心律，不是正常心电图上每一次心跳所特有的一系列P–QRS–T波，这可不是什么好兆头。这种心律与心室颤动（一种不规则心律，心脏发生振动而不是跳动，不泵血）相似，但还有一个显著的不同点：不规则的电波似乎在纸上来回扭曲，没有一条"中心轴"能固定它们。1966年，法国心脏病学家弗朗索瓦·德塞尔泰纳将这些不规则波形称为"尖端扭转型室性心动过速"。[4] 但这个浪漫的法国名字掩盖了这一心率的丑陋面目，它经常充当着死神信使的角色。

女孩恢复了正常，但其病症依旧困扰着沃德医生。"医学教科书没能提供任何帮助。"多年后他在一本医学期刊上发文写道。他还补充道，与世界各地的心脏病医生探讨也是一无所获，直到他遇到挪威同行安东·耶韦尔。耶韦尔告诉沃德，他在奥斯陆发现了同时具有耳聋和猝死特征的病人。沃德医生的病人会像他们一样出现QT间期延长吗？

结束和耶韦尔的交流后，沃德立刻查看了小女孩的心电图。经过测量，他发现 QT 间期延长了。显然，他遇到的疾病与耶韦尔所说的非常相似。康纳·沃德意识到耶韦尔和朗格－尼尔森描述的家族遗传这一特征很重要，于是特意关注了这个女孩的家谱，让其亲属到院做检测。心电图结果显示，她的母亲和一个兄弟也有 QT 间期延长，但其父亲和另一个兄弟的 QT 间期很正常。鉴于每个人都从父母身上分别获得了一个基因拷贝，沃德得出结论——孩子只要有一个基因拷贝存在致病性就会患病（这个家族中显然是母亲将疾病遗传给了孩子）。这被称为"显性"遗传（这与耶韦尔和朗格－尼尔森综合征的"隐性"遗传不同，后者需要两个有问题的基因拷贝才会致病）。他还注意到这个女孩和她的家人都没有耳聋，进一步凸显了这两种综合征的不同。最后，他强调了一个非常重要的方面：压力引起的肾上腺素激增是触发尖端扭转型心律的关键因素。

沃德教授在《爱尔兰医学杂志》上发表了其病例研究报告，但多亏一位匿名评论员于 1964 年在另一份发行量要大得多的期刊《柳叶刀》上强调了沃德医生的发现，才确保了"沃德"这个名字数十年来都与这种病症紧密联系在一起。热那亚的一位儿科医生卡萨诺·罗马诺读到了这篇文章，他本人也描述了一种综合征，主要症状是昏厥、QT 间期延长和心室颤动。医学界意识到两者其实是一回事，于是承认了两位医生做出的贡献，将其命名为罗马诺－沃德综合征。

"长 QT 间期综合征"这一术语直到几年后才被创造出来，但现在已经取代了原来由人名组成的那些疾病名。分子遗传学和电生理学原理的深入研究加速了这一疾病重新命名的进程。20 世纪 90 年代中后期，人们确定了首批已知与长 QT 间期综合征有关的基因，它们在心脏中制造离子通道，负责将钠、钾、钙等电活性分子送进或送出细胞。而且，考虑到 QT 间期是心脏电重置为下一次跳动做准备的过程，这些通道自然直接负责心肌收缩后的心脏"电重置"。

耶韦尔和朗格－尼尔森综合征的主要致病基因是 *KCNQ1*。它负责编码一个跨细胞膜运送钾的通道。随着这一致病基因的确定，在迈斯纳首次描述这一综合征 150 年后，那个聋哑小女孩在同学面前猝死的原因终于真相大白了，耳聋和猝死之间的奇怪联系也水落石出了。由 *KCNQ1* 基因编码的钾通道只在两种细胞中表达——心脏细胞和内耳细胞。在 QT 间期延长导致心脏停搏的情况下，*KCNQ1* 基因突变会严重扰乱心脏中的钾离子流，导致猝死，还会扰乱内耳对声音的接收，引发耳聋。而且关键在于该基因的两个拷贝（分别遗传自父母）的正常表达都被阻断，才会导致耳聋。只要有一个 *KCNQ1* 基因拷贝的表达正常，就不会丧失听力，只会引起长 QT 间期综合征。

• • •

回到 2014 年。当时杰兹琳的医生很快发现她患有尖端扭转型室性心动过速。每当杰兹琳发病，治疗团队都会赶到床边，观察几秒，然后开始做心肺复苏。所有人都屏住呼吸，紧紧盯着心电监护仪。她的脉搏会恢复，脆弱的身体也仍在坚持。

然而，每次进行电击或心肺复苏都会使她的心脏受到重击，变得更衰弱。杰兹琳的治疗团队需要一个更好的解决方案。首先，我们的首席婴儿心脏电工安妮·迪宾找专攻婴儿心脏手术的外科医生前田秀胜（朋友都叫他"卡茨"）谈了谈。到目前为止，全世界已有数以百万计的成人、儿童和婴儿在体内植入了除颤器，但从未在这么小的婴儿身上植入过。前田秀胜愿意为杰兹琳植入一个除颤器吗？尽管这样做风险很大，但他还是同意了。随着技术不断进步，虽然许多电子产品体积越来越小，但足以产生电击的电池体积仍然很大——而除颤器就只能缩小到电池那么小。大多数成年人的除颤器植入位置是在锁骨下方或左臂下方贴近肋骨处，而新生儿在这两处都没有多余空间，需要将肠子推到一侧，腾出部分腹部空间。幸好肠子不介意。输送救命电击的电极导线从腹部向上直达心脏表面。杰兹琳在出生当天接受了除颤器植入，据我们所知是有史以来植入除颤器年龄最小的婴儿。

但光有除颤器还不够。治疗团队还需要想办法让杰兹琳的心脏镇静下来。尽管安妮已经将给药剂量调到最大，而且外科医生还切断了其体内连到心脏的导线，试图减少直接输送到心脏的肾上腺素，但她仍然持续出现尖端扭转型室性心动过速。当面临的风险极高，而且患者长 QT 间期综合征的潜在遗传原因还未知时，我们就会将所有能用的药物都用于治疗，即便一些药物可能会产生相互作用。我们使用了阻断肾上腺素激增影响的药物（尤其有助于治疗与"钾通道"有关的QT 间期延长）、抑制心肌收缩的药物（有助于治疗与"钠通道"有关的 QT 间期延长）、减少大脑战斗或逃跑反应的麻醉药物，还有其他所有我们能想到的相关药物。我们甚至还联系了当地的一家制药公司[5]，该公司正在开发一种尚未获得美国食品药品监督管理局批准的新药，但是这种药物没有静脉注射剂或其他液体制剂，只有片剂，无法对新生儿给药。

如果我们能弄清疾病背后的基因异常，就能进行更精准的治疗，但是，我们多久才能拿到基因信息呢？ 2014 年初，针对 QT 间期延长的标准基因检测需要对数个基因进行测序，成本约为 5 000 美元，检测周期是 12 个星期。别说这么多个星期了，我们甚至连几个小时都等不起。治疗团队每次轮班都会做出不同决定，再反复推翻，时间一分一秒地流逝。

我们在想是否还有其他办法。我们知道，因美纳公司与堪萨斯城儿童慈善医院的爱尔兰病理学家史蒂芬·金斯莫尔合作，开发了一套方案，能在 50 小时内完成对患者基因组的测序。[6] 金斯莫尔将这套方案应用于新生儿重症监护室，因为那里经常需要快速做出关乎生死的决定。如果我们能说服因美纳优先检测我们送去的样本，同时加快自身的计算检测流程，那就能快速得到答案，改变现在的局面。我打电话给我的同事蒂娜·汉布赫，她是因美纳临床实验室的负责人，参与开发了那套快速测序方案。她能帮上忙吗？这会像转动齿轮一样引发一系列改变，他们需要专门调出一台机器；调整一周的测序时间安排；需要员工周末加班。他们毫不犹豫地答应了。那么，我们最快多久能送去血样？

斯坦福的詹姆斯·普里斯特立刻行动起来。詹姆斯当时正在接受训练成为一名儿科心脏病医生，也是我实验室的博士后学者。他是一位出色的法国圆号演奏家，大部分时间在俄勒冈州长大，毕业于欧柏林学院，拥有理学和音乐学士学位。在加州大学伯克利分校攻读分子生物学方向的硕士学位时，詹姆斯加入了劳伦斯伯克利实验室的爱德华·鲁宾实验室团队，参与了人类基因组计划，研究 5 号染色体，正式开始了其基因组学研究之旅。后来，詹姆斯来斯坦福大学医学院继续深造。他追随祖父（一位小儿心胸外科医生）的脚步进入医学领域（具体来说，进入儿科），其动力来源于 17 岁时目睹自己最小的妹妹因患白血病而接受了骨髓移植。和许多具有音乐天赋的伟大内科医生兼科学家一样，詹姆斯在整个职业生涯中都富有创造力，神经紧绷，精力充沛，坚定地奉行决定论。他身上的这些特质正是我们现在需要的。

与此同时，该和杰兹琳的家人谈谈了。因为我们要对这个婴儿进行全基因组测序，所以遗传咨询至关重要。当时还处于基因组测序应用于医疗的早期阶段，很少有患者做过基因组测序，新生儿就更少了，所以患者家属需要清楚地认识到我们可能得出也可能无法得出什么结果，这一点非常重要。我们的小儿心脏病遗传咨询师凯拉·邓恩是这份工作的不二人选。[7] 她毕业于耶鲁大学，酷爱日本温泉，主修神经科学，曾短期从事与生物技术相关的工作，研究蛋白质工程，之后转而将自己过人的天赋投入科学新闻领域。她是我认识的唯一一个获得皮博迪奖①的人，还以《前线》某一集联合制作人的身份获得了艾美奖。生物医学领域学术文献数据库 PubMed 收录了其相关出版物（包括从事生物技术工作时与他人合作撰写的一篇发表在《自然》上的论文），除此之外，你还能在互联网电影资料库 IMDb 里找到她！作为作家和制片人，她无疑取得了巨大成功，但还是渴望能真正融入自己叙述的故事中，因此选择来斯坦福接受遗传咨询方面的培训，一毕业就加入了我们，成为团队里首位儿童心血管疾病方面的遗传咨询师。凯拉接过这项工作，绘制了一份详细的家谱，和杰兹琳的父母沟通了我们要做的事情。他们没有丝毫犹豫，立刻同意做基因检测。詹姆斯负责抽血，将血样送往位于圣迭戈的因美纳公司。

接下来几天，在因美纳对杰兹琳的基因组进行测序的同时，詹姆斯专注于优化我们的数据分析流程，提高速度。当时，我们用的是一家名叫"实时基因组学"的公司开发的几个商业软件，该公司总部位于新西兰，专注于工业软件设计，并借此脱颖而出。它们强调速度和准确性，这正中我们下怀。一旦软件检测出变异体，我们就会用我实验室开发的软件来分析和确定变异体的优先级。詹姆斯着手进一步提高其运行速度。

短短几天后，一个联合包裹运送服务公司（UPS）的信封送到了我们手上，里面装着一个硬盘驱动器，存有杰兹琳的基因组测序结果。这次测序只花了 28 小时，以当时因美纳的技术，已经是快得不

---

① 美国广播电视文化成就奖，被视为广播电视媒体界的普利策新闻奖。——译者注

能再快了。进一步提速的机会在于以下过程：将因美纳测出的这数百万碱基字母组成的"单词"与人类基因参考序列进行比对，从而识别出基因变异体。当时，这一流程按标准至少需要 24 小时。金斯莫尔医生在重症监护室中使用的快速方案需要 20 小时，他曾在一篇论文中建议可以进一步缩短变异检测流程。接受挑战！詹姆斯把时间减少了一半，只需要 10 小时。

如果你在分析基因组时心中已经有了一个假设诊断，那会是一个重要优势，但你仍然需要逐一分析数百万个 100 个字母长的单词。而且，一般来说，你仍然得对基因组中所有与参考序列不同的地方进行分类。但是，有了假设诊断，你就可以从那些已知致病基因入手，快速寻找"确凿证据"，不需要去分析和区分每一个基因的优先级。自然，对杰兹琳这一病例而言，首先要研究的基因就是长 QT 间期综合征的已知致病基因。

詹姆斯没花多长时间就找到了。杰兹琳携带了一个编码钾通道的 *KCNH2* 基因变异体，它与长 QT 间期综合征有关。而且之前有相关研究称在其他患者身上也发现了这一基因变异体，导致了 QT 间期延长，这增加了詹姆斯发现的可信度。这个基因也被称为 *hERG*，背后有段有趣的故事。未携带这一基因的果蝇暴露在麻醉气体乙醚中时会跳舞，动作类似于 20 世纪 60 年代洛杉矶著名的 Whisky à Go–Go 酒吧 ① 中常见的 Go–Go 舞。[8] 因此，hERG 就是 human ether à go-go-related gene（快乐人类多又多基因）的缩写。

虽然杰兹琳携带的编码钾通道的基因变异体是其 QT 间期延长的

———————————

① "à go-go"是法语词，意为"很多，很丰富"，而"à go-go"又源于古法语词"la gogue"，意思是"开心快乐"（joy, happiness），因此"Whisky à Go-Go"这个酒吧名的意思大致就是"快乐威士忌多又多"。——译者注

诱因，但我们很快发现她的父亲也携带了这一变异体，但他并没有明显的 QT 间期延长迹象。我们肯定漏掉了什么，还有其他因素吗？是否还有其他基因变异体，使得杰兹琳小小年纪就表现出了如此剧烈的症状，对其生命构成了严重威胁？

詹姆斯梳理了杰兹琳基因组的其他部分，发现了另一个可疑变异体。这个基因就是 *RNF207*，与 QT 间期的一般性异常存在明显相关性，但在长 QT 间期综合征中扮演的角色尚不明确。而它之所以很可疑，部分原因在于其变异体会严重阻断 *RNF207* 基因的正常表达——*RNF207* 基因的作用包括稳定 *KCNH2* 基因（即上述 *hERG* 基因）编码的钾通道。尽管我们在杰兹琳的母亲身上发现了这种变异体，但她并没有长 QT 间期综合征。杰兹琳似乎从父母那里分别遗传了两种重要的基因变异体，很可能是两者组合引起了严重的 QT 间期延长伴尖端扭转型室性心动过速。

詹姆斯和凯拉把我们的分析结果告知了杰兹琳的家人和重症监护室治疗团队，他们负责照顾 10 天大的杰兹琳。当时，安妮仍在用所有可用的药物进行治疗，包括用药阻断与一种特定的 QT 间期延长相关的钠通道。然而，我们现在从基因组信息中得知，杰兹琳体内的钠通道是正常的。这种药物的剂量过高或过低，都可能产生毒性，而且很难对新生儿给药。这就成了实践更"精准"医疗的绝佳机会。[9] 治疗团队现在可以停用钠通道阻滞剂，转而将注意力集中于能更有效治疗与"钾通道"有关的 QT 间期延长的药物。

在之后的数月乃至数年中，我们能够更准确地了解杰兹琳的基因变异体是如何相互作用致病的。我们在加州大学戴维斯分校的一位合作伙伴尼帕万·查维莫瓦特进行的一系列电生理学研究对我们帮助很大。尼帕万在其实验室中研究了单细胞中的单通道。根据杰兹琳的基因组信息，尼帕万制作了一系列不同的细胞进行研究，有些细胞有正常的钾通道，另一些则有导致杰兹琳长 QT 间期综合征的突变 *KCNH2* 通道。通过一系列精心试验，尼帕万证明，正常的 RNF207 蛋白可以"弥补"突变 *KCNH2* 通道造成的钾电流减少。杰兹琳的父亲正是这种情况，其 *RNF207* 基因正常，但 *KCNH2* 基因存在突变。尼帕万的试验可以解释为什么杰兹琳的父亲可以正常生活，没有明显的 QT 间期延长迹象。然而，尼帕万观察到，如果像杰兹琳一样，细胞中同时存在两种突变，那突变后的 RNF207 蛋白就无法弥补减少的钾电流，从而出现严重的 QT 间期延长。这正是我们在杰兹琳心脏中观察到的现象。在遗传轮盘游戏中，这个小家伙分到了两种影响心脏电重置的基因变异体，每一种都对另一种产生了更糟糕的影响。

12 个月后，我们激动地看到杰兹琳正在当地一个公园里蹒跚学步，到处玩耍，咯咯直笑。她的除颤器还在照看着她，保护着她，但万幸，她已经好几个月没用上电击了。她开心地在转盘和秋千上玩耍，丝毫不知道在自己生命最初的几个星期里，我们用了多少技术和治疗手段才让她活下来。她的基因组揭示了自身的秘密，却不能决定她的未来，但是能为她提供掌控自己命运的力量。在她的有生之年，我们可能会取得哪些突破来改善长 QT 间期综合征的治疗方法呢？那一天，她在公园里跑来跑去，尽情玩耍，头发随风飘动，这个问题可以留到以后再去思考。

第 13 章

我有两个基因组

"哦，你不能把你外婆推下公交车，

哦，你不能把你外婆推下公交车，

哦，你不能推你外婆，

因为她是你妈妈的妈妈，

哦，你不能把你外婆推下公交车。"

——传统格拉斯哥歌曲，曲调参照《她将会绕山而来》

"我们都是镶嵌图案，

一块块光、一点点爱、一段段历史和一颗颗星星，

通过魔法，音乐和文字镶嵌在一起。"

——安妮塔·克里赞

在我的家乡苏格兰格拉斯哥，有一个关于 3 路公交车的说法，人们发现在车站似乎永远等不到这趟车，然后好多辆一下子又同时来了。[1] 虽然没人能解释其中原因，但罕见疾病似乎也像这样扎堆出现。[2] 长 QT 间期综合征本身就罕见（发病率约 0.05%），所以新生儿

QT 间期延长伴心脏传导阻滞及尖端扭转型室性心动过速就实属罕见了。而令人难以置信的是，短短几周后，另一个婴儿就向我们呈现了几乎完全相同的症状。由于胎儿心率过低，孕妇被转诊到斯坦福医院，接受了剖宫产，早产生下一名女婴——阿斯特里亚。婴儿早期出现多次心脏停搏，接受手术植入了除颤器。因美纳公司的各位朋友施展魔法，让我们在短短几天后就拿到了存有阿斯特里亚基因组信息的硬盘。

但这一病例可没那么容易解决。我们用优化版软件进行了分析，发现婴儿阿斯特里亚与婴儿杰兹琳情况一样，长 QT 间期综合征的一个已知致病基因存在一个极其可疑的变异体。就某些方面而言，阿斯特里亚的基因变异体从根源上比杰兹琳的更有说服力。这一变异体存在于钠通道基因 SCN5A 中。先前在同一位点发现的另一个变异体不仅会导致长 QT 间期综合征，还会导致新生儿 QT 间期延长伴尖端扭转型室性心动过速。在同一项研究中，研究团队在实验室中测量了细胞钠通道改变后的电流大小，发现非常反常。我们能确信自己找到了"确凿证据"吗？

先别急。

分析基因组时，我们通常会用几种不同的计算方法来识别变异体，使我们对自己发现的变异体更有把握。通常情况下，所有方法都能得出相同结果。但这一次，三种方法中只有一种将我们有"确凿证据"的基因变异体列入了清单。这一结果令人费解，而且由于事关重大，三分之一这个概率缺乏说服力，我们想百分之百地确定。因此，向重症监护室团队提及这一发现前，我们用桑格测序法进行了"传统"验证，以确保 SCN5A 基因变异体真实存在。

那是一个周末（一点儿也不意外），詹姆斯·普里斯特在我的实验室里忙着工作。他立志成为一名儿科心脏病医生和遗传学家。鉴于这一基因变异体的可信度极高，在运用"传统"方法时，除了得到明确证实外，我们真没指望能有其他发现。我们计划当天晚些时候与重症监护室的同事分享这个好消息，这样他们就可以着手对阿斯特里亚进行个性化治疗，将重点放在阻断钠通道上。但事实并非如此，而且与我们的计划大相径庭。

桑格反应进展顺利，基因中腺嘌呤（A）、胸腺嘧啶（T）、鸟嘌呤（G）和胞嘧啶（C）读出清晰，一系列彩色的峰值如同色彩绚丽的山脉，除了一点，它未显示存在变异体。我们目瞪口呆，怎么会这样？于是，詹姆斯重复了确认过程，这次除了血液，他还从阿斯特里亚的唾液中分离出了 DNA，但结果相同，也就是说，他没有找到基因变异体。

为进行深入研究，我们查看了基因组测序的原始数据，其中每个基因位点被重复覆盖了 25 次。我们发现在 25 次预测中，那个基因位点的碱基有 20 次与参考序列相同，5 次不同。这样一来，我们就明白了为什么不同计算程序得出的结果会不一致。当年，这些程序只能验证两种可能性：第一种，如果父母双方的基因拷贝在那个位点上的碱基相同，那么所有 DNA 测序片段的那个位点上应有相同的碱基；第二种，如果父母双方的基因拷贝在那个位点上的碱基不同，那么约一半测序片段应与母亲的碱基相同，另一半应与父亲的碱基相同。当然，比例存在随机性，很少恰好是 50%。但如果有某种碱基的测序片段只占全部测序片段的 20% 呢？当然，反复抛硬币得到的结果不会总是正反各半，但抛 25 次，只有 5 次是正面的概率又是多少？[3] 事实证明不是很高，大约是千分之一。这有点儿不对劲。

我们首先想到测序片段与参考序列的比对可能存在问题。这一直觉来源于我们分析里奇·奎克的基因组时获得的经验（见第 3 章），在这个病例中，我们得出的首个结论其实是假基因（基因组中看起来像基因，但其实不是基因的片段）造成的测序片段定位错误。我们的口头禅是："如果信号杂乱，那一定是定位问题。"尤其是编码离子通道的基因，如 *SCN5A*，它们有许多重复序列、关系密切的基因家族成员和假基因，这些基因难以准确定位。基因组中存在很多相似区域，容易引起混淆。詹姆斯承担了这项工作，费尽心思，亲力亲为，逐一定位这些测序片段。他得出的结论很明确：测序片段都定位到了正确的基因组片段上。

我打电话给陈宇冠（Richard Chen）。他是斯坦福大学新成立的基因组测序公司普森诺里斯的首席科学官。那天是星期六，陈宇冠去看了女儿的足球赛。我转述整体情况和困惑时，能听到他女儿所在的球队运球、铲球、传中和射门的声音。他提出让普森诺里斯公司的员工加入，对婴儿阿斯特里亚及其父母的基因进行深度测序。更深入的测序不仅能对这个基因位点的碱基进行 25 次覆盖，还有望证明我们并不是在徒劳地寻找一个仅有 5 个异常测序片段能佐证的变异体。对阿斯特里亚父母的基因进行测序也能帮助我们确定这一变异体是遗传的还是在阿斯特里亚身上首次出现的。

那个周末，普森诺里斯公司的首席执行官约翰·韦斯特打电话给我，我们一起探讨了这个谜题。当时，我们的脑海里浮现出一种可能的解释，但很罕见。这一现象在其他遗传性疾病中得到了广泛认识，尤其是某些影响大脑的疾病，但此前从未在遗传性心血管疾病中发现过。[4]

快递公司高效运转，普森诺里斯公司的员工也对这一病例进行了优先处理。得益于这两方的帮助，我们在短短几天后就拿到了 3 名家庭成员的深度测序数据。詹姆斯检查了变异体的位点。这次共有 210 次预测：17 次包含变异体，其余都与参考序列相同。简而言之，存在相同的信号偏差。此次数据质量很高。但如果来自阿斯特里亚的父母双方基因拷贝中其中一方的 *SCN5A* 基因确实存在突变，那这一比例（8%）就比预期的 50% 差得更多了。由此看来，通过遗传获得这种变异体的可能性已微乎其微，尤其是我们发现她的父母都没有这种变异体。

我们的另一种假设现在稳居首位：有没有证据能表明婴儿阿斯特里亚有不止一个基因组？她会不会是罕见的基因"镶嵌体"，只在身体的某些细胞中存在 *SNC5A* 基因致病性变异体？对于当时的我们来说，这一推论更加令人难以置信——这一小部分受影响的细胞会引起如此严重的疾病吗？在接下来的几个星期里，我们着手寻找答案。

• • •

反映"有不止一个基因组"这一现象的术语是体细胞镶嵌。[5] 在发育或存活阶段，细胞不断分裂，会反复复制 DNA，不可避免地会累积突变。卵子和精子结合形成胚胎，如果在胚胎发育早期发生基因突变，带有突变的细胞就会产生一整组带有新基因组的细胞。最终，这些细胞将存在于全身各种组织中。

一些人身上会有镶嵌现象的可见标志：皮肤有成片的颜色不同的色素沉着，或者两只眼睛颜色不同。突变细胞生长失控时，镶嵌现象也会变得明显。

美国国立卫生研究院遗传学家莱斯利·比泽克是镶嵌现象领域的先驱者之一。他报告了一群有多个基因组的患者，他们患有一种名叫普罗特斯综合征（又称变形综合征）的疾病。这些患者的许多组织——最常见的是骨骼、结缔组织和脂肪——会逐渐不规则地生长而变得畸形。"象人"约瑟夫·梅里克很可能就是患上了普罗特斯综合征。2011 年，比泽克报告了一个惊人发现，这一疾病的 29 名患者中有 26 人都在 *AKT1* 基因上发生了相同的体细胞突变，但突变仅存在于身体受影响的部位。通过研究这些患者的细胞，人们发现只有存在突变的细胞会不断增殖，这解释了畸形部位不断增大的原因及模式。

另一个公认的典例是神经纤维瘤病——一种影响大脑、脊髓、神经和皮肤的疾病。[6] 患神经纤维瘤病后，良性肿瘤会沿着神经生长，能摸出皮下存在肿瘤。这一疾病最常见的情况是肿瘤会出现在身体的任意部位。但在更罕见的镶嵌情况中，身体变化是"分部式的"，也就是说身体的有些部位会受到影响，有些则得以幸免。对不同部位进行活检可以发现每个部位遗传基因存在差异。

大脑中也存在镶嵌现象。例如，哈佛医学院和波士顿儿童医院神经科医生克里斯托弗·沃尔什报告称，体细胞突变会引起一种综合征，导致一侧大脑增大。

你的骨髓，也就是负责产生血细胞的红色胶状物质，也存在镶嵌现象。[7] 骨髓中的干细胞每天产生超过 1 000 亿个血细胞。干细胞的快速分裂给积累突变创造了大量机会。因此，我们清醒地认识到，造血干细胞突变预示着早亡。事实上，一项研究对数千人的造血干细胞进行测序后发现，与造血干细胞相关的遗传变异会使死亡率上升 40%。你可能认为大多数人死亡的原因是血癌，但其实是心脏病发作和中风。一项后续研究发现，若血细胞系中出现新的镶嵌现象且还在不断扩大，则患者患心脏病或心脏病发作的风险会增加 2~4 倍。

然而，镶嵌现象并不是产生多个基因组的唯一渠道。镶嵌现象是指一个人的细胞通过积累突变而变得不同，而嵌合现象则指一个人的细胞中有另外一个人的基因组。奇美拉（Chimera）是希腊神话中的杂交动物，长着狮子的头、蟒蛇的尾巴和山羊的躯体，还能喷火。尽管"嵌合现象"（chimerism）这个词源自一个巨大而可怕的怪物，但某些形式的嵌合现象很常见。例如，所有怀孕的妇女都是嵌合体，因为其血液中有来自孩子的少量细胞。所有接受过器官移植的患者也都是嵌合体，因为移植器官的基因组与患者自身的不同。还有，因为异卵双胞胎共用一个胎盘，而胎盘中血液混合在一起，所以其中一个胎儿可能会吸收另一个胎儿的一些血细胞。

嵌合现象会导致一些怪事，比如科学记者卡尔·齐默曾报道过一位妇女为接受肾移植手术而与其直系亲属进行了血液测试，以确定最佳配型者，但发现其三个孩子中有两个从基因上看不是她亲生的！[8] 原来她有两个基因组：血液和卵巢中的部分卵子携带一个基因组；其他卵子则携带完全不同的基因组。这种嵌合体是如何产生的呢？相关解释仍存在争议。可能是由于两个胚胎在发育早期融合成了一个，或者一个卵子与两个不同的精子受精产生了一个胚胎。

2010 年末，美国贝勒医学院遗传学家詹姆斯·卢普斯基发布了自己的全基因组测序结果。他预言，查明隐藏的基因组将在医学上发挥越来越大的作用。[9] 他认为，通过关注异常 DNA 的源头组织，我们将来会发现更多镶嵌现象。他写道："最终，我们可能会发现对所有手术切除的异常组织……而不仅仅是癌症肿瘤进行基因组分析，与找出镶嵌现象息息相关。"就像许多教条一样，"每个细胞都包含相同的基因组"这种简明的说法在很多情况下根本不对。

· · ·

现在，面对婴儿阿斯特里亚这一病例，我们遇到了一个挑战：怎么证明她身上存在镶嵌现象，以及引起长 QT 间期综合征的 SCN5A 基因变异体只存在于其心脏的某些细胞中呢？对新生儿进行心脏活检并不是一个明智的选择。不过，在胚胎发育过程中，血细胞与心脏细胞来源于相同的组织——而且血细胞很容易获得。如果我们有办法对单个白细胞进行独立的基因检测，我们就能确定阿斯特里亚的这些细胞有不同的基因组。

幸运的是，我们的一位老熟人斯蒂芬·奎克发明了一种方法，使我们能够研究单个细胞的基因。这种方法能在微通道中分离出单个细胞并对其进行检测。他基于这项技术创立了富鲁达公司（Fluidigm）。据我们所知，这项技术还从未用于临床诊断——科学家曾在科研实验室中利用这项技术增进了对单个细胞生理特性的了解。

詹姆斯与斯蒂芬实验室的研究人员查克·加瓦德取得了联系。他们用一系列输送微小流体的微型通道组建了一个系统，解决了一些问题，使得阿斯特里亚的白细胞能够在系统中通行。更重要的是，系统中的阀门不仅可以分离出单个细胞，还可以分离出提取 DNA 所需的微量液体，并将其扩增至足够数量，以便我们进行基因检测。几周后，他们成功地从阿斯特里亚的单个细胞中分离出了高质量的 DNA。接下来要做的就是检测。

分析结果清晰地显示出有两组不同的细胞。我们的直觉是对的！在阿斯特里亚的血液样本中，有 8% 的细胞携带我们认为导致她病情的 SCN5A 基因变异体，另外 92% 则没有。我们之前从一些细胞中提取出的 DNA 不足以得出肯定结论，但现在对单个完整细胞的检测呈现了清晰的结果。我们高兴地与负责治疗阿斯特里亚的重症监护室团队分享了这一结果。明白钠通道问题是阿斯特里亚患长 QT 间期综合征的原因，有助于治疗团队使用针对疾病确切机制的药物。与婴儿杰兹琳不同，对阿斯特里亚来说，用药阻断过度活跃的钠通道才是她所需的"精准"医疗，值得治疗团队克服在婴儿身上使用这种药物时面临的重重挑战。想到能在减少副作用的同时取得更好的治疗效果，我们都感到很兴奋。

．．．

　　但天不遂人愿。我们还没来得及把这个计划付诸行动，阿斯特里亚的病情就急转直下。其体内的除颤器消除了一次非常危险的心律失常，挽救了其生命。她被送回了医院，检测结果显示她的心脏已经变弱变大，这可能是基因突变引起的。婴儿阿斯特里亚现在因心力衰竭而奄奄一息，只有心脏移植才能挽救其生命。然而，治疗团队并不确定她是否能活着等到供体，她需要人工心脏辅助装置帮助其过渡到移植。人工心脏辅助装置主要由泵组成，可以在体内或体外发挥作用。对成年患者而言，全植入式设备使其能够离开医院，去爬山，甚至滑雪。对于婴儿来说，柏林心室辅助装置是唯一的选择。这种设备有多种尺寸，以制造公司的名字命名，简称为"柏林心脏"或"柏林"。柏林心脏中的泵约为成人的拳头大小，在体外运转，从心脏一侧或两侧抽取血液，将其源源不断地输送到体内各处。几天后的一个星期六下午，阿斯特里亚接受了植入。

　　我清楚地记得那天发生的事。午饭时，我去医院检查她的状态，并取来植入泵时切下的一小块心脏组织。我们把那一小块心脏组织分割成几块，小心储存起来，以保存其中的 DNA、RNA 和蛋白质。接下来，我们焦急地等待着，看她小小的身体对泵会有什么反应。谢天谢地，是好消息。她的病情稳定下来，走上了等待心脏供体的漫漫长路，前途难料。

　　同时在实验室里，我们能为她做的最重要的事就是尝试证实我们对其病因的解释：我们能在其心脏细胞中看到同样存在于血液中的镶嵌现象吗？突变细胞所占的比例会一样吗？我们从心脏组织样本中不仅可以提取出 DNA，还可以获得构建阿斯特里亚心脏钠通道的 RNA 信息。这很重要，因为细胞有时可以控制自己的突变信息，从源头上遏制突变。普森诺里斯公司团队再次出马，分析了阿斯特里亚两小块心脏组织中的 RNA。因为很难从心脏中分离出单个细胞，所以我们分析了组织中所有细胞的 RNA——这实际上是用于构建钠通道的信息，所以我们很感兴趣，想知道来自正常钠通道基因和突变钠通道基因的 RNA 各占多少。其中一块心脏组织中突变的 RNA 占 5%，另一块占 12%。这证实了非常重要的三点：（1）阿斯特里亚的心脏中确实存在镶嵌现象；（2）不仅 DNA 能反映出镶嵌现象，RNA 信息也可以；（3）心脏相似部位的两块组织中镶嵌现象的占比不同，表明携带另一基因组的细胞并非均匀分布在整个组织中。

还有一个大问题没有解决：占比如此小的突变细胞，真的能导致如此严重的长 QT 间期综合征吗？

这个问题首先涉及基因变异体本身。我们能确定它会显著扰乱钠电流吗？之前的研究成果表明，同一基因位点上的另一种突变会阻断离子通道正常发挥功能，但要确定阿斯特里亚的基因突变也会阻断通道，唯一的方法是在细胞中仿造出其基因突变的状况，然后测量这些细胞中的钠电流。我们与吉利德科学公司的同行取得了联系，他们在测量突变钠通道电流方面有丰富的经验。其实之前我们也联系了这个团队，询问了其正在研发的新型钠通道药物的情况。他们能帮上忙吗？我们代表这些婴儿向其寻求帮助，跟我们曾求助的其他人一样，他们毫不犹豫地答应了。我们把阿斯特里亚 SCN5A 基因变异体的细节信息发给他们进行分析。研究团队测量阿斯特里亚细胞通道的钠电流时，发现变异体导致的钠电流远高于正常水平——事实上，远高于他们见过的所有变异体。

由此看来，这种变异体在所处细胞中显然很重要，但我们仍然无法确定这么一小部分受影响的细胞（仅占 5%~12%）能否在整个心脏中引发长 QT 间期综合征，危及生命。其他数量更多的健康心脏细胞不会阻止这种事情吗？我们决定建立一个心脏计算模型，这或许会有帮助。

我们知道建立单个心肌细胞模型是可行的，模型中可以包括SCN5A等离子通道基因控制的电流。我们还知道有少数几个研究团队已经开始将这些单个细胞模型拼接在一起，生成整个心脏电活动的模型，但据我们所知，从来没人建立过婴儿心脏模型，更没人出于指导患者治疗的目的进行建模。而且在此之前，没人有动机去模拟一个QT间期延长的心脏中的镶嵌现象。无论如何，我们都处于一个未知领域。又到给朋友打电话的时候了。

纳塔利娅·特拉雅诺娃是这类心脏电模型的全球领军者之一，现任职于位于巴尔的摩的约翰斯·霍普金斯大学。[10] 纳塔利娅出生于保加利亚，从小就对火箭和动力推进感兴趣。有一次父亲从美国旅行回来，给她带了一本生物电学（心脏、肌肉和神经细胞的电活动）的书，激发了她毕生对心脏电激活的兴趣。后来，她进入杜克大学，与那本书的作者一起做研究。在那儿，她研究心脏的热情和动力与日俱增。在约翰斯·霍普金斯大学，她被任命为生物医学工程方向的默里·萨克斯讲席教授，成为怀廷工程学院首位被授予讲席教授头衔的女性。2019 年，心脏节律协会授予纳塔利娅杰出科学家奖。从铁幕之后的保加利亚到全球心血管生物工程舞台的中心，她走过了一段非同寻常的旅程。

我向纳塔利娅提了几个问题："你觉得可以调整你的心脏计算模型来模拟存在镶嵌现象的心脏吗？如果是存在镶嵌现象的婴儿心脏呢？如果可行的话，你的团队愿意尝试吗？"同样，她也没有任何犹豫，对三个问题都给予了肯定回答。

因此，接下来几个月，生物工程师帕特里克·博伊尔带领纳塔利娅团队调整了其模型，以反映我们掌握的婴儿阿斯特里亚的心脏情况：心脏细胞镶嵌的比例和细胞试验呈现的钠通道电流改变的情况。他们有一个绝佳想法，对心脏内镶嵌的细胞分布建立不同模式的模型：一种模式是细胞镶嵌聚集在一起，另一种是细胞镶嵌像盐和胡椒粉一样分散在心脏各处。建模中 90% 的工作是准备和设计，10% 是让计算机运行模型。最终，经过几个月的设计，模型准备就绪。计算机反馈的结果是……什么都没有发生。

计算机模型模拟的心脏看起来是正常的，QT 间期没有延长，没有低心率，没有心脏传导阻滞，没有危及生命的尖端扭转型室性心动过速。一切回到起点。这是否真的意味着一小群突变细胞无法引起如此严重的长 QT 间期综合征？现在看来，这一变异体不是病因的可能性似乎非常小。也许模型有的地方还不太准确？

后来我们突然想到，这个心脏模型完全是由肌肉细胞组成的。而真实的心脏中会有一些"电线"穿过心脏，传导电流。这些电线由浦肯野细胞构成。也许在模型中加入这种"浦肯野"系统能更好地反映出心脏整体电激活的速度和模式？加入了这种特性后，也许模型能更好地模拟婴儿阿斯特里亚的心脏。研究团队加倍努力，进展迅速，在创纪录的时间内建立了心脏模型内的电线分支网络，再次运行模型。突然间，一切都清楚了：心脏模型不仅出现了 QT 间期延长，还表现出心脏传导阻滞和间或性 QRS 波群增宽，与阿斯特里亚在母亲的子宫内首次被诊断出的心脏状况完全相同！ 3D 心脏模型的视频显示，虚拟心脏组织上的电活动波一浪接着一浪，颜色如彩虹般绚烂，令人惊叹——数学和美学完美地融合在了一起——就像我在医学院生理学课上第一次看到在体外跳动的心脏一样迷人。

最终，经过这么多个月的努力，我现在相信这个卓越的团队真的已经破解了阿斯特里亚长 QT 间期综合征的谜团。从斯坦福的医生、遗传咨询师、科学家，到因美纳、普森诺里斯和吉利德公司的产业科学家和临床实验室科学家，到约翰斯·霍普金斯大学的帕特里克、纳塔利娅及其团队，再到坚持不懈、坚决奉行决定论的詹姆斯，每个人都做出了自己独特的贡献。阿斯特里亚是有史以来年龄最小的心脏除颤器植入者之一，其基因组测序和分析速度是有史以来最快的，她是首个接受从血液中提取单个细胞进行遗传学测试的人，也是首个在治疗过程中有定制版心脏计算模型的婴儿。我们在《美国国家科学院院刊》上发表了论文，阐述了我们的发现，其中一位审稿人是莱斯利·比泽克，其反馈很有建设性，对论文最终定稿提供了很大帮助。

最终，那颗柏林心脏阿斯特里亚只用了几个星期。被列入移植等待名单 5 个星期后，阿斯特里亚等到了一个心脏供体。有了这颗新心脏，再加上它毫无特色的单一基因组，现在阿斯特里亚体内既有镶嵌又有嵌合，这个特殊的小家伙又创造了一个纪录。2019 年末，我联系了阿斯特里亚的母亲，当时阿斯特里亚刚满 6 岁，她很享受幼儿园的生活，喜欢体操和芭蕾。经历了这一切后，她的母亲写道："她现在是一个快乐的大姑娘了。"

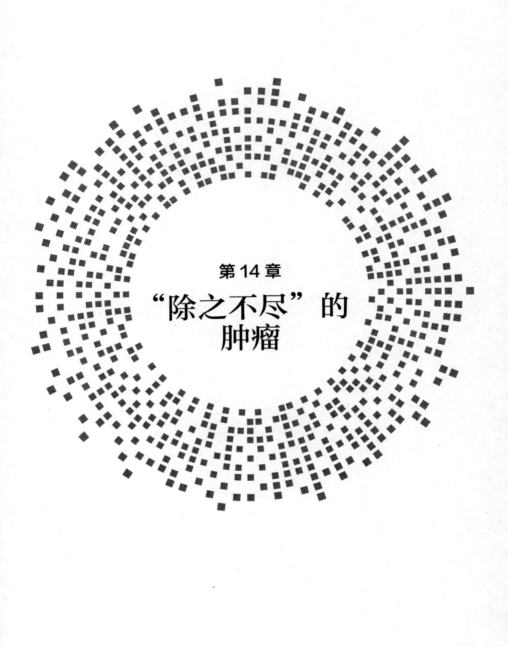

第 14 章

"除之不尽" 的
肿瘤

"好好对我，对我好些。

你真的应该好好对我，

因为我不是木头，

我的心也不是木头。"

——歌曲《木头心》(*Wooden Heart*)

词曲：伯特霍尔德·肯普弗特、凯·图米、本·怀斯曼、弗雷德·怀斯

演唱：猫王（埃尔维斯·普雷斯利）

"在人类未知的许多事物中，人心最难懂。"

——荷马，《奥德赛》

"嘿，快来看！"我的心脏病学同事弗雷德里克·杜威叫道。他刚刚调出了我们下一位患者的超声心动图。大家都停下手头的事，把椅子挪过来，围着电脑屏幕挤成一团。顿时，大家的眼睛都定住了。当然，心壁状况良好，腔室大小正常，心室射血分数正常，瓣膜开合

也正常，但是，负责将血液泵出心脏的左心室里有个东西，我们谁也说不清是什么。我们目瞪口呆地看到两个小肌肉球被细长的茎拴在心壁上，跳来跳去，不停晃动，随着从心脏中涌出的血液上下冲浪。这两个小肌肉球非常古怪——乔装顶替——它们根本不该出现在这里。

即使我们科室主攻罕见心脏病治疗，治疗团队也见惯了真正意义上世界罕见的独特病例，但遇到心脏肿瘤也并非常事。一个心脏肿瘤就已经很罕见了，更别提两个了。而且坦率地说，我们很担心，因为它们在心脏出口弹来弹去，而这一出口直接通向大脑。我从没见过这样的病例。

要知道，心脏与其他器官不同，其大多数细胞无法分裂。肝脏和皮肤如果受损，会形成新细胞以修复损伤，而心脏根本做不到。这就是为什么心脏病发作时，冠状动脉堵塞导致心脏细胞因长时间失血和缺氧而死亡，会带来毁灭性的后果。这些细胞不会死而复生，也不会有新细胞来替代它们。用专业术语来说，心脏细胞是"终末分化细胞"。终末分化细胞不会分裂，所以一般不会形成肿瘤。（细胞分裂时产生肿瘤，突变则导致肿瘤无节制生长。）我又盯着屏幕看了一会儿，"这怎么可能呢？"我不由地脱口而出。

好吧，里基·拉蒙就是这样一个不可思议的人。他21岁时从儿童心脏病科室第一次转来我们这儿就诊。他安静内敛，但和我们打招呼时脸上会露出灿烂的微笑，握手时坚定有力。他个子很高，一身黑衣，一头乌黑的长发扎成马尾，体态优美，身上有几处文身，还打了几个洞。他的儿科医生曾说他是"哥特"风格，但实际上里基有他自己的风格：他的个性和心脏一样与众不同。

那他的心脏是什么情况呢？首先要知道，里基的肿瘤不是恶性的。恶性肿瘤，也就是我们通常所说的癌症，可以扩散或"转移"，侵入正常组织，因此，癌症尤为致命。相比之下，里基的肿瘤是所谓的"良性"肿瘤，虽然良性真的只是相对而言。的确，它们不会入侵和破坏正常组织，也不会在体内扩散，但会挤压周围的心脏组织，可能会引发严重问题。事实上，若周围没有组织限制其生长，良性肿瘤可以长得很大。（重达几十磅[①]的卵巢肿瘤也很常见，最大的重量超过 300 磅。[1]）然而，大多数良性肿瘤往往出现在狭小空间内，生长余地有限。心脏肿瘤通常被称为"黏液瘤"，其特征介于良性肿瘤与恶性肿瘤之间。心脏中加压的血液会挤压它们，使其跳来跳去，但不会像固体组织那样限制其生长，它们实质上是在液体池中晃来晃去。

里基 7 岁时第一次到当地医院就诊。他老是抱怨很累，他的母亲也注意到了一些反常迹象。"他起床后就接着上床睡觉。"她回忆道，"没有精力，也没有胃口。后来我注意到了他的心悸：怦，怦，怦，怦！"提到心悸时，她向我描述了多年以来她看到儿子脖子上血管的跳动。心悸出现时，里基称："我感觉自己就像在跑步或干什么，但其实我只是坐在那里。"

有一次，里基感冒了，母亲带他去看医生。那天，平时接诊里基的医生不在，接手的医生觉得自己不太了解里基的情况，所以决定做一次比平常更彻底的检查。她惊讶地听到他的心脏发出了一种响亮而异常的呼呼声，这可不正常。她很庆幸自己决定为里基做这次更详细的检查，紧接着她急忙把里基转诊到斯坦福的露西尔·帕卡德儿童医院。在那里，里基遇到了我的同事丹尼尔·伯恩斯坦。丹尼尔身材高大，满脸胡须，热情和蔼，是一位儿科心脏病专家，也是一位杰出的科学家。他曾领导斯坦福医院的儿科心脏病学部门多年，直到干细胞革命兴起，才进一步投入科学研究。丹尼尔擅长治疗心力衰竭的儿童，是心脏机械性活动和儿童心脏移植方面的专家。我和丹尼尔谈起

---

① 1 磅 ≈454 克。——编者注

里基，他还清楚地记得十年前他们第一次见面时的情景。他记得里基的笑容，也记得里基心脏上部右心房的大肿瘤来回摆动，阻碍三尖瓣处的血流。决定做手术并不是件难事。

尽管外科医生要用一块补丁修补心脏肿瘤被切除的区域，但一切顺利。7岁的里基很快就出院了，刚好是在超级碗开赛的时候。他恢复得很好，不久就回学校读完了二年级。里基的家人当时并不知道还会不会长出新肿瘤，事实上，没人知道为什么一开始他的心脏会长肿瘤，但他的医生和家人都强烈希望它不会再出现。

很不幸，希望落空了。平安度过几年后，10岁时，里基注意到他的睾丸出现肿胀，结果查出是睾丸肿瘤。怎么会这样？一个人长了两种罕见肿瘤？外科医生再次迅速切除了肿瘤，万幸没有出现并发症。但里基还这么小就已经患上了两种罕见肿瘤，这两者之间一定有关联。里基被转诊到癌症专家詹姆斯·福特那里，他在斯坦福开设的癌症遗传学科室是美国最早的那一批。詹姆斯将"超凡脱俗"这个词表现得淋漓尽致。他笑声响亮，富有感染力，从房间另一头听到其笑声时，你就会想要加入他的谈话。詹姆斯知道很少有癌症的症状既有心脏肿瘤又有睾丸肿瘤，而且如果仔细观察，会发现里基的皮肤有较深的色素沉着。这些症状似乎都指向一个诊断：卡尼综合征。[2]

· · ·

20世纪80年代，爱尔兰梅奥郡病理学家J. 艾丹·卡尼首次描述了卡尼综合征这一疾病。[3]卡尼就读于都柏林大学医学院，修习病理学，后来到美国明尼苏达州的梅奥诊所攻读博士学位。卡尼读博期间的研究重点是心脏肥大试验模型中的分子"马达"——肌球蛋白。20世纪60年代初，卡尼博士毕业，成为梅奥诊所病理学部的住院医生。

他能敏锐地察觉出不同患者呈现的罕见模式。在整个职业生涯中，他反复追踪不同症状之间的联系，为了揭示一种新疾病，有时要花上几十年的时间。就这样，1981 年，他在 4 名患者身上发现了不同寻常的皮肤色素沉着区。这些患者都患有皮质醇激素（肾上腺分泌的一种应激激素）过多引起的疾病，但这两者之间的联系尚不明晰。尽管如此，卡尼还是在一篇论文中描述了这些特征，并将这种新疾病命名为原发性色素结节性肾上腺皮质病。他还注意到，这一疾病似乎具有家族遗传性。某个家族中，有两个孩子患有这种疾病，其中一人在 30多岁时中风，然而第三个孩子在 4 岁时就早亡了，他似乎有一种完全不同的罕见症状：心脏肿瘤。卡尼觉得很奇怪，于是发挥侦探精神，着手将这些线索串联起来。

卡尼认为这些家族成员身上的皮肤变化、肾上腺肿瘤和心脏肿瘤之间必然有联系（我们之前讨论过奥卡姆剃刀原理，即面对看似完全不相关的事实时，应该给出一个简单的解释，而不是几个没有关联的解释）。他梳理了梅奥诊所的患者档案记录和相关文献资料，试图找到这些症状同时出现的病例。这项工作放到今天就像调出谷歌搜索栏一样简单，但当时所有医疗记录都写在纸上，所以做起来非常辛苦。他要先找出有同一症状的患者，然后手动调出其病历，一页一页地翻看记录，寻找另一种症状的迹象。反之亦然。多年来，他孜孜不倦地从深夜工作到清晨，即便如此，还是一无所获，但放弃之前，他还想做最后一搏。正如他在一次采访中所说，自己"极度渴望"结束这段"耗时耗力"的探寻，所以直接回顾了一下那些死于心脏黏液瘤的患者的肾上腺显微镜切片。临床记录没有显示出任何异常，所以他没抱太大希望，显然是带着某种无奈开始最后一次探寻的，然后，他成功了。临床记录中没有异常，但显微镜切片上的结果清清楚楚地表明：一位死于心脏肿瘤的患者同时也患有肾上腺肿瘤。"正式临床记录揭示出了一切。我越看越激动，觉得难以置信。"他说。做记录的那位住院医生注意到患者身上大部分区域存在色素痣，和卡尼在其患者身上看到的一样。他说："从统计学上看，所有患者的这些症状……只是碰巧一起出现，但相互之间毫无关联，这几乎是不可能的。它们之间必然有联系，必然构成了一种综合征。"借助奥卡姆剃刀原理进行梳理后，卡尼综合征就此诞生了。

卡尼综合征虽然有详细的临床描述，但多年来人们尚未查明疾病产生的分子基础。卡尼综合征显然是一种遗传病，研究表明家族中的基因组的某些特定大片区域很可疑，但还需要一位受过家族基因组研究训练的遗传学家来缩小范围，明确致病基因。康斯坦丁·斯特拉塔基斯就是这样一位研究人员。他在雅典长大，是一位内科医生兼科学家。康斯坦丁15岁时就立志成为一名生物化学家和遗传学家，曾就读于雅典最负盛名的高中之一，最初受他的叔叔（一位生物学家，克里特大学的创始教授之一）影响，对科学很感兴趣，而非医学。但在康斯坦丁十几岁时，其兄弟被诊断出患有脑垂体瘤。他意识到，如果学习遗传学和内分泌学，他或许可以找出自己兄弟患肿瘤的原因。在叔叔的支持下，康斯坦丁开始学医，以研究内分泌疾病的遗传基础。直到今天，他仍专注于此，这值得赞扬。康斯坦丁年少时在雅典学过法语，所以在希腊获得医学学位后去了法国深造。之后，由于他母亲家里有一半是美籍希腊人，生活在华盛顿，他就搬到了美国，在乔治敦大学学习遗传学，并最终在美国国立儿童健康与人类发展研究所获得了一份教职。他当时一直在寻找一种能让自己真正全身心投入的疾病。一些内分泌疾病的遗传基础渐渐浮出水面。到20世纪90年代初，他意识到，利用基因图谱绘制技术取得的最新进步，很有可能找到卡尼综合征的遗传原因，但他还需要艾丹·卡尼的祝福和帮助。于是，1994年，他怀着紧张的心情给卡尼医生写了一封信，阐明了自己对这一疾病的兴趣，表示有信心找到致病基因，希望能与卡尼医生合作。他没有收到回信，这位年轻的科学家极度受挫，但没有放弃。一年后，他终于通过电话联系上了这位德高望重的临床医生。1995 年 2 月，他前往梅奥诊所与卡尼医生见面。

2 月的明尼苏达州不适合怯懦的人。在康斯坦丁拜访卡尼期间，罗切斯特市的温度最高为零下 17 摄氏度，最低为零下 23 摄氏度。"这有利于工作，"康斯坦丁告诉我，"我们没在外面浪费一分钟！"康斯坦丁翻阅了卡尼医生看过的所有患者记录，开始绘制家谱。20 世纪 90 年代，大多数基因发现研究采用"连锁"法，即检测每个患病家族成员 DNA 上间隔分布的基因组标记（可被识别检测的 DNA 片段），尽可能缩小存在疾病基因的共同区域。20 世纪 70 年代，研究人员发现了能切断 DNA 的酶（"限制性"内切酶），使绘制基因连锁图成为可能。来自纽约布朗克斯区的遗传学家戴维·博特斯坦首创了"全基因组遗传连锁图谱"技术。戴维的传记就像遗传学发展历程中至关重要的几十年的精彩记录。戴维历经哈佛大学、麻省理工学院、斯坦福大学、基因泰克公司、普林斯顿大学，现在是神秘的谷歌抗衰老公司卡利克（Calico）的首席科学官。1980 年，他发表了描述该技术的论文，这篇论文被视为 20 世纪后半叶遗传学领域最有影响力的论文之一。[4] 如果你研究的某个家族有许多远亲患有某种家族遗传病，那利用图谱可以极大地缩小搜寻基因组中共同致病基因片段的范围。如果研究的家族规模足够大，有足够多的患病成员分布在足够多的家谱分支上，就可以将致病基因所在的基因组区域缩小到一个只有少量基因的范围。然后，用桑格测序法对每个患病成员的这些基因进行测序，寻找他们之间共有的、可能导致这种疾病的特定突变。这个方法简单又巧妙。

康斯坦丁首先用卡尼综合征患者的家谱进行了模拟分析——以了

解是否能缩小基因组中致病基因的所在区域。通常，这项分析结果的得分在 3 分到 4 分之间就不错了，但卡尼综合征患者家族的得分接近 8 分。所以，现在康斯坦丁要做的就是收集家族成员的 DNA 并做出连锁图谱。康斯坦丁和卡尼开始分头行动，开着车到处跑，去教堂和社区中心采集已知患者家属的血样，或者趁他们聚在一起过感恩节时到其家中去采样。虽然这项研究得到了美国国立卫生研究院的资助，但资金并未涵盖收集样本的过程。所以，燃油费得研究人员自掏腰包。"连超速罚单都是我自己付的！"康斯坦丁告诉我。他们总共花了约一年时间，奔波了数千公里，拿到了所有的 DNA 信息，终于到绘制基因图谱的时候了。

康斯坦丁的图谱首先确定了基因组 2 号染色体上的一个可疑区域，但最终发现该区域不含致病基因，而在第二个区域——17 号染色体上，有令人惊喜的发现。2000 年，康斯坦丁和卡尼宣布，*PRKAR1A* 基因是卡尼综合征的致病基因。[5] 自那之后，康斯坦丁和其他人经过多年潜心研究，确定了 *PRKAR1A* 基因功能缺失导致的下游效应会进一步激活蛋白激酶 A，而蛋白激酶 A 正是刺激肿瘤生长的主要物质。

· · ·

如此看来，里基患有卡尼综合征。詹姆斯·福特团队迅速对里基的 *PRKAR1A* 基因进行测序，以确认诊断结果。当时基因检测采用桑格测序法——将基因编码区分段进行扩增和测序，然后将结果与参考序列进行比对。临床基因检测实验室可以做这种检测，但当时里基投保的美国保险公司不愿支付此类基因检测的费用，因此里基的家人必须决定是否要凑出几千美元来做单基因测序。即便知道可能一无所获，他的家人还是筹钱做了这次检测。詹姆斯团队将里基的血样送去测序，等待结果。检测结果显示里基的基因并没有异常，没有突变。也许他所患的卡尼综合征有其他未知的致病基因，也许这完全是另一种状况，情况尚不明朗。

切除睾丸肿瘤后，里基又健康成长了几年，直到 13 岁时大脑垂体上又长了一个肿瘤。垂体是人体分泌激素的中央指挥中心，是大脑中一个豌豆大小的腺体，位于下丘脑下方，下丘脑发出指令刺激垂体分泌激素。垂体肿瘤通常为良性，与里基的心脏黏液瘤一样，生长缓慢，更多是通过压迫而非入侵造成问题。但是，和心脏不同，大脑内没有太多空间可供其生长。视神经正好经过这个部位，所以垂体增大会引发视野受损。除压迫外，垂体瘤还会释放过多激素，导致一些激素分泌系统过度分泌，对患者造成影响。

谢天谢地，当时里基的垂体瘤还没有引起太多问题，因此其内分泌医生劳伦斯·卡兹尼尔森决定先观察一段时间。又过了三年，里基开始快速发育，很不幸，他的心脏又长了新肿瘤。16 岁时，他再次回到斯坦福医院。医生别无选择，只能再次为他开胸切除肿瘤。16岁，距离第一次手术仅九年，他做了第二次心内直视手术。

里基的手术很顺利，肿瘤被切除了。他心脏中的"入侵者"再一次被清除了，但这一次，只维持了两年。18 岁时，里基的心脏肿瘤再次复发，而且这一次他还患上了室性心动过速，这种危险的心律失常很可能导致猝死。无路可走，里基只能接受第三次心内直视手术。

里基再一次平安完成手术，而且恢复得很好，但这时，脑垂体又开始捣乱了。里基视力很好，视神经没有受到压迫，但是肿瘤细胞不断增殖，迫使两个激素分泌系统过度运转。其中一个是生长激素，另一个是应激激素——皮质醇。垂体能控制肾上腺分泌皮质醇（卡尼描述的首批患者就表现出应激激素过多）。生长激素会根据是否还在发育期而对生长产生不同影响。在生长发育突增期（对大多数人来说是青少年时期），身体各部分会成比例发育，因此组织和骨骼的生长是相匹配的。这就是为何青少年时期生长激素过多会导致身体成比例过度生长，这种病症被称为巨人症。[6] 在一项对巨人症的研究中，四分之一的受试者身高超过 6 英尺 6 英寸，最高 8 英尺 1 英寸。然而，发育阶段结束后，身体一般不会再生长（至少不是向上生长），这时生长激素过多会导致肢端肥大症。这一疾病表现出的特征不同于巨人症，与长骨生长板有关。人体发育结束后，长骨生长板不再活跃，意味着长骨不会再长长。因此，肢端肥大症会导致手脚增大。因为有多余的软组织，所以患者的手会有种"面团"的触感。面部特征包括前额和下颌增大。而且很可能是因为声带质量和弹性改变，患者的声音会变得深沉。由于激素直接影响汗腺，排汗也会增多。另外，应激激素皮质醇分泌过多也会导致各种症状，即库欣综合征，其中包括体重增加（尤其是身体躯干部分有明显脂肪堆积）、腹部出现紫红色斑纹、血压增高以及易染病。看到这些，你也许就能理解为何要切除一个导致这些激素过多的肿瘤了。如果你觉得绕过大脑中部深处的视神经去找到豌豆大小的垂体不是最简单的操作，那你说对了。幸好，还有一条直接到达垂体的途径：通过鼻子。或者更确切地说是经过一块骨头和一个洞，合起来称为"鼻蝶"的部位。影像引导下的垂体瘤经鼻蝶切除手术非常有效。[7] 里基的手术进行得很顺利，他很快就康复了。

经过三次心内直视手术和一次睾丸手术，还有一次垂体手术（通过鼻子切除大脑深处一个体积小但影响大的肿瘤），这位勇敢的年轻人已经准备好迎接成人心脏病治疗团队了。

．．．

　　我们第一次见到里基时，他 21 岁，距他上一次接受心内直视手术已经三年了。那天在科室，我们围着他的超声心动图看，惊叹于心脏里弹来弹去的肿瘤，暗下决心提高第四次心内直视手术的门槛。实际上，每次心内直视手术后，患者在愈合过程中都会出现组织粘连，使得下一次手术的难度更大，风险更高。我们决定每年跟踪里基的情况，测量其肿瘤的大小，并与前一年的测量结果进行比较。接下来几年里，他的肿瘤生长相当缓慢，但的确在变大。其中一个开始撞击二尖瓣，而二尖瓣能让血液进入左心室，这引起了我们的担忧。但事实证明，里基最大的问题是一个我们甚至都还没注意到的肿瘤。

　　心脏或任何其他器官的超声成像图有一个特点，就是能清楚地显示出器官的某些部分，但其他部分，如离探头太近或较远的部分，则不太清楚。我们最终意识到，这些年来，里基心脏上部心房中还有另一个肿瘤，生长速度比其他肿瘤快得多。它好像是凭空出现的，但我们在回顾过去的影像时发现它其实一直都在，只是处于成像区域远端，所以较难辨认。好吧，它也没能在阴影中藏匿多久。这个肿瘤生长速度太快，填满了心脏右心房，影响了控制血液从心脏上部流向下部的瓣膜。事实上，看着他心脏的那部分，会让人想起内燃机的活塞，因为肿瘤会随着每一次跳动穿过瓣膜向下滚，然后又滚回来。情况很快明朗起来，我们必须采取措施。我们可以再做一次手术切除肿瘤，但是总不能每隔几年就做一次手术。

　　我将这个病例带到我们每周的临床会议上，与 20 多位心脏病医生和外科医生，以及护士、营养学家、社工和实习医生一起讨论。问题很简单：是再做一次手术，还是考虑采用一个更审慎但有痊愈可能的方案——移植？

移植的优点显而易见。新心脏的基因组与旧心脏的基因组不同，因此不会长出心脏肿瘤。仅凭这一点，很容易做出抉择。但是，移植心脏要考虑很多其他因素，尤其是每天要多次服用药物来抑制免疫系统，而当时里基只接受了少量药物治疗。此外，抑制免疫系统会使其面临感染和肿瘤等并发症的风险，而且还是恶性肿瘤。那里基就要承担用一种已知疾病去换感染上另外几种疾病的风险。

里基似乎对移植持谨慎态度，但他愿意多了解一下。经过几个月的密集健康教育和检查，包括几十次血液检查、影像研究和其他检测，我们将其列入了移植等待名单，然后开始等待。

我们在术前教育阶段的众多关注点之一就是他有没有"准备好"接受移植。他真的愿意吗？有时，里基似乎觉得自己的人生很虚无。他虽然高中毕业了，也很喜欢音乐，但还没有找到自己的使命，所以常常待在卧室里，打游戏，熬夜，晚起，没有多少同龄朋友。我们负责移植的工作人员打电话来说，他们感觉到，虽然里基在名单上，但也许他并不希望自己在上面。他们让我找他谈谈。有一天通话时，我们都有些情绪化，他的母亲也在一旁，我们一致决定把他从移植等待名单上撤下来。

对所有人来说，这都是个艰难的决定。他的家人和治疗团队都很担心他，担心他的未来。我们担心，如果那个快速生长的肿瘤阻断了血液进出其心脏，会发生些什么。他会猝死吗？他明白其中的风险吗？我们有很多问题，但里基对所有问题都感到非常厌倦。他知道自己可能会死，但他能接受。

记得有一次去做门诊随访，我决定收起所有可怕的警告，将真情交流、药物治疗和其他一切，都先搁置一旁。我们坐下来，只谈论他人生中热爱的事物，忘掉多年来充斥其生活的那些医学的东西，那些东西都不能定义他。他活着是为了什么？我们谈了音乐。他会弹吉他，喜欢音乐创作。他说，有一段时间他曾想去当地社区大学上音乐课，父母非常支持，但他还没来得及做。为什么不去做呢？与其专注于生与死，与其被要求做出手术还是移植的重大决定，何不暂时专注于音乐创作呢？走出家门，去上上课，弹弹和弦，写几首歌。

不久后的一天晚上，我接到里基母亲的电话，她听上去心烦意乱，情绪激动。我立马想到里基，想象出了三个心脏肿瘤可能导致不幸的无数种方式。

"不是里基的事。"她说。

我如释重负的同时也很困惑。"里基没事吧？"我问。

"没事，他很好。"她说。

"那是出什么事了？"我问。

她解释道，她的侄女，也就是里基的表姐，被发现不省人事后被紧急送往医院，刚刚被宣布因脑出血死亡了。里基的表姐没有卡尼综合征的相关症状，所以其死因与此无关。事实上，里基表姐的心脏很正常。我正在琢磨她打电话来的原因时，她明说了出来：里基的表姐是器官捐献者，家人打电话问她里基是否想要表姐的心脏。

· · · ·

我惊呆了。捐一个肾，或骨髓，甚至一部分肝脏给亲戚，这司空见惯。只要剩下的那部分健康状况良好，供体很少会出什么问题：一个肾就够了；骨髓干细胞往往数量充足；肝脏可以再生。因此，这类"在世的、有血缘关系的"供体很常见——而且他们特别合适，因为免疫匹配很大程度上取决于供体基因组（也就意味着免疫系统）和受体基因组之间的差异。相较于其他人，我们的基因组显然与近亲更相似。

显然，尚在人世的亲戚无法捐献自己的心脏。此外，心脏供体数量远少于移植等待名单上的人数。受体认识供体本就很罕见，更别提有亲戚关系了。我从未听说过有人把自己的心脏捐给亲戚。[8]

抛开这些都不谈，关键是里基已经决定现阶段不想做心脏移植手术。他母亲让他来听电话。他脑子很乱。但最后，我们将事情归结为一点：为了让其表姐的死变得有意义，他愿意接受心脏移植，也准备好面对未来的一切。这位表姐的弟弟不久前也去世了，里基及其家人在守灵时还见到了她，这令人更加伤感。[9]我简直难以想象一个家庭竟承受了如此巨大的痛苦。我们还能从这个悲剧中抓住一丝希望吗？

最后，由于很多非常复杂的原因，里基表姐的心脏没有移植到里基或其他任何人身上。但经过这些事，里基明确了自己想要什么，那就是活下去。随着肿瘤越来越大，意识到这点对里基来说至关重要——他已经开始表现出心脏血流受阻的症状了。

· · ·

与此同时，这么多年过去了，我们依然不知道里基到底得了什么病，其症状似乎非常符合卡尼综合征的临床描述，但 *PRKAR1A* 这一已知致病基因的测序结果又显示正常。那么，对整个基因组进行测序能帮助我们找到答案吗？

当时是 2016 年，我们已经对奎克、韦斯特和斯奈德三个家族进行过基因组研究，在其他初级医疗保健服务中也做了相关工作。斯坦福医学中心领导层决定在这些研究工作的基础上更进一步。他们投资了一个依托医院的临床基因组学项目，斯坦福医院任何需要基因组测序的患者都可以快速就地完成检测。作为项目试行的一部分，我们将里基的 DNA 送到因美纳实验室进行全基因组测序，然后用医院的变异检测流程运行原始数据。

我们的一位基因组数据管理员塔姆·斯内登接手了里基这一病例，开始研究可能与其病因相关的各种候选基因。塔姆对之前 *PRKAR1A* 基因的测序结果持怀疑态度，想再仔细检查一下这个基因，于是查看了原始数据。虽然基因大部分区域的测序覆盖度很高，但奇怪的是基因起始位置附近有一个区域的覆盖度似乎有所下降。我们的计算机程序并未将其标记为异常，但塔姆还是有所怀疑。

有趣之处在于：如果有部分基因缺失，那就可以解释为何里基有卡尼综合征的典型症状（基因表达被阻断），但早期临床检测却显示基因序列完全正常。（桑格测序法只检测患者基因序列是否与正常参考序列一致，并不真正关注传递遗传信息的 DNA 分子的数量。如果只有 1 个基因拷贝，且该拷贝序列与正常参考序列相匹配，也会显示结果正常。）而且，康斯坦丁·斯特拉塔基斯利用萨瑟恩墨点法这项旧技术，已经证明 *PRKAR1A* 基因的缺失突变会导致卡尼综合征。另一种更为现代化的手段是利用一种叫"微阵列"的技术来检测基因组中的基因插入和缺失。可惜，微阵列技术是通过分散在基因组各处的点来识别 DNA 数量的，不能很好地覆盖 *PRKAR1A* 基因起始处的那个区域。我们需要另想办法。

位于旧金山湾区的太平洋生物科学公司开创的 DNA 测序技术或许能助我们一臂之力。这项技术优势明显，主要体现在可以对更长的 DNA 片段进行测序。因美纳公司的基因测序技术属于短读长测序，只能对 75~250 个 DNA 碱基进行测序，测序片段长度较短。但当时太平洋生物科学公司测序技术的常规测序片段长达 8 000 个碱基。其中的区别类似于有两块同样大小的拼图，一块分成了一千小块，另一块只分成了十小块。拼十块拼图不仅耗时更短，而且不论你何时拿起哪块拼图打算放在何处，都更有信心。可惜，这项技术虽然令人振奋，却没能跟上因美纳公司大幅降低技术成本的步伐，因此在人类医疗领域未能得到广泛应用（相比之下，其在细菌基因组测序领域应用较为广泛，因为细菌基因组小得多，性价比较高）。

从基因组角度来看，如果 DNA 序列只有 100 个碱基，且从母亲或父亲那里遗传的基因拷贝正常，那我们就很难确定里基身上存在的基因缺失。于是我们联系了乔纳斯·科拉奇（时任太平洋生物科学公司首席科学官，该公司测序技术的研发者之一），向他寻求帮助。[10]乔纳斯是一位生物学家，博学多识，对工程学、生物学和医学知识的掌握程度令人赞叹，更不用说他还是一位才华横溢的音乐家，曾在旧金山交响乐团合唱团献唱过两个演出季。他来自德国，在康奈尔大学读研期间与同学斯蒂芬·特纳（后来成为物理学家）共同发明了这一测序技术。乔纳斯很热心，主动提出合作。恰好，他们最近降低了技术成本，开始考虑将其应用于人类基因组测序。其实，太平洋生物科学公司刚刚用其最新技术对整个人类基因组进行了测序，是美国国家标准与技术研究院"瓶中基因组"联盟的一部分。这一项目的关注点是测序质量，而非医学诊断。我们准备好将"长读长"基因组测序技术首次应用于医学诊断了吗？

虽然技术已经成熟了很多，基因组测序也已广泛应用于医学，至少已用于诊断罕见疾病，但这与我们早期为斯蒂芬·奎克做的那种凭感觉的分析仍有许多相似之处。当时，针对长读长测序，还没有标准化生物信息学工具可以用来寻找大段缺失或重复的 DNA 片段。还好，太平洋生物科学公司一直在与西雅图大学的埃文·艾克勒和约翰斯·霍普金斯大学的迈克·沙茨领导的前沿团队合作，共同开发这一领域的新工具。斯坦福大学的贾森·默克和来自太平洋生物科学公司的阿龙·温格一起构思设计了"第一版"临床变异检测流程，并排除了相关故障。

长读长测序鉴定出里基的基因组中有 6 000 多个基因插入和基因缺失（这一数量属于正常范围），排除已知不致病的常见变异体后，数量减少了一半，再筛选影响基因编码的变异体，对其进行优先排序，列表缩短至 39 个基因缺失和 16 个基因插入。我们进一步精简列表，只保留已知的致病基因，最后只剩下 3 个基因插入和 3 个基因缺失。我们看了看基因名称，其中一个立刻引起了我们的注意：*PRKAR1A*，卡尼综合征致病基因！结果无可争辩。里基的 *PRKAR1A* 基因有很大一部分——超过 2 000 个 DNA 碱基——就这样消失了，不见了！长读长测序带来的好处显而易见。我们有所怀疑的区域被一些正常的测序片段覆盖了，它们显然来自基因的正常拷贝（这可以解释为何桑格测序结果正常）。同时，该区域也被一些缺失了 2 000 个碱基的测序片段覆盖，它们来自基因的突变拷贝。答案就摆在我们面前，都不需要拼拼图。[11] 这一刻真的很奇妙。

　　我记得自己打电话告诉里基这个消息。十多年前，其父母自掏腰包做了一次单基因检测，没能得到答案，而如今，我们终于找到了其病因。里基听上去很高兴，他母亲听上去更高兴。尽管我们很高兴，但卡尼综合征依旧是不治之症，而且现实情况表明，里基的心脏需要治疗。

· · ·

　　里基出现间歇性胸痛和头晕，表明肿瘤已经阻碍了血液进入心脏。为了找到最佳治疗方案，我们准备在移植讨论会议上再次介绍其病情。参会者之前已经听过里基的故事，同意他进入等待名单，然后又听说他觉得自己还没准备好。

　　星期五早上 7 点，心血管病大楼会议室里坐满了外科医生、心脏病医生、免疫学家、护士、社工、营养学家等，我向他们陈述了里基的病情。我从他7岁时第一次诊断和手术讲起，详述了他接受的所有手术及其表亲的故事。然后，我阐述了我们如何利用长读长测序技术取得了新的分子诊断结果。最后，我们讨论了接下来该做什么。

但有一点很清楚，里基还没有做好接受移植手术的心理准备。他知道要做些什么，但不确定自己能否应对移植手术带来的一切后果。如果移植是唯一选择，那他还没准备好接受它。在会上，我陈述了自己的看法：对这个25岁的男生来说，接受心脏移植将真正改变他的一生。在做出决定之前，靠自己的心脏再活5~10年将是一段长久而宝贵的时光——几乎相当于他已度过的人生的一半，成年后的时间的两倍。我有一种强烈的预感，10年后的里基会变得很不一样。他在人生旅途中走了很长的路，思考了自己的命运，曾失去又重新拾起生的意志，这些我都见证了。最近，他一直在照看小侄女，一谈起她，他的眼睛就会闪闪发亮。突然间，他又看到了这个世界的无限可能。这个蹒跚学步的婴儿身上散发着活力，欢乐而顽皮，从小侄女身上，他看到了自己已经丢失的一些东西。也许，他确实想活下去。也许，他可以组建自己的家庭。虽然他知道最终还是需要移植，但用发展的眼光来看，我们能合理推断出他几年后能准备得更好。与此同时，如果我们现在什么都不做，他可能活不了多久。移植不予考虑，那要么冒险做手术切除心脏肿瘤，要么回去准备后事。

参会专家认为，若再做一次常规手术，里基的心脏可能会在肿瘤切除后崩溃，需要用人工材料重建。他已经在第一次手术中修补了心脏顶部的一个心室，但修补心脏底部的心室又完全是另外一回事。这个选择似乎太冒险了。另外，这个手术想取得什么结果？目的是什么？把移植手术再推迟几年？那为什么不现在就移植呢？这个选择更安全，也更明智，切除肿瘤时干脆把长着肿瘤的心脏一并移除。即使选择做移植手术，也有困难。在常规移植手术中，外科医生一般会保留原有心脏上部的一些组织，以便缝合新的心脏。然而，里基心脏的这一部分恰巧最容易出现快速生长的肿瘤。如果移植后肿瘤又复发了呢？我们甚至讨论了一种被称为"自体移植"的激进手术：切除里基的整个心脏，然后在手术室的"后桌"上进行解剖，切除肿瘤，最后将心脏缝合回原位。有些患者用这种方法治疗一种非常罕见的恶性心脏肿瘤——肉瘤。讨论周而复始。这间会议室里的众多医生都曾见证心脏移植的关键发展，即便如此，这也算得上是一个棘手的病例。

当时心胸外科主任是约瑟夫·吴，他从斯坦福医院心脏移植的先驱诺尔曼·沙姆韦手中接过了这个"炙手可热的位置"。约瑟夫是最理想的心胸外科医生，他身材高大、灵巧敏捷、聪明自信、思维缜密却又十分果断。像大多数外科主任一样，他总是穿着两种衣服，要么西装，要么手术服，好像没别的了。他要么在手术室做手术（经常浑身是血），要么穿着一套漂亮的熨得平平整整的西装，十有八九是意大利品牌。来斯坦福之前，约瑟夫在宾夕法尼亚大学以乐于接诊最棘手的病例而闻名。他工作努力、效率高，不断鞭策自己突破自我的同时也督促其团队不断进步。他的专长之一是修复瓣膜——一个让血液进出四个心脏腔室的脆弱结构。大多数外科医生会选择置换受损的瓣膜，约瑟夫则选择修补。

那么，这个愿意接手其他外科医生都避之唯恐不及的病例的医生，这位世界顶尖心胸外科部门的主任，对里基这一病例怎么看呢？和我们一样，约瑟夫看到了里基的心脏超声心动图上那些上下跳动的肿瘤，听到了他以前做过三次心内直视手术，听到了他以前在移植等待名单上但又被移出，听到了他的表亲是如何去世并打算将心脏捐献给他。约瑟夫听到了整个故事，边听边惊叹地摇头。会议室里所有人都看着他，鸦雀无声。

约瑟夫低下头，捋了捋领带，吸了一口气。突然，他从沉思中回过神来。"既然如此，那就做吧，做手术。"他说。他指的是切除肿瘤的高风险手术。

"那什么时候让他来住院？"我问。

"星期一。我们一起搞定这件事。"

那天晚些时候，里基来做术前检查，我见了他一面。我看得出他很高兴约瑟夫医生愿意考虑为他做第四次心内直视手术。

约瑟夫很清楚他面临着什么。之前做了三次"重做的"手术，现在即便是进入心脏和血管都会很困难。每次心内直视手术都会引发炎症，导致粘连（胸壁组织真的会"粘"在一起），仅仅一次手术都会增加第二次的难度，更何况之前做过三次。打开胸腔，暴露心脏，真正的挑战才刚刚开始。

首先是人工心肺机的管子插在哪里。心内直视手术过程中，人工心肺机将血液从体内引出，使血液氧合，然后将血液输送回体内，实际上承担了心脏和肺的功能。一般而言，人工心肺机会从心脏右心房引出静脉血。而里基的右心房被肿瘤填满了，造成了阻碍，所以需要从更高处的静脉中引出血液。另外，医生决定在心脏不停跳的情况下尽可能推动手术进度。通常人工心肺机开始运转后，心脏会停止跳动，但在"心脏跳动"时进行手术有助于降低风险。这次手术中没有什么常规操作。由于存在多个肿瘤，手术团队还采用了"不接触"技术，尽可能减少用手或器械接触心脏组织，以减少术后并发症，因为心脏不喜欢被触碰。为里基接上人工心肺机后，医生打开他的右心房，首次看到了那个最大、最严重的肿瘤。检查肿瘤生长范围时，另一个挑战逐渐呈现在我们面前：因为肿瘤粘在了静脉上，所以若要切除肿瘤，就必须重建负责将全身血液输送到心脏的腔静脉。因为肿瘤也粘在了右心房里，所以心脏的右心房也要重建。这样一来，不仅要切除并重建一条将血液输送进心脏的最大的静脉，还要用人工材料替换一个心脏腔室的大部分组织。

约瑟夫及其团队着手制定方案。需要重建的那段静脉就在心脏旁边，他们用牛心脏的外层组织（牛心包）进行了重建，然后准备切除大肿瘤。他们小心翼翼地切掉它的茎，将其从静脉上取了下来。尽管肿瘤很大，但并未与心脏其他部位粘连，所以很快被取了出来，放满了助理医生的整个手掌。缝合重建静脉与心房后，心脏与血管的连接完全恢复了。

接下来轮到其他肿瘤了，这是手术的关键环节，需要停跳心脏。他们切开身体的主要动脉——主动脉，打开主动脉瓣探查心脏中主要负责泵血的左心室，可以看到肿瘤就在那，就在前面。为了尽量降低心脏切开的程度，必须通过瓣膜切除肿瘤（有点儿像试图通过大门前的信箱取下你挂在门厅挂钩上的夹克）。他们本质上是在上演我们这些年一直希望避免的噩梦场景——肿瘤摆脱束缚，进入血液循环。但谢天谢地，我们为里基接上了人工心肺机，肿瘤不会通过血液循环流向大脑，他是安全的。我们之前看到的那个在心脏出口附近跳来跳去的肿瘤首先被切除。这个比较容易，就在主动脉瓣前面，剪断然后取出就行。另一个肿瘤更难，它与二尖瓣组织紧密相连，损伤二尖瓣或其腱索会带来新问题。这个肿瘤也不在瓣膜正前方。通过一个小孔切除这类肿瘤困难重重，因此一些外科医生会选择自体移植手术，将心脏从体内取出，打开，直视肿瘤进行切除，这样要容易得多，但这需要对心脏进行大量处理，大幅增加了风险。

手术团队专注认真，动作小心精细，终于成功在不损伤二尖瓣的同时将肿瘤全部切除了。这是个意义非凡的时刻，里基的心脏现在已经没有肿瘤了。是时候让血液流入心脏，恢复心脏正常工作了。是时候撤下人工心肺机了。

按惯例，进行电击，复跳心脏。起初，一切都好，心律正常，泵血有力，血流通畅，但后来突然出现室性心动过速，血压下降。突然间，每个人都如临大敌。哪里出问题了？麻醉师查尔斯·希尔之前在里基的食道里放了一个超声波探头。他打开摄像头，屏幕上出现了里基心脏的实时图像，此刻心脏又恢复了正常心律，泵血良好，但是心脏右侧的三尖瓣出现了严重渗漏。之前那个巨大的肿瘤像活塞一样，随着每一次心脏跳动穿过三尖瓣，瓣膜瓣口肯定是被肿瘤撑大了。现在肿瘤不见了，瓣口出现了严重漏血。里基的血压很低，手术团队需要做出决定。这颗心脏现在无法提供足够的血液以维持身体各个器官。查尔斯给里基注射药物，维持其心律正常，但药物终究无法解决瓣膜的机械故障。如果想修补瓣膜，就必须立即进行。他们别无选择，只能再次给里基接上人工心肺机，修复瓣膜。

第二次撤下人工心肺机后，大家满心忧虑，屏住呼吸盯着查尔斯那边的超声图像。过了一会儿，他们松了一口气，几乎没有漏血，里基的血压很稳定，情况看起来很好。事实上，他恢复得非常好，甚至在离开手术室前就已经拔掉了呼吸管。

星期五，里基来做术前检查时我们见了一面，但他手术那天我在北卡罗来纳州。约瑟夫从手术室打来电话告诉我这个好消息，我当时欣喜若狂。整个团队都知道里基可能撑不过这次手术，但他现在就躺在这儿，已经拔掉了呼吸管，正在逐渐恢复。第二天，他不需要再打点滴，转出了重症监护室。

两天后，我回到斯坦福，立马去见里基。病床上没有人，找不到他，我慌了，不安的感觉从胸口开始蔓延，逐渐沉到胃部。我找到负责护理他的护士。

"出……出什么事了？"我都结巴了。

"里基在哪儿？"我问道，担心听到最坏的消息。

"哦，他出去了，在病房周围溜达呢。"她满面笑容地告诉我。

我差点儿给她一个大大的拥抱，从未觉得这么如释重负。然后我看见里基缓步向我走来，笑容灿烂。他应该是我见过的心脏手术后恢复得最好最快的患者，更不用说他接受的是这样一个心脏手术。手术六天后，里基回家了。

一星期后，我们在科室里见到了里基，他看上去状态良好，恢复得很好，没再出现胸痛和心悸。他每天都下床走动，脚踝处的轻微肿胀已经消失了。虽然我们没有治愈其疾病的方法，但分子诊断结果让我们知道了自己面对的是什么，甚至可能在未来开创出一种相应的基因疗法。

我们准备安排他出院时，我才想起来我们还没看过他现在的超声心动图。于是，我将其调了出来，团队其他人都围了过来。五年前，那些在他的心脏里晃来晃去的奇怪肉球让我们第一次无比震惊，如今，在同一个地方，我们却什么都没看到，一片黑色，干干净净，血液畅通无阻地进出心脏，心脏四个腔室之间非常协调。我们明白过来，现在看到的就是世界上再正常不过的心脏，一颗不断跳动的心脏，未表现出任何异常。

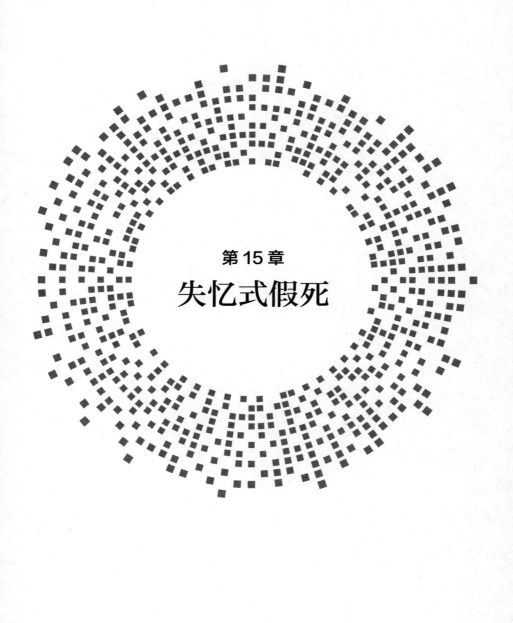

第 15 章

失忆式假死

"欲成大事者不可心胸狭窄。"

——托马斯·德克斯特·杰克斯

"如果我是一匹小马，
一匹花斑小马，
一匹赛跑的小马，
我会从学校逃走。
我会在方山上飞奔，
我会在方山上吃东西，
我会在方山上睡觉，
再也不想上学的事。"

——赫希费尔德和辛格,《崛起的声音》,
美国土著青年作品（1992）

"当时传来一阵声音。真的……很像动物的声音，像一阵呻吟。我试着和她说话……但没有得到回应。"

一位母亲发现自己十几岁的女儿脸色发紫，毫无生气地躺在那儿，口水流了一地，没有词语可以描述她那时的心情。几分钟前，苏珊·格雷厄姆的女儿莉拉妮还是一个 13 岁的正常孩子，活泼有趣，热爱运动，和她的父母一样。[1]苏珊的丈夫克里斯注意到孩子们在日常生活中对电子产品越来越依赖，坐着不动的时间越来越长。[2]父母二人都积极担任学校足球和篮球队的教练和裁判，给莉拉妮树立榜样，鼓励她积极参加运动，但也有更直接的鼓励。格雷厄姆家有一套制度：想看电视就得跑步。"我记得每个星期一晚上，我都会到车库里的跑步机上去跑步，那儿有台小电视。"莉拉妮回忆道，"因为我当时很懒，所以父亲总是会进来帮我把速度调快一点儿。"

那天晚上，莉拉妮像往常一样在车库里跑步。克里斯出去开会了。苏珊本来也要出门，但是计划有变，所以留在了家里，坐在沙发上，离车库只有一墙之隔。苏珊听到跑步机像往常一样呼呼作响，然后她听到另一种声音。据她回忆，听上去不太像人类发出的声音，但无论如何，她知道一点，肯定不是什么好事。她冲到车库，发现莉拉妮昏倒在跑步机上，不省人事，身体缓慢扭动，喉咙发出呻吟。苏珊关掉跑步机，打了 911，然后焦急地等着……莉拉妮还有呼吸，但没醒过来。救护人员赶到时，她仍处于昏迷状态。会不会是因为吃了药？会不会是某种疾病突然发作？一时看不出来问题出在哪儿。

但到了医院，情况很快就清楚了。超声检查显示莉拉妮的心肌异常增厚。她得了一种叫肥厚型心肌病的遗传性心脏疾病，会危及生命。她突然昏迷不是由于突发疾病，而是心脏停搏。

• • •

肥厚型心肌病的主要特征是心肌过度生长、僵硬和过度活跃。这一疾病名源自最先掌握的疾病特征，意思就是过度生长心肌疾病。这一疾病并不罕见，每500人中至少有1人患此病。事实上，对肥厚型心肌病最早的认识来自18世纪的解剖病理学家，他们的工作是仔细解剖尸体。[3] 1679年，瑞士医生泰奥菲勒·博内首次描述了肥厚型心肌病，将一位猝死在车上的马车夫的心脏形容为"比公牛的心脏都大"。[4]

18世纪，意大利病理学家乔瓦尼·巴蒂斯塔·莫尔加尼首次记录了肥厚型心肌病的其他主要特征，包括"斑片状纤维化"，指心肌细胞分离，中间出现瘢痕状结缔组织。他还描述了心脏中部间隔，即两个心室的室间隔异常增厚，阻碍血液流出心脏。大约同一时期，早在"遗传学"这个术语出现之前，教皇的私人医生乔瓦尼·兰西西就记录过一个家族有4代人患有这种疾病。兰西西曾受命调查在罗马发生的一起流行性猝死事件，尸检报告中经常提到心脏肥大。

此后的200年间，病理学家一直在研究这种疾病。20世纪50年代，病理学家唐纳德·蒂尔奠定了当代医学对肥厚型心肌病的理解。[5] 蒂尔发表了一篇论文，题为《关于25 000例尸体解剖的一些思考》，展现了其惊人的研究成果，但标题有些轻描淡写。（仔细想想看，如果你一年工作300天，每个工作日完成3例尸体解剖，那25 000例差不多要30年才能做完。）1958年，他发表了《年轻人群体中的心脏不对称肥大现象》的手稿，对这一疾病进行了当时最清晰的描述，具有重大意义。其中，蒂尔详细描述了一个特征性病理变化。正常人的肌束排列整齐对称，而患者的肌束排列十分紊乱，中间还夹着结缔组织。（我们称之为心肌"紊乱"——考虑到它对心律和患者生命具有破坏性影响，这个说法显然很恰当。）蒂尔还首次将尸检的病理发现与患者检查联系起来，提出了相应的诊断线索。他在手稿中还提到了一个案例，清楚地证明了这一疾病具有遗传性：先后猝死的两个同父同母的孩子都有明显肥大的心脏。

保罗·伍德在蒂尔研究的基础上进一步明确了肥厚型心肌病的诊断线索，开创了肥厚型心肌病的临床诊断标准。伍德面色苍白，说话尖刻，身材矮小，长着一双严格的蓝眼睛。他出生于印度，父亲在印度担任地区委员。[6] 他在澳大利亚和新西兰学医，在伦敦声名大噪，可以说是那个年代世界上最著名的心脏病专家。他成天紧张兮兮，神经紧绷。有人觉得他傲慢自负，有人觉得他才华横溢。伍德所著的心脏病学教科书被奉为行业圭臬，据说该书他写了两遍，初稿丢失后又凭记忆重写了整本书。他诊断技巧高超，广为人知，描述了肥厚型心肌病的病理特征：脉搏急促有力，出现心尖"双重"搏动，用听诊器能听到"呼呼"声（由之前提到的血液流通不畅引起）。伍德英年早逝，死因也算是与其一生相称。起初，他觉得自己消化不良，但这种不适持续了两个星期，这迫使他面对现实——自己极有可能是心脏出了问题，于是让秘书给他做了心电图检查。根据心电图，他诊断出自己是心脏病发作，于是住进了医院，注射了肝素（血液稀释剂），但还是没能挺过去。疾病诊断大师也没能及时诊断出自己的致命疾病。

与此同时，在另一个地方，第一例治疗肥厚型心肌病流出道梗阻的手术取得了成功。[7] 1960 年 1 月，在美国马里兰州贝塞斯达的国家心脏病医院，一位名叫尤金·布朗沃尔德的年轻内科医生（后来成为举世闻名的心脏病学家）把一个主动脉瓣狭窄的 10 岁男孩转诊给了外科医生安德鲁·格伦·莫罗。之后，莫罗将布朗沃尔德叫到手术室，问这位心脏病医生，能否解释为什么患者的瓣膜看上去完全正常。莫罗在手术室中测量了心脏内不同部位的压力，发现存在差异。他意识到是患者心肌肥厚导致了问题，于是决定切除一部分左室壁，最终成功减少了一半压力差。[8]

值得注意的是，格伦·莫罗自己后来也被诊断出患有肥厚型心肌病。[9] 40 岁时，莫罗经常呼吸急促，多次差点儿昏厥，于是请尤金·布朗沃尔德听诊其心脏。尤金·布朗沃尔德时任美国国立卫生研究院心脏病学部门主任，是莫罗的朋友兼同事，与其共事多年，一起研究肥厚型心肌病。布朗沃尔德听到有心脏杂音，证实了莫罗的怀疑：他得了"那个病"。正如布朗沃尔德在我们谈话时所说的："如果你在电视或电影中看到这个故事，会觉得很荒谬——那些事根本不可能发生在现实生活中。两个非常亲密的合作伙伴，其中一个诊断出另一个患有他们研究的疾病——实在太巧了，让人难以置信。"莫罗是一位杰出的外科医生，但和多年前的保罗·伍德一样，他也是个糟糕的患者，拒绝接受所有治疗，包括布朗沃尔德开创的药物治疗（β受体阻滞剂——这种药物通过阻断肾上腺素的 β 受体，使肾上腺素停止发挥作用）和自己首创并以自己的名字命名的手术——莫罗心肌切除术。悲剧还是发生了。莫罗猝死时年仅 60 岁。尸检结果显示其心脏具有肥厚型心肌病的典型特征：非对称性室间隔肥厚、心肌细胞排列紊乱和心肌纤维化。

20 世纪 60 年代，我们主要通过心内压力测量、在手术室中观察和尸体解剖来了解肥厚型心肌病。然而，一项重要技术的出现即将对医学产生巨大影响，彻底改变我们对跳动的活体心脏的认识，那就是超声波。从前，心肌肥厚只能在患者死后才能看到，而如今，医生可以用超声波在患者活着时检测到肥厚，量化病情每年的变化状况。通过增厚的模式和程度区分肥厚型心肌病与其他引起心肌增厚的原因（如高血压和运动训练）。

凭借新成像技术和不断进步的数据运算能力，大西洋两岸的两个人为我们了解这一疾病做出了超越前人的贡献：美国的巴里·马龙和英国的威廉（比尔）·麦克纳。[10] 几十年来，两人发表了数百篇论文，详细描述了肥厚型心肌病患者的心脏电活动和解剖学特征，其中包括肥厚型心肌病的一个特有现象：心脏收缩时二尖瓣异常向前运动，专业术语是"收缩期前向活动"（systolic anterior motion，SAM）。[11]（我曾经做过一个关于肥厚型心肌病的讲座，在每张幻灯片上都放了一张不同的著名的塞缪尔图片。）马龙和麦克纳还在患者身上测试了多种潜在疗法，包括 β 受体阻滞剂和钙通道阻滞剂，这些药物旨在减弱心脏的收缩能力，帮助心脏放松。他们撰写了关于这种疾病导致年轻人猝死的首批报告，并提出相应方法以预测哪些患者最有可能猝死。经过他们和其他许多人的不懈努力，我们在了解这种疾病"**是什么**"方面取得了巨大进展，但我们还不知道"**为什么**"。

· · ·

对莉拉妮·格雷厄姆来说，β 受体阻滞剂和钙通道阻滞剂都不够管用。她晕倒后被送到医院，通过超声心动图确诊为肥厚型心肌病，然后立即被送进手术室。她 13 岁时出现了第一次心脏停搏，植入了除颤器（一个植入式设备，可以监测心脏，在发生严重心律失常时进行电击，挽救生命）。当时为其植入装置的是安妮·迪宾（我们在第 12 章中提过的儿科心脏病专家）。"她不会有事的。"莉拉妮的父亲记得安妮说，"但你们很幸运，因为 90% 的情况下，这种病都是验尸官诊断出来的。"他回忆说，就在几个星期前，莉拉妮还参加了学校组织的实地考察，登上了墨西哥的一座火山。"我一直在想，如果那时心脏停搏会有什么后果？"

从心脏停止输送含氧血液和引出脱氧血液的那一刻起，就开始造成脑损伤了。大脑很脆弱，因为和心脏一样，它也会疯狂消耗能量。尽管大脑只占体重的 2%，却消耗了体内约 20% 的氧气。大脑中有一个叫**海马**的区域，负责储存新的记忆，对缺氧特别敏感。因此，即便心脏停搏者第一时间得到抢救，幸存下来，通常也会丧失短期记忆 [12]。大脑缺氧，可能引起海马损伤，缺氧超过一定时间（通常认为超过 3 分钟），可能导致昏迷，再过几分钟，可能演变成不可逆的脑损伤。有毒的代谢产物开始累积，像超氧化物和过氧化氢 [13] 这样的"活性"氧物种开始从内部破坏脑细胞的细胞膜。相较于 3 分钟内接受抢救，如果心脏停搏 3 分钟后才进行心脏复苏，那么只有 50% 的存活率。心脏停搏 5 分钟后，你能活下来就很幸运了。除非奇迹出现，否则几乎没人能在心脏停搏 8 分钟后存活。

接下来的几天里，出现了一些令人困惑的谈话。莉拉妮醒来，立马问发生了什么。"我们会向她解释，然后她接着睡觉。"她的父亲告诉我，"睡醒后又问：'出什么事了？我没事吧？'再睡醒后再问：'出什么事了？我没事吧？'我努力保持镇定，试着向她解释这件事。"

心脏停搏后出现的短期记忆丧失会让朋友和家人非常担心。你所爱的人能说，能听，能理解，与他人交流时逻辑清晰，但一点儿也想不起来最近发生的事。海马的细胞非常敏感，受损后会引起记忆丧失，这种症状被称为"顺行性遗忘"，顾名思义就是"向前遗忘"（记不起造成失忆的事件后发生的事）。你能调动已有的记忆，但你不能存储新的记忆。幸运的是，莉拉妮的海马恢复了正常，没有出现长期记忆丧失。

但这次事件改变了大家的想法。如果莉拉妮的心脏再次停搏，除颤器可以保护她，但我们的目标是防止此类事件再次发生。对于肥厚型心肌病这样的遗传性心脏病，第一道防线是避免对心脏施加过大压力，而要做到这一点，我们通常会建议患者远离竞技运动。这对许多人来说影响不大，但有些人很难做到，比如想拿大学奖学金的高中生，还有享受竞技运动的人，运动是他们生活的核心。莉拉妮的父亲回忆说："她真的很难转变自己的想法，因为做一名运动员——当然不是那种顶尖竞技运动员——已经是她的性格、自我认知以及在这个世界上的自我定位的一部分了。因为，你知道的，她喜欢队友之间的那种情谊。她喜欢成为团队的一分子。"

然而，这些令人讨厌的限制也没能阻止下一次心脏停搏的发生。植入除颤器后不久，莉拉妮所在的学校新来了一位体育代课老师，不太了解她病情的严重性。这是真事，老师提议，她应该和同学一起参加传统的一英里①接力跑。"绕着停车场的那一圈，我应该已经跑了四分之三。"她回忆说，"我记得视野开始变窄，呼吸急促，两条腿变得超级重。好吧，有点儿不对劲。然后我就脸朝地，摔了下去。"

那是她第二次心脏停搏，除颤器再次发挥作用。代课老师不得不眼睁睁地看着两辆消防车和一辆急救车呼啸着开进学校停车场，抢救这位患有心脏病的少女。代课老师刚刚不顾这名学生的反复声明，说服她跑了一圈，就短短一圈。莉拉妮的同学也目睹了这一切。莉拉妮回忆说："是的，我记得朋友跟我说他们都受了很大惊吓。"不过，随着时间的推移，她和朋友渐渐适应了，对她的除颤器也见怪不怪了，她还常在派对上卖弄。

三年后，莉拉妮发生了第三次心脏停搏。当时她 16 岁，和朋友在自己家附近探险，偶然发现了一座土丘。莉拉妮穿着短裤和人字拖，本就不适合爬土坡，但他们还是决定爬上去。事情有些出乎意料。"我记得我爬到了坡顶，转身对一个朋友说：'我要晕过去了……打 911。'"然后她就晕倒了。朋友等了漫长而焦急的 15 秒，她才醒来，朋友又被吓坏了，但莉拉妮心里还惦记着其他事。她告诉我："我记得，当时我暗恋的那个男生也在。我晕倒后浑身是土，所以我记得自己对（另一个）朋友说：'能帮我拍一下衬衫上的灰吗？'"

---

① 1 英里 ≈ 1 609 米。——译者注

人类很早就开始尝试研究心脏复跳，在整个漫长而又引人入胜的历程中诞生了莉拉妮用的除颤器。彼得·克里斯蒂安·阿比尔德加德是这段历程的开路人。[14] 阿比尔德加德1740年出生于丹麦的哥本哈根，父亲是一位艺术家，但阿比尔德加德年少时更喜欢科学。他开始学习化学和医学时，完全没想到自己有一天会发现心脏电激活的一些最基本特点。他才华横溢，被选为丹麦派往法国里昂学习兽医学的三名学生之一，为丹麦带回处理牛瘟的专业知识。1766年，他回到哥本哈根，开了一所兽医学校，专注于研究马，尤其是王室饲养的马。他全身心投入到兽医工作中，暂时搁置了人类医学研究。

与此同时，博学的阿比尔德加德还在继续研究物理学，搞发明创造。他发现人和动物如果被闪电击中后身亡，身体表面和内部不会有任何迹象。这一现象引起了他的兴趣，于是，他设计了一系列试验来弄清原因。当时，彼得·范·米森布鲁克在荷兰莱顿发明了第一台储电放电的装置——莱顿瓶，为进行试验创造了条件。莱顿瓶是一个装有水的玻璃容器，内外包覆着导电金属箔，能释放电压很高的静态电荷。本杰明·富兰克林等人都觉得莱顿瓶作用很大，并对其加以利用。[15] 阿比尔德加德自己做了个莱顿瓶，试着通过电击马的头部来杀死马。[16] 这个惊人的试验放到今天根本不可能获得伦理委员会的批准。

阿比尔德加德很快发现，无论用多少电，都无法电死一匹马。他的确电晕过一匹马，但这匹马很快又站起来了，他觉得很失望，后来在论文中总结道："我怎么都杀不死这种体型巨大的动物。"最后，他"不情不愿"地走向附近的一只母鸡，将其摁倒在地。他从莱顿瓶中释放静电，电击了那只母鸡的头，用的是几分钟前电晕了那匹马的电量。母鸡死了。阿比尔德加德对这一科学"进步"感到异常兴奋，于是对母鸡的太阳穴进行了第二次电击，热切希望能复活母鸡，但它没能起死回生。情况确实和他在论文中记述的一样："即使头部反复受到电击，这只母鸡依旧没能活过来。"在科学界千古留名的希望逐渐化为泡影，他非常沮丧，决定最后再试一次，对母鸡的胸部进行电击。猛地一下！母鸡睁开眼睛，站了起来，"安静地走着"。

我们很难相信，这个在卡通片中才会出现的场景，让我们获得了对心脏的关键认识。当然，和所有优秀科学家一样，阿比尔德加德也需要重复这个试验。于是，他再次电击了复活过来的母鸡的头部，它又倒在地上，死了。第四次电击，电流穿过胸腔，它又活过来了。连续两次复活！这堪称奇迹。阿比尔德加德很高兴，开始再次重复这个循环。1775 年，在一篇关于复活母鸡的论文中，他写道："频繁重复这项试验后，母鸡完全呆了，行动出现困难，一天一夜没进食。"但引人注意的是，那只母鸡后来看起来"很健康"，甚至"下了个蛋"。

到 18 世纪 70 年代末，电击已不仅仅用于复活鸡。有报道记录对"明明"已经死亡的人进行电击，结果出现了奇迹。首个记录来自英国皇家人道协会的一份报告，描述了一个"显然已经溺亡"的人的康复过程。另一份来自英国皇家学会的报告描述了一名叫索菲·格林希尔的 3 岁女孩从高处坠落，似乎也已经死亡。[17] 事实上，她当场就被宣布死亡了。不过，一位被叫到现场的药剂师决定试试电击。尽管药剂师在索菲"明显死亡"整整 20 分钟后才进行第一次电击，尽管他浪费了很多时间，徒劳地电击除心脏外的其他部位，但他最终电击了胸部。突然间，小索菲有了微弱的脉搏。令人吃惊的是，几分钟后，她有了呼吸。10 分钟后，她坐了起来，呕吐不止。她的情况和阿比尔德加德的母鸡很像，前几个星期都迷迷糊糊的，走路也摇摇晃晃，但最后完全康复了。

这种奇迹般的复苏让大家浮想联翩，当然也包括医生。一位名叫詹姆斯·柯里的英国医生将这些病例收集成册，题为《关于溺水、窒息等导致明显死亡的观察》，于 1790 年出版，成为电击复苏心脏的指南，[18] 其中有一些关于治疗的真知灼见，例如：

"尝试上述几种建议措施已达一小时或以上，但没有任何复苏迹象时，应尝试使用电击；经验表明，这是人类已知的最强效的刺激之一。在其他刺激失效时，电击能促使心脏和身体其他肌肉收缩。适度电击效果最佳，且电流应每隔一段时间从不同方向穿过胸腔，以引起心脏反应。"

历史会证明，在那个时代，詹姆斯·柯里领先了其他人 200 年。他关于心脏电"兴奋"，以及电流需从多个方向通过胸腔的见解都非常超前。而且，得益于与其同时代的查尔斯·凯特发明的一种"近乎"便携的设备，柯里的建议变得可以广泛应用了。1788 年，凯特发表了论文《论明显死亡者的复苏》（论文标题的风格变了），描述了这种装置如何利用莱顿瓶中储存的静电。[19] 电击复苏很快就被"除颤"一词取代。这个词最早由埃德姆·维尔皮安在法国文学中提出，源于拉丁词"fibrilla"，意为小纤维（这里指的是心肌纤维）。尽管医学界过了很长时间才意识到除颤的重要性，但社会大众却对它越来越感兴趣。通俗文学中最著名的例子来自玛丽·雪莱于 1818 年创作的小说《弗兰肯斯坦》。小说的主人公维克托·弗兰肯斯坦是位年轻的科学家（很多人误以为弗兰肯斯坦指的是怪物，但其实是科学家），他沉迷于探索"生命的秘密"，于是从不同地方收集了身体的不同部位，将其缝合起来，希望能创造出一个新生命。他想到用电来唤醒这个新的"生命"："我探寻到了生命的起因；不，远不止如此，我自己就能让无生命的东西焕发生机。"

19 世纪，首台真正的便携式除颤器诞生了，但公众仍未完全接受这种"魔法"。一些市民担心自己不省人事后会被"时刻警惕的电学家"用来测试除颤器，所以他们在衣服上缝上标签，要求昏迷后"不要使用电击"。即便到了现在，当医生建议患者在病历中写明自己的"预先指示"，明确万一心脏停搏，自己希望医生做什么时，还是有些人会选择不留任何机会。《新英格兰医学杂志》刊载过一位 70 岁老人的案例。老人昏倒后被送到迈阿密一家医院的急诊室，他胸前的文身写着"不要做心脏复苏"，正好文在放置除颤器电极板的位置上。[20] 经过伦理咨询，医生最后遵从了其意愿。

20 世纪早期，电击除颤明显不受欢迎。但 1947 年，我们迎来了操纵心脏电系统能力方面的又一个里程碑，医学史上首次在心内直视手术中进行了胸内除颤。[21] 一个 14 岁的男孩在手术中出现纤维性颤动，医生一开始被迫进行"心脏按压"——从名字来看，这应该是个轻松舒缓的过程，但实际上很疯狂。医生用手握住心脏进行挤压，把血液挤出来，然后不断重复这个动作，直到有更好的治疗方案。虽然手动将血液从男孩的心脏中排出可以暂时缓解病情，但不能解决问题，纤维性颤动并没有消失。最后，医生决定使用电击除颤，做最后一搏。心脏先是停跳，然后立刻恢复了正常跳动。手术顺利结束，男孩最后也康复了。

体外除颤——电流从外部穿过胸腔——经历了较长时间才达到技术应用的黄金期。威廉·B. 考恩霍文极大地推动了体外除颤的发展。考恩霍文来自纽约，起初是一名电气工程师，后来成为约翰斯·霍普金斯大学怀廷工程学院院长。如果你现在还在想他的姓怎么念，别担心，朋友都叫他"狂野比尔"①。他把自己历经 10 年研究出的设备放

---

① 狂野比尔，本名怀尔德·比尔·希科克，是美国历史上著名的快枪手，能够在决斗中迅速做出反应，击毙对手。——译者注

在约翰斯·霍普金斯医院 11 楼一个上了锁的实验室里。一天，住院医师戈特利布·弗里辛格在 1 楼急诊室发现一名患者心脏停搏，就跑到 11 楼，说服保安打开实验室，把设备搬到急诊室，成功为心脏停搏患者进行了首次有医学记录的体外除颤。

狂野比尔和约翰斯·霍普金斯医院的其他人一起研发了"心肺复苏术"，将胸外心脏按压与人工呼吸（将空气吹入昏迷患者的肺部）相结合。虽然几十年前，甚至几个世纪前，人工呼吸法就已经出现，但直到 20 世纪 60 年代，医学界才首次正式将口对口人工呼吸和胸外心脏按压结合起来，形成一套完整的急救方法。

即便你的心脏没有能力自行排出血液，有效的心肺复苏也能帮助你存活几个小时。然而在医院外，患者很少能得到有效的——更重要的是及时的心肺复苏（用力快速按压）。[22] 所以，如果你在医院外突发纤维性颤动，坦白说，你需要的是电击，这就是自动体外除颤器（AED）的功能。机场、健身房和医院均配有自动体外除颤器，所以是发生心脏停搏时最安全的地方。还有一个安全场所可能会让你感到很惊讶，这个地方强烈希望能保证顾客的生命安全，同时也对其时刻保持警惕，你能想到是什么地方吗？事实证明，如果你心脏停搏，最有可能"撞大运"的地方之一是赌场。[23] 一项发表在《新英格兰医学杂志》上的著名研究描述了一个在赌场配置自动体外除颤器的项目，赌场工作人员在接受操作培训后成功挽救了生命，带来了令人印象深刻的益处。速度很重要。

体育场和赌场里的这些便携设备很大程度上要归功于保罗·莫里斯·佐尔。佐尔是立陶宛和白俄罗斯移民的后代。20 世纪 70 年代前，他在职业生涯的大部分时间里都致力于制造设备来挽救因心律失常而猝死的患者。在哈佛大学医学院就读的最后一年，他失去了一个患者，这对其人生道路产生了深刻影响。虽然很多情况下，心脏停搏是由纤维性颤动引起的，心脏出现剧烈且不协调的生物电活动，导致原本正常泵动的心肌无效振动。但有时，心脏停搏是由于整个心电系统出现故障，心脏电活动完全停止，心电图呈一条直线。这种情况下，电击基本没有效果。你需要的是起搏器——通过发出较低强度的节律性电脉冲来恢复心脏的正常跳动。实质上，起搏器取代了心脏自身的"起搏功能"，心脏上部的一组细胞（起搏细胞）通常承担着这一功能。起搏细胞放电，经心脏传导系统传递至整个心脏，控制心脏收缩。20世纪70年代，植入式起搏器已经出现了一段时间，可以承担起搏患者心脏的任务。然而，佐尔关注的是：如果患者心脏停搏，需要起搏，但还没有植入起搏器，那该怎么办？他意识到，既然除颤器能释放高能量电击除颤，那这种设备同样也能发出穿过胸腔的较低强度的节律性电脉冲，进行起搏。但由于患者（与心室颤动患者不同）在起搏过程中通常处于清醒状态，所以会很痛苦，这可以理解。尽管如此，这种技术至今仍在使用，能在紧急情况下挽救生命，直到医生将一根更稳定的起搏器电极导线经由颈静脉穿刺推进到患者的心脏中。如今，佐尔医疗公司制造的便携式除颤和起搏设备几乎无处不在，心脏病医生都熟悉佐尔这个名字。的确，就像"谷歌"代表在网上搜索信息，"施乐"代表复印文档，"佐尔"已经成了抢救医院内心脏停搏患者的代名词。

· · ·

即便紧密监测患者，将除颤器放在离患者足够近的地方，以便需要时能迅速用于抢救，患者大脑仍可能面临几分钟的供血不足。能不能想办法更快提供帮助呢？

莫迪凯·弗里德曼毕生都沉迷于寻找这个问题的答案。[24] 弗里德曼是犹太人，出生于波兰，在他年幼时，母亲死于心力衰竭。15岁时，他为躲避纳粹迫害而离开华沙。很可能就是这个决定让他成了家族中唯一一个二战幸存者。他在纳粹占领波兰后改名为米奇斯瓦夫·米洛夫斯基，有着那些克服一切困难取得成功的人的典型特征——全心投入、顽强执拗和永远乐观。"即使在那段艰难岁月里，我也觉得自己可以克服一切困难。"他提及早年离开家乡华沙的经历，"这不是个理智的决定，现在回想起来也觉得很疯狂。我15岁时竟然要离开父亲、家乡和祖国。"他去法国和以色列学医，后来成为美国约翰斯·霍普金斯大学医学院下属冠状动脉治疗中心主任。任职期间，米洛夫斯基经常救治心脏停搏患者，但一个特殊的心脏停搏病例让米洛夫斯基确定了毕生努力的方向。1989年，约翰·卡斯托尔在《美国心脏病学杂志》上发表的文章中提到，米洛夫斯基曾说："1966年，我的老上司哈里·赫勒教授开始出现室性心动过速，多次住院，接受奎尼丁和普鲁卡因胺治疗。我的妻子问我为什么这么担忧。'因为他可能会死掉。'我这样回答。"两个星期后，赫勒教授在与家人共进晚餐时猝死。

米洛夫斯基没有任何电气工程背景，尽管如此，他还是致力于完成这项非凡的事业，将除颤器缩小到可以植入体内。他资金不足，不少人将其拒之门外，反对者更是不计其数。其中包括伯纳德·劳恩，他当时是心源性猝死方面的世界权威专家之一，他写道："其实，植入式除颤器系统代表着一个不完美的解决方案在寻求看似合理的实际应用。"但历史并不是由轻易放弃的人书写的，米洛夫斯基15岁逃离被纳粹占领的波兰，他最不缺的就是一种异常强大的斗争精神。米洛夫斯基成功将除颤器植入了多只狗体内，但他需要继续对抗保守的心脏病学界和兴旺的起搏器制造行业，后者不愿让自己源源不断的利润受到损失。米洛夫斯基意志坚定，毫不动摇，勇往直前，即使他当时已经谢顶了，还戴上了眼镜。1972 年，他说服了一家名为美德瑞达的小公司的首席执行官投入部分工程师和资源，将设备缩小到能够完全植入狗体内。那位首席执行官名叫斯蒂芬·海尔曼，给这个项目拨了美德瑞达公司 3 年的研发预算。他们最终获得了成功，录制了一段设备运行视频。这段视频没有被公开，但斯坦福医院成人心脏电生理学主管保罗·王看过，他向我描述了视频内容。视频中一只狗跑来跑去，摇着尾巴，吃着可口的点心。研究人员掐好时间，手动用设备输送电击能量，使狗的心脏停搏。那只狗立刻停止奔跑，瘫倒在地。然后，植入式除颤器在我们看不到的地方悄无声息地检测到致命的心律失常，识别为纤维性颤动，启动电源，产生电荷，电击心脏。过了一会儿，小狗睁开眼睛，站了起来，又开始跑来跑去。完全没有人为干预，一只死去的动物在没有人为救助的情况下起死回生——醒过来，站起来，跑来跑去，摇着尾巴。这个视频以书面报告难以企及的方式引起了医学界的兴趣。[25] 几乎一夜之间，风向就变了。1980 年，经过几年的改进，米洛夫斯基发明的重 280 克的装置首次被植入人体腹腔，电极导线从装置主体部分延伸至心脏表面。这种植入式除颤器，即植入型心律转复除颤器，于 1985 年获得美国食品药品监督管理局批准。

真人除颤后重获生机的视频也同样令人兴奋。优兔视频网站上有一个著名的例子：职业足球运动员安东尼·范·卢患有罕见遗传性心脏病，在一场比赛中被摄像头拍到像个布娃娃一样倒地。[26] 从倒在草地上那一刻起，真正意义上来说，他已经死了。他的心脏出现了纤维性颤动，体内血液停止了流动。时间在嘀嗒嘀嗒地流逝，越来越接近出现不可逆的损伤的时限。几秒钟后，几乎在有人注意到他倒下之前，在有人开始考虑做心肺复苏之前，他全身抽搐了一下，其植入式除颤器刚刚启动，在几毫秒内检测到致命的心律失常，在几秒内完成充电、放电，挽救了他的生命。过了一会儿，就像阿比尔德加德的母鸡和米洛夫斯基的狗经电击复活一样，他重新坐了起来。队医冲上场用担架把他抬下去前，你可以看到他在和医护人员商量，希望能留下来继续比赛。大脑还没真正明白过来发生了什么，植入型心律转复除颤器就已经使患者在失去意识时恢复了正常心律，这很常见。在那几秒内，他不省人事，感觉不到电击，醒来时会有点儿神思恍惚——通常会纳闷自己为什么会在地上，因为他不记得自己摔倒过。所以他会有这样一些举动，比如在成千上万的人面前起死回生后，要求留在足球场上继续比赛。虽然范·卢一再恳求，但救护人员还是婉言拒绝了他，把他送去了医院。

· · ·

　　幸亏有除颤器，莉拉妮得以两次从昏迷中苏醒过来，尽管每次醒来都迷迷糊糊的。这就是她的感觉。但即使多次命悬一线，她仍然在茁壮成长。虽然她从前将团队运动视作自我定位的一部分，但也逐渐适应了心脏问题带来的限制，对艺术，尤其是音乐和表演越来越感兴趣。高中时，莉拉妮选择了加入唱诗班，而不是参加其他更剧烈的活动。高三那年春季，她被纽约大学表演和音乐剧专业录取，最后选择了音乐剧专业。

　　我就是在莉拉妮 17 岁时第一次见到她的。是时候让她过渡到成人诊所了，告别儿科诊所装点得花花绿绿的墙壁和系着唐老鸭领带的医生，进入刷着单调"米色"的成人医学世界。"天花板上的鱼少了。"莉拉妮可能会挖苦一番。为了顺利过渡，我和我团队的护士海蒂会去儿童医院，与患者"在他们的地盘上"见面。我们对这样的见面向来不抱什么期望，但就连我们这样阅历丰富的人，第一次见到莉拉妮时都不免惊叹，这位年轻的女性竟然如此自信。"莉拉妮掌控了全场。"海蒂回忆道。莉拉妮天生擅长表达自己的观点，是一位令人耳目一新的年轻女性。我们当时并没有意识到这位杰出的年轻女性将会对我们产生多大的影响。

除了 3 次心脏停搏，我们那次见面时还讨论了基因检测。当时，对肥厚型心肌病患者做基因检测还是一种新思路，我们是美国少数几家提供这种检测的医院科室之一。我们建议莉拉妮检测大约 12 个已知的肥厚型心肌病致病基因。她当时修了一门大学预修生物课程，带着笔记，问了一些非常好的问题。最后，听我们介绍完检测能取得什么结果，以及它能提供和不能提供什么信息后，她决定接受基因检测。

只要一个基因的两个拷贝中有一个受到影响，就会导致肥厚型心肌病。因此，肥厚型心肌病被称为"显性"疾病（存在突变的基因拷贝"控制"正常的基因拷贝）。大多数情况下，患者会直接从父亲或母亲那里遗传到致病基因——这意味着父母也有可能患病，患者的兄弟姐妹也有 50% 的概率遗传到致病基因，这就是为何家族内部筛查非常重要，患者的父母或兄弟姐妹通常在不知情的情况下已经受到了影响。因此，除了对莉拉妮进行基因检测外，我们的首要任务是用心电图和超声心动图对其父母和妹妹卡伊进行筛查，并且——因为这种疾病会随着年龄的增长而出现——为将来的筛查制订计划。

好消息是，卡伊的心脏在超声检查中看起来很健康。这让人松了一口气，但并不意味着她永远不会出现心肌肥厚。她可能依旧面临患肥厚型心肌病的家族遗传风险，但或许很久以后才会显示患病迹象。这种变化在家族成员中并不少见。我们还对其父母进行了筛查，他们当中很可能有人携带了导致莉拉妮患病的基因变异体，尽管如此，两人似乎都没有明显的肥厚型心肌病迹象。如果我们仔细观察其父亲的超声图像，也许能发现一个细微暗示。我记得自己当时认为其心脏看起来有点儿太用力了（一个特征是心脏收缩比正常人更加有力），但这并不足以说明问题。这样一来，基因检测也许能有所帮助。如果能识别出莉拉妮的致病性基因变异体，我们就可以对其他家族成员进行测序，明确判断谁有患病风险。于是我们把莉拉妮的基因样本送去检测，等待结果。

在 2009 年，基因检测仍然耗时弥久，价格昂贵。要对单个基因进行测序，首先需要扩增基因编码区（或外显子，通常有数百个 DNA 碱基），然后提取特定 DNA 并使用第 1 章描述的桑格测序法进行测序。随后将这个基因每个片段的序列与该基因的参考序列进行比对。整个过程工作量巨大，而且机器几乎无法取代人工。如果莉拉妮 DNA 中的基因变异体不存在于参考序列中，研究人员就会将其与约 100 名匿名献血者的 DNA 做对照，进行二次核查。如果这些看似健康的个体没有携带某一基因变异体，那么它就会被标为"最佳猜测"，有可能真的是致病性基因变异体。

• • •

最早关于肥厚型心肌病致病基因的线索来自一个意想不到的地方——科蒂库克镇。科蒂库克镇紧挨着魁北克东南部一望无际、郁郁葱葱的劳伦斯公园，距美国边境仅几千米，向北约 12 千米即可到达离其最近的大城市舍布鲁克市。科蒂库克这个名字源于阿贝纳基语，意思是"松树之乡的河流"。在法语中，这个地区因其美丽的自然风光而被称为"东部乡镇的明珠"。但科蒂库克当时出名并不是因为什么光彩的事：科蒂库克受到了"诅咒"，许多居民因中风和猝死而英年早逝。1957 年秋季，年龄分别为 39 岁和 41 岁的两兄弟因中风住进位于蒙特利尔的皇家维多利亚医院，他们的心脏均大于常人，由肺部专家彼得·帕尔负责治疗。帕尔身高 1 米 93，以平易近人、幽默风趣的教学风格闻名。帕尔对两兄弟均中风且心脏过大这一巧合非常感兴趣，认为必然能从基因层面加以解释。因此，在接下来的几年里，帕尔一直在这两兄弟的家族内部探究病因。[27]他了解到，这两兄弟并非个例。他总共研究了 77 名家族成员，让其中一部分成员来医院做了检查，一些人还来了好几次。1961 年 7 月，他发表了论文《遗传性心肌发育不良——一种家族性心肌病》，产生了深远影响。在论文中，他描述了 30 名患肥厚型心肌病的家族成员，其中 20 名仍然在世，10 名已经去世。他甚至将该病的起源追溯到了 1650 年来魁北克的一名移民身上。事实上，在帕尔做调查研究的 4 年中，这个家族有 5 名成员先后猝死。就好像这个家族一直在等待合适的基因技术出现，以缩小疾病发生原因的范围。

当然，那时全基因组测序技术还有很长的路要走，人类基因组计划也要几十年后才会启动。但 1980 年出现的基因连锁作图方法能够提供帮助，再加上来自科蒂库克的这个家族作为研究对象，万事俱备。哈佛大学医学院的克里斯蒂娜·塞德曼和乔纳森·塞德曼夫妇领导团队对肥厚型心肌病的致病基因进行了开创性研究。他们和伦敦的比尔·麦克纳一起，接触了帕尔医生首次研究的那个家族，邀请他们参加周末的"家族聚会"，借此机会介绍研究内容。最终，100 多名家族成员参加了此次探索基因的精彩研究。连锁作图这种方法虽然会耗费大量人力，但极其强大。事实上，这种技术强大到让塞德曼实验室估计，致病基因有 20 亿分之一的概率就在一片已经确定的狭窄区域内。鉴于致病基因很有可能就在基因组的这个小角落里，研究小组开始进行"精细定位"。通过对这一区域的关键基因进行测序，他们将目光锁定在心肌肌球蛋白重链 *MYH7*（心脏中分子马达的一部分）

上。每个患病的家族成员都有同样的基因变异体——403 位点上的氨基酸从精氨酸变成了谷氨酰胺。科蒂库克诅咒原来是基因组中的一个字母拼写错误，原本应该是 G 的地方变成了 A。

前人研发的除颤器能够在危急时刻救人一命，而这一发现与家族遗传筛查相结合，也可以拯救生命。研究团队于 1990 年公布了这一开创性的发现[28]，使肥厚型心肌病成为第一批病因明确的遗传病之一，而且，确定肥厚型心肌病的首个致病基因就像在一个新地方钻出了石油一样，有助于研究人员寻找其他的致病基因。此后数年内，人们在 *MYH7* 基因的其他位点上发现了更多致病性基因变异体（包括上文提及的唐纳德·蒂尔在 20 世纪 50 年代首次记录的家族性肥厚型心肌病的致病性基因变异体），以及其他基因的致病性变异体。[29]更令人欣喜的是，在病理学家首次描述肥厚型心肌病的几百年后，这一疾病的真正病因开始一点点被揭开。

• • •

几个月后，莉拉妮基因检测的结果出来了，与我们的预期相去甚远。莉拉妮的 DNA 中，肥厚型心肌病的关键基因 *MYBPC3* 有两种基因变异体。心肌肌球蛋白结合蛋白 C（我第一次去见斯蒂芬·奎克时在其办公室的电脑屏幕上看到的就是这个基因）是心脏分子马达的关键组成部分，能与 *MYH7* 基因编码的肌动蛋白相结合（*MYH7* 基因是塞德曼实验室发现的首个肥厚型心肌病致病基因）。莉拉妮携带的两种变异体似乎都能单独致病。这传递出很多重要信息。首先，这一结果有助于确认莉拉妮的真正病因。尽管其心脏形状非常符合肥厚型心脏病的相关体征，但还有很多其他原因会导致心肌增厚与心律失常。真正弄清致病基因前，我们永远不能确诊。基因检测结果也能帮助我们理解为什么她的初期症状会如此严重：她的 DNA 中存在两种变异体。诚然，两种致病性基因变异体可以很好地解释其小时候的突发状况。但令人费解的是，她的父母似乎都没有受到影响。如果是这些变异体导致了如此严重的后果，那为什么她父母身上没有这种疾病的症状呢？也许这些变异体完全是"新"的——不是莉拉妮从父母那里遗传的，而是在其体内首次出现的？遗传学术语称之为"原发"。我们觉得这不太可能，因为我们知道引起肥厚型心肌病的原发性基因变异体很少（第 5 章中提到，我们每个人的整个基因组中只有大约五十种基因变异体）。她的父母很可能各自携带了一种变异体，但不同于携带了两种变异体的莉拉妮，他们并没有任何症状。为了一探究竟，我们立即对她的父母克里斯和苏珊进行了基因检测，寻找在莉拉妮身上发现的两种变异体。

事实证明，莉拉妮确实从父母那里各遗传了一种变异体。而且，鉴于其父亲的超声心动图显示有细微异常，来自父亲的基因变异体似乎是更为主要的病因。这样一来，我们明确了莉拉妮的父母自身也有患肥厚型心肌病的风险，今后两人都需要定期体检。还剩下她的妹妹。虽然卡伊近期的超声心动图和心电图显示一切正常，但这并不意味着毫无风险，她仍有可能遗传了一种或两种致病性基因变异体，未来可能会发病。如果不做基因检测，医生就不能预知未来。她在青少年时期每年都要接受心脏检查，其中包括心电图和超声心动图。之后即使她的心脏看起来一切正常，也要转到成人医院，每五年接受一次检查。又或者，她可以选择做基因检测，看看以上检查是否有必要。唯一的问题是：她想知道吗？

在目睹了姐姐的遭遇后，卡伊告诉我们她想进行基因检测。她知道自己有 75% 的概率会罹患此病，不容乐观。有 50% 的概率只从父母一方遗传了一种致病性基因变异体；有 25% 的概率遗传了两种变异体；有 25% 的概率没有遗传任何变异体，也就是说没有患病风险。

于是，我们将样本送去测试，再次等待。几周后，结果出来了。一个四面骰子，卡伊掷出了 0！她没有遗传到任何基因变异体！这意味着她患上肥厚型心肌病的风险并不比大街上的任何一个人高，她也不会把这一家族性疾病遗传给下一代，因为她的体内没有携带那些致病性基因变异体。

我们常常担心家族内部共同面临的遗传风险会引发复杂的情感，因为遗传概率的存在意味着风险分配不均。莉拉妮受到肥厚型心肌病的严重影响，而我们现在知道她的妹妹已经完全摆脱了风险。有时，受影响的孩子会感到不公平，未受影响的孩子也会有"幸存者的负罪感"，父母也会经受挑战，觉得是他们把致病基因传给了孩子，给孩子带来了痛苦。如果父母自身不受这种疾病影响，那情况就尤其复杂了。当然，无论有没有家族性遗传病，父母都会不可避免地把"好基因"和"坏基因"同时遗传给孩子。我们要永远记住，孩子的反应、成长环境和面对生活中挑战时的适应能力都将定义他们是谁，且影响程度丝毫不亚于基因。

· · ·

显然，第二年秋季莉拉妮去纽约大学上学时，其适应能力将面临最严峻的考验。子女离家去上大学无疑是所有父母一生中最艰难也最骄傲的时刻之一。如果你的女儿曾挺过三次心源性猝死，作为父母，你再把她送到远在美国另一边的纽约时，将尤为痛苦。"我的父亲哭了，"莉拉妮说，"我这辈子只见他哭过三次。"

莉拉妮刚开始上课，挑战就来了。纽约大学在学生迟到方面有严格规定，莉拉妮没能让校方相信，由于心脏状况，她不能快走或跑动，所以上课教室之间距离很远会对她构成挑战。她发现，心脏衰竭导致身体残疾的人受到的对待不同于大脑或脊椎疾病患者，后者要用到轮椅或助行器，能让外人更清楚地看到移动到另一个教室是需要时间的。她想尽一切办法，以保证自己在秋高气爽、阳光明媚的日子里上课不迟到。

"后来开始下雪了，情况非常糟糕。"

一天下午，莉拉妮正好结束声乐课，声乐课教室离格林威治村不远。她觉得冬天很冷，有点儿喘不上气，所以通常会选择乘电梯，但那天她没乘电梯，而是和声乐教练边爬楼梯边聊天，聊完就分头走了。片刻之后，她瘫倒在人来人往的人行道上，毫无生气。

这是她第四次心脏停搏。除颤器又一次救了她的命。"我记得自己醒来时感觉就像从梦中苏醒，因为我看到天空和树木，太阳正慢慢落下。"她周围都是人，有人跪坐在她身边，也有人只是继续走。几分钟后，她恢复了以往的机敏。足球运动员安东尼·范·卢在心脏停搏后试图留在赛场上，莉拉妮和他的情况差不多，只不过她是在救护车上让其他人尽量不要大惊小怪。"我记得车里有一个和我差不多大的医护人员，"她告诉我，"我对他说：'让我下车吧。我想打个车。'"

"不行，这不符合规定。"他笑着回答。

她在救护车上给父母发了短信："嘿，别担心。但我现在在救护车上。"

不久她就飞回家了。她的父母（小心翼翼地）建议，也许她应该考虑不要再回纽约接着上三个星期课，参加期末考试了。她回道："绝对不行。这学期差点儿要了我的命。我一定要回去。"大家都能体会出她话中的讽刺意味。

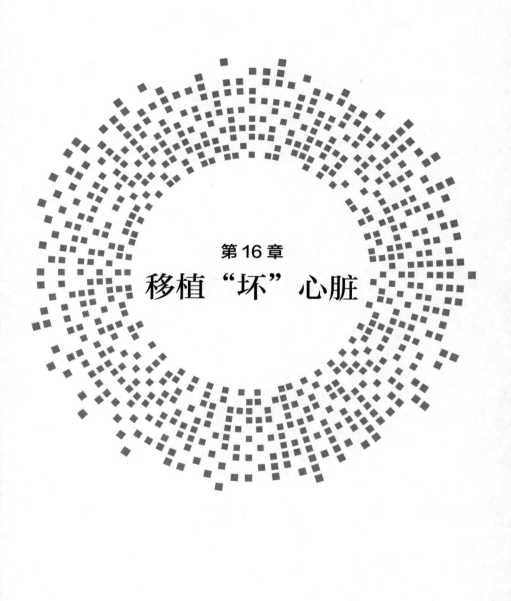

第16章

移植"坏"心脏

"你很快意识到，这不仅仅是一种普通的痛楚。"

——史蒂维·旺德，《普通的痛楚》，

出自专辑《生命之调的歌》

"所以，虽然这绝对是扯淡，但眼下我选择快乐。"

——莉拉妮·格雷厄姆，《预估风险》（博客）

在纽约街头经历心脏停搏后，莉拉妮回到纽约大学完成了一个学期的学习，最终，她转到了南加州大学戏剧专业。没——有——雪——了。新的气候和轻松的生活方式令她心情激动，而且万一有紧急情况发生，她离家也更近了。

然而，日子一天天过去，她注意到自己出现了新症状：家用监护仪显示血压降低，偶尔会头晕，爬楼梯更费力了。大多数肥厚型心肌病患者只需避免参加竞技运动，或许还要服用一些药物来控制症状，就能正常生活。一些病情较重的患者则需要除颤器的保护，或者通过手术切除增厚的心肌来缓解症状。少数病情更严重的患者会出现恶性心律失常，或心脏僵硬、衰弱，最终恶化为心力衰竭，需要进行心脏移植。这种情况有可能会发生在莉拉妮身上，但目前还不清楚何时会发生。这是未来的事，很模糊。你好好生活的时候，当然不会花太多时间去想这件事。莉拉妮有一次回家后和我们团队进行了一次沟通，当时我们首次提出她可能要进行移植。她记得自己当时回南加州时依然"感觉很不真实"。她只是身材走样了，也许应该制订一套不同的锻炼方案，采用新的食谱，或是雇一个私人教练？这些方法都能让她变回一两年前的样子，不是吗？她的心脏不可能再恶化了。她快大学毕业了，现在不是谈移植的时候，对吧？

从医生的专业角度看，莉拉妮的病情发展方向很清楚。测试结果显示，莉拉妮的心脏已经变得僵硬、衰弱，无法推动足够的血液在体内循环，已经到决定是否接受移植的时候了。在同意进行移植之前，莉拉妮想听听其他医生的意见。我们鼓励她和自己的儿科心脏病医生戴维·罗森塔尔聊聊。戴维与安妮·迪宾是夫妻，是儿科心脏病部门最有活力的二人组之一。莉拉妮最初住院时，由安妮负责治疗并为其植入除颤器，但戴维是肥厚型心肌病方面的专家，在我们接手之前一直定期给她做检查（我们团队的心脏病医生把自己归类为电工、水管工和机械修理工——戴维和我一样，是一名专治心肌的心脏"机械修理工"）。莉拉妮毕业后在谷歌工作，这家公司为员工提供"第二诊疗意见"服务。先后共有 4 位心脏病专家评估了其病情。

2015 年 10 月，在星期五上午的移植会议上，我们向 40 多位参会者讲述了莉拉妮的故事。她毫不犹豫地选择了接受移植，列入名单，开始等待。

移植器官是一件不可思议的礼物，让另一个人的心脏在你的体内跳动是外科手术创造的一个奇迹，既延长了捐献者的生命又证实了捐献者的死亡，但是，等待移植的过程很痛苦。你的名字在名单上，但你不知道名单有多长，不知道名单上还有谁，也永远不知道自己排在第几位。你每天醒来，努力继续生活，但知道自己可能随时得放下手头的工作，开车去医院，让外科医生开胸取出心脏。另外，你等得越久，病情就越重。因此，患者往往有一种奇怪的情绪：难受不安，充满矛盾，不得不"希望"别人英年早逝，这样自己才能活下去。"我脑子里想的 75% 是移植，25% 是工作。我的意思是移植这件事一直在我脑子里。我想知道更多消息，但又不想知道太多。我还没有完全准备好，但是也厌倦了那种等待的感觉。我感觉整个生活都被搁置了。等待真的很难熬。"

· · ·

4 个月后，莉拉妮来到她家位于加利福尼亚州沃尔科诺的度假小屋，透过窗户看着父亲在山脚下用小树枝生火。这时，她的电话响了。"我记得电话那头的人做了一段很长的介绍，'你好，这里是斯坦福医院心胸外科……'，我当时心里想的是'赶紧说正事！'我的天哪，他好像啰唆了一辈子。我当时站着，走来走去，但觉得应该坐下来，因为我感觉头晕目眩，有点儿'兴奋'，好像浑身上下充满了肾上腺素。"这就是那个移植通知电话。

"我当时有些崩溃，坐在楼梯上痛哭了大概 30 秒，然后停了下来。母亲对着父亲大喊，父亲手忙脚乱地扑灭了他点燃的篝火。我觉得我们大概 5 分钟就收拾好行李走了。"

我们通常要求患者离医院的路程时间不要超过几小时，因为一旦分配到心脏，就会有多个手术团队围绕器官供体进行协作，取出能挽救他人生命的器官。在亲眼看到、亲手摸到心脏供体之前，我们不会把受体送进手术室，但我们希望受体能尽快赶来医院，以便做好准备。

他们一路开车狂奔，莉拉妮很快出现在了斯坦福医院：

"你好，我想办住院手续。"

"你为什么要住院？"

"做心脏移植手术。"

• • •

虽然朋友、家人和医护团队都能在患者的困难时期为其提供帮助，但同一疾病的患者群体通过分享经历，可以相互提供独特的个性化关怀。多年来，肥厚型心肌病协会一直在帮助莉拉妮。由莉萨·索尔伯格领导的肥厚型心肌病协会为超过 12 000 个家庭提供服务。莉萨自己也患有肥厚型心肌病，是一位无所畏惧的斗士，不知疲倦地为肥厚型心肌病患者谋求权益。她有一头红色的头发，爱尔兰血统给她带来了力量和活力，能点亮所有地方。她 12 岁时被确诊，也并非家族中首例，她的祖父和叔叔都在 40 多岁时死于心源性猝死；曾姨母死于中风，可能与肥厚型心肌病有关；血缘关系最近的姐姐洛丽，36 岁时死于肥厚型心肌病。对莉萨来说，这个协会不是爱好，也不是工作，而是她的生命。莉萨于 1996 年创立了肥厚型心肌病协会，旨在帮助肥厚型心肌病患者及其家人，促进其对这一疾病的了解，为其争取权益。莉萨曾经历中风、植入除颤器、心力衰竭以及接受心脏移植手术，多次住院，甚至在这些情况下都在和莉拉妮这样的患者交流。现在，她的胸腔里跳动着一颗新心脏，驱动着她不知疲倦地前行。她还随身带着原来心脏的塑化模型，这能够勾起她对以往生活的回忆，想起她以前得过的病，但它没能定义其人生。

莉萨性格外向，诙谐风趣。她经常会用很夸张的动作从一个金属餐盒里拿出原来那颗心脏的模型，惊得周围人倒吸一口气。用手握住她的心脏，你会发现它血泵能量过大但性能不佳，此时你才能理解这些患者活下来需要多强的适应能力。看着它，你必然会想到一句话：新的心脏代表新的开始。

• • •

几个小时后，著名心胸外科医生菲尔·奥耶小心翼翼地移除了莉拉妮僵硬衰竭的旧心脏，然后缝合上柔软的新心脏。依照心脏移植手术的惯例，在交给病理部门做临床分析报告前，莉拉妮的旧心脏被我们研究团队先截了下来，带到实验室提取组织样本，分析其 RNA 和蛋白质。

莉拉妮是一名歌手兼演员，所以她在手术前对手术团队的所有人明确地提出了一个严格要求——麻醉后插呼吸管时要小心她的声带（她传达这个要求时斩钉截铁，这么形容还是轻描淡写了）。几个小时后，莉拉妮的呼吸管被慢慢拔出。部分患者，包括手术顺利的、术后很快苏醒的，尤其是那些年轻的，以及移植手术前能自己走进医院的（相较于那些从重症监护室被推进手术室的），在强效免疫抑制剂起效前，会表现得相当正常，甚至有些太正常了。没错，你在重症监护室。没错，你胸腔里有一颗新的心脏在跳动。当你意识恢复了，挺过来时，你血管里流淌的血液比昨天多得多。

我去看莉拉妮的时候，她已经醒了，正坐在床上看书。自她 13 岁首次心脏停搏以来，这是第一次体内没有除颤器。她也记得那段平静的时光："这是我最后的记忆，事情还算顺利。"

我第一次听到情况不妙就是在那天晚些时候。莉拉妮的新心脏先是停跳了几下，然后突然之间停了一小会儿。这不是什么大事，对新移植的心脏来说有些反常，但单独来看没什么可担心的。毕竟那颗心脏刚刚从一个人体内取出，移植到另一个人体内。但后来，心脏再次出现停跳，我们更加担心了，推来一台超声波机检查新心脏在胸腔内的跳动情况。不久，新心脏又停跳了，这一次停跳的时间很长，太长了。病房内的医护人员呼叫了蓝色警报[①]。我们都跑到莉拉妮的病床边，她已经失去意识了。为了以防万一，我们又把呼吸管插了回去。我看了看心电监护仪：心率目前看起来没问题，是有些过缓，但很正常；血压和血氧指标也都很好。我们查看了其各项化验指标和血液酸碱度，一切正常，除了心脏。她的新心脏，短暂停跳后又复跳了。她的外科医生、麻醉师、几名护士，还有我，站在床边忧心忡忡地看着监护仪，既困惑又担忧焦虑。问题出在哪儿呢？

我们仔细研究了各种可能性。这颗心脏从供体体内取出前很正常。莉拉妮的外科医生觉得它看起来、摸上去都很好。手术过程一切顺利，刚移植好的心脏在电击后立刻复跳，没出现任何问题。的确，右心泵血功能不足，但这是心脏移植后的常见现象，左心功能一切正常。没有出现免疫排斥反应，没有冠状动脉堵塞的迹象，也没有瓣周漏，问题似乎与心脏电传导系统有关。是局部感染影响了传导系统，还是标准筛查过程中遗漏了供体病史的某些细节？

鉴于心脏电传导系统似乎已经恢复，我们决定采取"观望和等待"策略。后来，问题再次出现，就在我们眼前，心脏停搏，屏幕上规律的起伏消失了，只剩下一条平直的横线。我们不能再等了，必须拯救莉拉妮的生命。我们决定使用一种特殊的人工心肺机，叫作体外膜氧合器（ECMO），顾名思义就是在体外对血液进行氧合。但氧合

---

① 美国医院内有一套较为规范的颜色警报系统，不同颜色对应不同类型的事件。蓝色警报一般指有病人出现心肺骤停，需要医生立刻实施抢救。——译者注

不是我们使用这一技术的原因，莉拉妮的肺部功能健全，我们用它是因为它的泵可以接管体内循环，而且可以立刻插管启用。虽然我们可以直接在莉拉妮的病房里插管，但其床位离手术室还不到 10 米，所以我们利用外科医生清洗消毒的时间，直接把她推进了手术室。

整件事发生得非常快。30 分钟前，莉拉妮的父母出去喝咖啡时，她还一切正常，他们回来的时候，听到了蓝色警报，看到灯在闪，"完了，莉拉妮出事了，"克里斯记得自己当时想着，**糟了。**

在这种紧急情况下，肾上腺素和决心驱动着医疗团队，他们没有时间感情用事，只能尽快思考，然后采取行动。一方面，医疗团队收集信息，充分考虑各种情况，各成员大声说出自己的想法，相互论证成功的概率，拟定几套治疗方案，敲定一套，最后执行。没时间悲伤，我们必须立即分析和行动。而另一方面，家属肾上腺素飙升，焦心不已，却什么也做不了，只能等待。整个过程非常痛苦，似乎无休无止，令人厌恶至极。莉拉妮的父母被请出女儿的病房，进入拐角处一间狭小简陋的家属等候室。其间，一位护士进来探望了一下，确保他们没事。"你是来告诉我们噩耗的吗？"克里斯慌慌张张地问。护士掌握的信息不多，只知道莉拉妮还活着。"我当时觉得我们要失去她了，"莉拉妮的父亲后来告诉我，"我真以为她不在了。"

那是一次漫长的等待。我去找他们时已经是晚上了，当时不知道他们对情况了解多少。医院的夜晚会很压抑。重症监护室内患者的死亡率为 10%~20%，[1] 四周弥漫着悲伤的气氛，亲属换了一批又一批，个个疲惫不堪，泪流满面。我在相对安静的入口处找到了克里斯和苏珊，他们就在超声心动图实验室外面。透过窗户可以看到斯坦福大学的校园，那时校园里看起来一片阴冷，笼罩着不祥的预兆。相互拥抱后，我向他们解释了相关情况，以及为什么做出那些决定。我尽量表现得乐观一些，但也掩盖不了坏消息："你们女儿的新心脏可能出了问题。在掌握更多情况之前，我们决定为她接上人工心肺机。"我劝他们睡一觉，休息休息，但我们谁都没有离开。

• • •

心脏移植通常是最终手段，在此之前患者为减轻疾病带来的负担，已经经历了漫长的治疗，但没有一种疗法是基于对病因的确切认识。事实上，尽管 20 世纪 90 年代早期，我们对肥厚型心肌病遗传机制的认识取得了重大突破，但依然不知道基因变异体究竟是如何导致这种疾病的。心肌肥大、心肌瘢痕和过度剧烈的收缩究竟从何而来？为什么会出现恶性心律失常？

为了找到答案，我们求助了斯坦福大学一位名叫詹姆斯·斯普迪赫的科学家。詹姆斯致力于研究分子马达，成果斐然，获得了拉斯克医学奖（通常被视为诺贝尔生理学或医学奖的风向标）。他一直在思考如何为自己的职业生涯画上一个完美的句号。他曾考虑，我们确实也曾多次请求他考虑，研究与人类心肌疾病有关的分子马达。但很可惜，他发明的精密分子工具要用到大量人体蛋白，而这些蛋白很难通过试验手段获取。所幸，其密友兼同事莱斯莉·莱恩万德自 20 世纪 80 年代以来一直致力于解决这个问题。

莱恩万德是一位才华横溢的科学家，培养了一代又一代科学家，深受爱戴，多年来一直在研究肥厚型心肌病。她取得了一些重要发现，包括饮食、激素、运动和代谢对男性和女性肥厚型心肌病患者产生的不同程度的影响。[2] 虽然近年来她转变了关注点，开始研究营养充足的蟒蛇的心脏生长（蟒蛇进食不是很频繁，但一旦进食就会吞食大量食物，其后两天内其心脏会增大 50%）。[3] 她也一直在研究如何生产试验所需的大量人肌球蛋白（心脏中的分子马达）来满足詹姆斯·斯普迪赫需要的量。事实证明，这比预想的要困难。第一个选择显然是从含有蛋白突变体的人体心脏组织中提取和纯化肌球蛋白，但由于这种心脏组织稀少，所以这一做法并不可行。另一个方法是在细菌或其他易于生长的细胞和生物体中大批量产出这种蛋白。有几位研究人员多年来一直在尝试这种方法，但未能提取出功能蛋白。归根结底，他们遗漏了一点：肌球蛋白在肌肉中才能发挥作用，所以应该在肌肉细胞中制作这类肌球蛋白。莱斯莉·莱恩万德攻克了这个难题，突然间，她有了大量的人肌球蛋白。莱斯莉取得的进展至关重要，这样一来，詹姆斯·斯普迪赫和莱斯莉自己的试验团队就能进一步钻研最重要的肌球蛋白之一——在人类心脏中占中心地位的肌球蛋白。

詹姆斯身材高大，文雅的举止之下掩藏着科学家的强大气场，胡子下是灿烂的微笑，是你能遇到的最热情慷慨的人。他在漫长的职业生涯中取得了累累硕果，时至今日，对科学的好奇心仍丝毫未减。他首创了一项技术，将肌球蛋白分子和带荧光"灯泡"的肌动蛋白丝置于载玻片表面，肌球蛋白获得能量后，抓住肌动蛋白丝，牵动它们在载玻片上朝着各个方向移动，肌动蛋白丝就像被倒立的火车头拉动的火车轨道。在显微镜屏幕上，它们看起来像是发光的小"蠕虫"，在屏幕上曲折前行。真的很奇妙。还有一项技术叫激光陷阱，用两条激光束拉紧一条肌动蛋白丝，然后让单个肌球蛋白分子去拉肌动蛋白丝，这样就可以通过激光保持肌动蛋白丝所需的能量来推断单个肌球蛋白分子产生的力。

詹姆斯开始利用这些工具研究肥厚型心肌病的致病性基因突变为何会导致心肌增厚、僵硬和过度收缩等大规模问题。起初，答案似乎很明显。我们知道肥厚型心肌病会导致更强有力的心脏收缩，所以按理说，如果有一个与肥厚型心肌病患者相同的肌球蛋白分子，那测量后会发现它更有力，对吗？先别急着回答。詹姆斯仿制并检测了患者体内各种突变的肌球蛋白。随着检测数量越来越多，他发现结果与预期并不相同。某些突变的肌球蛋白，特别是在儿童体内发现的突变，产生的力确实更大，但有些肌球蛋白的力并没有变化，还有一些产生的力其实更小。这是怎么回事？

科学突破有时来得让人意想不到。詹姆斯多年来一直在研究肌球蛋白，他的家人都知道他对分子马达的痴迷为科学做出了巨大贡献，但有时，他们想让他休息休息，做点其他事情。于是，2014 年 12 月的某天晚上，妻子安娜建议他去看本书，不要再想为什么测量结果表明肌球蛋白的力没有增大。为了帮他，她甚至给他拿了一本路易斯·拉穆尔写的《神秘的方山》（*The Haunted Mesa*），这部科幻小说以美国西南部为背景。这可不是安娜随便选的。詹姆斯多年来一直喜欢开飞机，驾驶着他的科曼奇私人飞机飞遍了美国西部，度过了很多美好时光，尤其喜欢西南部的方山。他喜欢飞行，对科幻小说却没什么兴趣，看了 20 页就睡着了。

他在早上 5 点醒来，记得自己梦到了方山，当然还有肌球蛋白。他梦到肌球蛋白上有座方山，就是说肌球蛋白上有个顶部平坦、侧面陡峭的区域，对其发挥功能有着特别重要的作用，但他还不清楚为什么重要。他跳下床，立刻从电脑里调出了肌球蛋白的结构图。一个平顶方山出现在眼前。几十种不同的肌球蛋白都有这种几乎完全相同的结构。他立刻给肌球蛋白的三维结构模型叠加上了肥厚型心肌病的一些常见致病性基因突变，其中很多突变直接落到了方山结构上。更值得注意的是，这个区域出现致病性基因突变表明该区域可能是其他蛋白质的附着区。此刻已是早上 6 点，他的大脑飞速运转，这里还会附着什么蛋白？他立刻想到了一种：心肌肌球蛋白结合蛋白 C。这个基因是我首次和斯蒂芬·奎克在其办公室见面时从其基因组序列中认出的第一个基因，也正是这个基因的两个变异体导致了莉拉妮的肥厚型心肌病。詹姆斯还想到了另一种可能：这一区域可能是肌球蛋白的另一部分，是肌球蛋白分子自身向后弯折形成的。

詹姆斯随后给我打了个电话，依然很兴奋地说他有个新想法，问我有时间见面喝杯咖啡吗？我看了看日程表，上午排得满满当当，但还是毫不犹豫地答应了，不打算拒绝这个邀请。我取消了上午的安排，去近距离接触了一些真正特别的事，还有特别的人，享受科学发展中那些奇迹时刻。当时，我坐在医学院李嘉诚中心的自助餐厅里，明亮的光线透过落地窗照进来，詹姆斯向我阐述了其新理论。其他蛋白质，如心肌肌球蛋白结合蛋白C，附着到肌球蛋白的方山结构上后，会调节肌球蛋白的功能。这种结合会以某种方式改变肌球蛋白的"牵动"作用。他说完后，我从惊讶中缓过神来，问了一个简单的问题：我们能帮上什么忙？比如，让我的实验室团队先试着证明致病性基因突变确实更有可能聚集在肌球蛋白的这个方山结构上？詹姆斯欣然同意，于是我们开始制订计划。

为确定方山结构区域是否存在更多遗传变异，我们需要两类数据：一是大量肥厚型心肌病患者的遗传数据，二是大量非肥厚型心肌病患者的遗传数据。我们前不久和美国、欧洲的其他大型心脏病医疗中心合作建立了一个患者登记系统，我的同事兼朋友，哈佛大学的卡罗琳·何负责管理。我们还求助了另一位朋友丹尼尔·麦克阿瑟。他开发了一个面向公众的可检索数据库，包含数以万计的非肥厚型心肌病患者的遗传信息。最后，我们还邀请了弗雷德里克·杜威。他当时是我们实验室的一位研究生，如今供职于再生元遗传学中心。他帮我们从宾夕法尼亚州盖辛格健康系统公司建立的非肥厚型心肌病患者的大型数据库中找出了基因变异体的数据。我们总共收集了超过10万人的肌球蛋白基因变异体数据。我指导的一个研究生朱利安·洪布格尔热切地想接受挑战，来验证詹姆斯的"方山理论"是否正确。我们提出了这样一个问题：与正常人相比，患者的肌球蛋白分子中是否有一些区域存在更多变异体？

一个新进展是对肌球蛋白区域进行三维建模，而不仅仅是看遗传密码，这样，最终分子中实际上彼此相邻的区域就被放在一起考虑了——这有点儿像当你怀疑你的衬衫纽扣可能会松动时，你就会寻找线的薄弱点。看一下绕过纽扣孔的线，你就会明显看到可能导致你丢失纽扣的磨损区域，而如果你在桌子上将这根线摊开就看不到了（这相当于只看遗传密码）。

运行模型后，朱利安发现有两个区域明显聚集了更多致病性变异体。从前有人对其中一个提出过相关假设，但从未被证实。那是肌球蛋白的"链"区，被称为"转换器"，因为就是这个区域将能量转化为运动的。另一个呢？另一个是肌动蛋白分子的头部区域。更确切地说，是一个顶部平坦、侧面陡峭的区域。电脑模型发现了肌球蛋白的方山结构！这正式证实了詹姆斯的想法，也是我第一次用科学试验去证实合作伙伴从梦中得来的想法。[4]

与此同时，詹姆斯团队正在研究肥厚型心肌病患者体内肌球蛋白方山结构上的基因突变是如何增强心肌收缩力的。他推测，有一定数量的肌球蛋白马达一直在积极牵动肌动蛋白，产生整体收缩力；还有一些肌动蛋白首尾相叠（这可能是 *MYBPC3* 调节所致），远离肌动蛋白。有时候，我们向患者解释这一点时，会让他们想象一艘船，每个肌球蛋白分子就像一把船桨，可以用来驱动船只横渡水面，下水划船的桨越多，推动船前进的动力就越大。这实际上是我最喜欢的类比，来源于我的一位医学预科生理学老师尼尔·斯普韦。他当时跳到教室的一张桌子上，在 250 名学生面前演示肌球蛋白"划船穿过肌动蛋白的海洋"。在詹姆斯的模型中，有些桨投入了使用，还有一些被收在"船里"，没用来划船。与 *MYBPC3* 结合是导致桨远离水的原因之一。

但如果方山结构上的基因突变导致 *MYBPC3* 不能与肌球蛋白紧密结合，从而不能正常发挥作用呢？换言之，如果致病性基因变异体导致实际下水划船的"桨"数量增加了呢？值得注意的是，詹姆斯最近的研究恰恰证明了这一点。马萨诸塞大学医学院肌球蛋白研究专家劳尔·帕德龙和哈佛大学塞德曼实验室也观察到了类似现象。再结合以上发现，我们似乎越来越接近真相了：肥厚型心肌病患者的心脏收缩力增强是因为能产生拉力与不能产生拉力的肌球蛋白在数量上比例失衡了。虽然要将这一机制与肥厚型心肌病所有下游效应联系起来还有很多工作要做，但我们现在已经初步了解了大约 30 年前被首次描述的基因变化到底是如何引起这种疾病的。

• • •

莉拉妮挺过来了。新心脏似乎稳定了下来，开始恢复泵血功能。右侧瓣膜周漏血减少，心律正常。目前我们还不清楚到底发生了什么，但情况在一天天好转。大多数日子里，我们会尽量确保团队中至少有一个人去探病，有时是我，有时是护士长海蒂，有时是才华横溢的心脏病医生维多利亚·帕里克。有一天，莉拉妮出现并发症，要进手术室，当时病房里都是人——海蒂、维多利亚、苏珊、重症监护室的医生和麻醉团队——他们吟唱了一首充满力量的圣歌，为其加油，还有一次是莉拉妮的家人在场唱的。虽然过程缓慢，但她的确在恢复，逐渐脱离了机器和插管。不久，她离开重症监护室，住进了普通病房。慢慢地，我们看到了她出院的希望。

虽然听起来难以置信，但莉拉妮的心脏问题并不是当时这个家庭面临的唯一健康挑战。几周前，莉拉妮的父亲克里斯悄悄告诉我们他一直感到心悸，所以我们让他做了超声心动图检查。你可能还记得，他携带的是莉拉妮遗传到的两种致病性基因变异体中较为严重的那种，但多年前第一次做超声检查时，他的心脏看起来还算正常，而且，他也从未表现出任何症状。然而，沉重的压力和随之而来的肾上腺素激增对容易发生心律失常的心脏产生了不利影响。莉拉妮接到有供体心脏的电话后，克里斯不得不熄灭篝火，收拾好小屋，驱车3小时赶到医院。然后他经历了心惊胆战的等待过程，看到女儿手术结束，状况良好时，又体会到了巨大的喜悦。后来莉拉妮心脏停搏，他觉得自己要失去她了，承受了难以想象的恐惧。女儿躺在重症监护室时，他自己的心律监测结果也出来了，我们显然不能再回避了，必须谈一谈植入除颤器的问题。

监测结果显示克里斯出现过几次室性心动过速。虽然其心脏结构相对正常，心壁没有明显增厚，但我们知道不能忽视这几次快速而混乱的心跳。我们了解其基因信息，还有家族史，特别是他有一个多次出现猝死症状的女儿。这种情况下，出现这种心律传递出很多信息，需要采取相应的治疗措施。的确，他面临的危险可能比莉拉妮小——因为莉拉妮遗传了两种致病性基因变异体，共同导致了严重的疾病早期症状。但有证据明确表明克里斯有室性心动过速，尽管这可能是由于他当时压力较大，但我们也必须马上谈谈这个问题了。我们就在重症监护室外进行了谈话，当时莉拉妮还躺在里面，后来我的同事马修·惠勒在科室接诊了克里斯。克里斯说："马修当时对我说：'你有猝死的风险。'我听到后回道：'好，明白了，可能会猝死。'有趣的是，马修当时问我：'你就没有问题要问吗？'"克里斯见证了莉拉妮的所有经历，所以回答很简单：

"没，没什么问题。"

后来的几个月，我们还是没搞清楚到底是什么导致莉拉妮接受移植手术后身体机能突然衰退，但鉴于当时她的新心脏运转良好，也没有出现移植排斥反应，所以我们将其归因于压力和移植手术的罕见巧合。她有心事。移植手术后，我们给她注射了高剂量的类固醇来抑制免疫系统，这对膝部骨骼造成了不可逆的损伤，她以后再也不能跑步了。这是一个特别沉重的打击。因为这么多年来，她的心脏第一次做好了准备，愿意为其提供动力，让她翻山越岭，想去哪儿都行。她将自己的情感倾注到写作中，投入更多时间进行患者权益服务工作，分享自己的故事来帮助别人。

但她时不时地会有一种熟悉的感觉：心悸或短暂的头晕。一开始，我们认为可能是血压问题，或者是服用的某些药物的影响，但后来我们意识到必须深入调查原因。我的朋友兼同事马尔科·佩雷斯是一位成人心电专家，专门治疗患有遗传性心脏病的成年患者。他在莉拉妮的皮下植入了一个回形针大小的记录仪，监测其每一次心跳。我们真的不知道会发生什么，而结果却让我们大吃一惊。证据表明，莉拉妮存在心脏传导阻滞，甚至还有短暂的室性心动过速——这是可能危及生命的心脏电学问题的征兆。怎么可能呢？这与心脏移植不久后出现的心力衰竭有关吗？虽然原因尚不清楚，但需要采取的措施却相当明确——植入起搏器或除颤器。马尔科在靠近莉拉妮原来除颤器的位置植入了一个起搏器。莉拉妮备受打击。

一方面，这颗心脏看上去很正常，收缩有力，没有排斥反应。另一方面，这颗心脏在移植后立即出现了罕见的电传导故障。我们还在努力消化这两个相反的事实。据我们所知，供体没有任何心脏问题，但我们掌握的病史也可能并不完整。有没有可能，这颗新心脏也受到了心脏电传导系统方面遗传病的影响？我和莉拉妮通电话时，她正等着植入起搏器。她问了我同样的问题，以及是否可以对其新心脏进行基因检测。虽然新心脏受遗传病影响的可能性极低，但我们想不出其他更好的解释了。只剩下一个选择，我们决定对她的新心脏进行基因组测序。

然而，实际操作并不像听起来那么容易。对移植器官进行基因组测序没有任何标准做法可供参考，我们甚至不确定是否有过先例。通常，我们会用血液样本进行 DNA 测序。然而，莉拉妮的血液样本不能用于测序，因为其中包含的是她自己的基因组，不是新心脏的。我们需要的是心脏样本。幸好，在心脏移植后的第一年里，患者会多次接受移植器官活检，以确保器官没有受到免疫系统攻击（也就是排斥反应）。我们要做的是从活检组织中分离 DNA，进行测序。我们临床基因组学项目的研究人员接受了这一挑战。几周后，我们拿到了莉拉妮的新心脏基因组的变异体清单。

我们的遗传咨询师梅甘·格罗夫（在第 7 章中提到过）浏览这份清单时惊讶地发现其中有心肌肌球蛋白结合蛋白 C，正是这个基因导致莉拉妮患上肥厚型心肌病。梅甘又仔细看了一下，这会是一个重要发现。莉拉妮移植的心脏也有肥厚型心肌病？但后来梅甘意识到事情没这么简单。这不仅仅是心肌肌球蛋白结合蛋白 C 的随意一种变异体，它与莉拉妮原来心脏的变异体完全相同。事情突然明朗了。我们分离出的移植心脏组织中显然还有一些莉拉妮的细胞（很可能是血细胞），含有其自己的基因组。我们在不经意间对混在一起的新、旧两个基因组进行了测序。显然，我们需要调整计算机程序，只挑出莉拉妮新心脏的基因组。为此，我们必须再抽取一个血液样本，对其原始基因组进行测序，然后从数据中"除去"这些序列，这样就可以得到新心脏的 DNA 了。

几个星期后，我、临床基因组计划中的一位实验室主任利兹·斯皮泰里和梅甘 3 人在我的办公室会面，一起讨论研究结果。随后，时任遗传性心血管疾病中心首席遗传咨询师的科琳·卡雷舒也来了。科琳有着旺盛的精力，在 2011 年加入斯坦福前就开始接受铁人三项（包括跑步、骑自行车和游泳，要进行 10~15 小时）训练。她将这种自律和专注带到了学术和临床工作中，还富有智慧和同情心，有着自然的领导风格，以温和的自嘲式幽默为主要特征，将一群极富才干的心血管遗传咨询师纳入麾下。上一次统计时共有 10 个人。我们首次与莉拉妮会面讨论其 *MYBPC3* 基因时，科琳还没有加入我们。但几年后科琳认识了莉拉妮，参与了家庭生育计划等问题的讨论，以及其他家族成员的基因检测工作。现在突然间有了新心脏和新基因组，可供研究的东西就更多了。

　　这份心脏基因列表中有一个间隙连接蛋白 40（*GJA5*）基因变异体似乎尤为引人注目。间隙连接蛋白有助于在细胞间形成间隙连接[①]。在有电生理现象的组织中，如大脑或心脏，这些间隙连接对电传导特别重要。在携带该基因变异体的家族中，心脏电系统会出现传导阻滞。而且，在对小鼠的这个基因进行编辑后，发现其在心脏电传导和心律方面也出现了问题。换言之，这个基因发生突变极可能是莉拉妮新心脏出现电传导问题的原因。

　　我们虽然不能百分之百地确定，但显然要和莉拉妮谈一谈我们的发现。科琳给她打电话，安排我们 3 人在我的办公室见面。我们想知道她会做何反应。自从她安装了起搏器（甚至可能更早），她就坚信是移植的心脏出了问题，尽可能多地在网上搜寻供体的信息，研究心

---

① 间隙连接指的是动物细胞与细胞间由连接子构成的细胞间通信连接，可供分子量小于 1 000 Da 的分子通过，参与化学信号和电信号传递。——译者注

律失常。她曾问我们是否考虑对其新心脏进行基因检测。

科琳描述了我们的发现后，我们都看着莉拉妮，想知道她会做何反应。她问道："所以，虽然还不确定，但这可能是我的新心脏出现问题的原因，是吗？"

"我们认为是这样的。"科琳回答。

莉拉妮笑了笑："我就知道。"

"你好像很高兴？！"我问道，感觉有点儿困惑。

"是，我之前猜对了。"莉拉妮说。

这证实了——初步证实了——她当初的猜测：一开始，从父母那里遗传的两种基因变异体让她患上了肥厚型心肌病，经历了多次心脏停搏，紧接着是心力衰竭、心脏移植，她又接受了另一颗似乎有遗传病的心脏。

· · ·

莉拉妮已经踏上了一段新的人生旅程，专注于维护患者权益的工作，通过发布博客向别人讲述自己的经历。其表演天赋，加上令人难以置信的人生经历，使其每一个字都扣人心弦。她描述的人生与医疗体系紧紧相连，发自肺腑，感人至深，令人肝肠寸断，有一种极致的美。她唱歌时的声音宛如天籁。我有幸为莉拉妮在两次患者活动中弹钢琴伴奏。有一次，她演唱了一首《飞越彩虹》，余音绕梁，所有人都感动得热泪盈眶。更让人伤感的是曾演唱这首歌的伊娃·卡斯迪，[5]这位年轻的唱作人也曾面临疾病的巨大考验，33 岁时死于恶性黑色素瘤。

你很难用语言表达看到患者战胜逆境时的感受。有时，想想命运带来了什么，让莉拉妮稚嫩的肩膀承受了如此的重担，我们深受感动。莉拉妮·格雷厄姆 26 年来经历的事比我们大多数人一生经历的都多。莉拉妮说，她可以说是在"感激"和"愤怒（没有其他更好的字眼了）"之间徘徊。尽管她还在书写自己的人生故事，但她的勇气，她的韧性，以及她为像她这样的患者所做的全心奉献，对我们所有人来说都是一种激励。

第四部分　迈向精准医疗

第 17 章

超人基因

"在凡人的世界里，你就是神奇女侠。"

——亚马孙女王希波吕忒，《神奇女侠》(1975)

"真正的英雄不用外在力量的大小来衡量，而是取决于其内心的强大。"

——宙斯，《大力士》

埃罗·门蒂兰塔无疑是有史以来冬奥会领奖台上最优秀的选手之一。他的家乡是芬兰西北部的拉普兰，那里气候寒冷，以雪和驯鹿闻名。门蒂兰塔从小生活在偏远的农村，家境贫寒，三岁时第一次站上滑雪板。对他来说，越野滑雪首先是终年可用的交通方式，而非一项冬季休闲运动。去小学的唯一直达路线全程约一小时，其间要穿过一个湖，冬季时要摸黑走完大部分路程。门蒂兰塔站在破破烂烂的木质滑雪板上，其异于常人的心血管系统推动着其精瘦、肌肉发达的身体在冰冻的湖面上滑行数千米。这才是他人生传奇的不凡开始，连他注定要赢得的冬奥会金牌都比不上。

年少时，门蒂兰塔就开始在各类越野滑雪比赛中夺冠，先是当地的，然后是地区性的，最终赢得全国冠军。[1] 1960 年，22 岁的门蒂兰塔首次登上冬季奥运会舞台，在美国斯阔谷冬季奥运会中赢得了 4×10 公里接力赛金牌。1964 年，可以称得上门蒂兰塔的职业生涯巅峰年，他在奥地利因斯布鲁克冬季奥运会上独领风骚，赢得了一个绰号，叫"西费尔德先生"，西费尔德是一个举办过越野滑雪比赛的阿尔卑斯山小镇的名字。原因不难理解，他以领先第二名 40 多秒的优势在 15 000 米比赛中夺冠，史无前例。在 12 年的职业生涯中，门蒂兰塔共赢得 7 枚奥运奖牌，其中 3 枚是金牌。芬兰教育部十分赞赏他的成就，在他位于佩洛镇的家附近建了一座博物馆，专门介绍其运动成就。

　　然而，门蒂兰塔的职业生涯一直受到血液兴奋剂传闻的困扰。运动员通过血液兴奋剂作弊，提高成绩，在比赛前几个月抽走 1~2 升血，分离出负责运输氧气的红细胞，将剩下的血浆输回体内，身体感应到这种缺失后开始制造新的血细胞。同时，分离出的红细胞会被储存起来，等到比赛前再输回体内，额外的红细胞会将氧气输送到各个组织，提供人为刺激。高原训练背后的原理其实与此相同（或许也能解释为何一些女运动员在分娩之后有出色的表现。女运动员在怀孕期间体内的红细胞数量较多，分娩后短期内仍维持在较高水平）。高纬度地区的氧气压力较低，人体（主要是肾脏）会分泌一种激素——促红细胞生成素，刺激骨髓产生更多红细胞。现代有一些运动员，给自己注射人造促红细胞生成素，以刺激红细胞生成，其中最著名的是美国自行车运动员兰斯·阿姆斯特朗。因为回输的是运动员自身的血液，没有合成类固醇或促红细胞生成素这样可供检测的"人造"物质，所以血液兴奋剂给体育主管部门带来了挑战。所以，检测血液兴奋剂的方法其实很简单：血液中红细胞的含量是多少？

这个数字被称为红细胞比容，很容易测出，只需用离心机分离出血液中的 3 种成分——红细胞、白细胞和血浆。正常情况下，红细胞占血容量的 35%~45%，高原训练会将这一比例提高几个百分点，也许会高于 40%。如果一位运动员的红细胞比容超过 50%，我们通常会怀疑其使用了血液兴奋剂，红细胞比容超过 55% 就非常反常了。

门蒂兰塔的红细胞比容是多少呢？60%~70%。

因此，有关他使用血液兴奋剂的谣言铺天盖地也就不足为奇了，即使他坚称自己的红细胞比容在青少年时期就这么高，似乎也没什么说服力。但后来人们发现门蒂兰塔家族中其他几名成员的红细胞比容也很高，于是这一家族引起了芬兰血液学家和遗传学家的关注，尤其是遗传学家阿尔贝特·德·拉卡佩勒。他用我们前几章中提到的基因连锁作图方法确定了许多家族性疾病的致病基因，因而声名大噪。一开始，他尽可能多地收集了门蒂兰塔家族成员的 DNA。德·拉卡佩勒有一次去门蒂兰塔家时，这个家族有 40 名成员在场，他收获颇丰。这位遗传学家后来告诉《运动基因》的作者大卫·爱普斯坦，[2] 那个晚上，他坐在沙发上和 3 位年龄较大的女性讨论她们的健康问题，这时他意识到，3 人中只有 1 人描述了自己有健康问题，而其体内恰恰没有基因突变。这种突变是否与长寿（很多家族成员年事已高，但身体健康）和出色的身体机能有关？有什么样的关系呢？

德·拉卡佩勒最终评估了门蒂兰塔家族 5 代人，共 97 名成员，其中 29 人身上有这种情况。许多家族成员甚至不知道自己受到了影响。接下来，他和他的团队开始调查原因。进行遗传学分析前，他们检测了门蒂兰塔的促红细胞生成素水平，猜测应该会很高，但他们惊讶地发现事实恰恰相反：门蒂兰塔的促红细胞生成素水平处于正常值低端（正常值为 8~43，门蒂兰塔的是 8.6）。他们又观察了从其体内提取的骨髓样本，发现受促红细胞生成素刺激后，骨髓在产生红细胞方面异常活跃。事实上，他们发现其骨髓样本甚至在没有促红细胞生成素刺激的情况下都很活跃。这是怎么回事？事实证明，门蒂兰塔的骨髓对促红细胞生成素非常敏感。即使从其体内提取微量骨髓样本，也足以在培养皿中继续制造红细胞。

随后，该团队转向了遗传学研究。他们测量了每位家族成员基因组中的标记基因，发现所有受影响的个体都有一个特定标记，而且这个标记就在促红细胞生成素受体基因旁边。促红细胞生成素受体是一种分子，感知到促红细胞生成素的存在后，会执行指令，产生更多红细胞。在受影响的家族成员体内，发生突变的受体就像卡住后不能归位的汽车油门，不断刺激骨髓产生红细胞。事实上，在受影响的门蒂兰塔家族男性成员体内，红细胞比容高达 60%。

直到门蒂兰塔退出竞技滑雪运动 20 多年后，这一基因发现才终于为其正名。尽管当时门蒂兰塔已经 50 多岁了（1993 年），但还是很感激德·拉卡佩勒团队为其驱散了被猜疑的阴云。虽然他本人总是将自己的成功归因于训练和心理优势（这两个显然都是必要条件），但毫无疑问，其超人突变是一个关键因素，这个家族的其他成员可以进一步证明这一遗传优势。佩尔蒂·蒂拉哈维是门蒂兰塔的侄子，获得了两枚越野滑雪奥运金牌。另外，门蒂兰塔的侄女也是全国冠军。

其实，有研究表明，通过给运动员注射促红细胞生成素，将红细胞比容提高到 50%，最多可以将运动员的表现提升 10%——顶尖运动员的差距往往只在毫厘之间，所以这能给他们带来巨大的优势。更引人注目的是，在给定的体力消耗水平下，力竭时间会延长 50%。这种优势可以帮助一名世界顶尖的越野滑雪运动员与优秀的越野滑雪运动员拉开 40 多秒的差距。

门蒂兰塔的故事让我们思考：我们身边还有哪些超人没被发现呢？

· · ·

在斯坦福，受埃罗·门蒂兰塔案例的启发，我们进行了自己的"超人"研究：极限锻炼[3]——耐力的遗传特质（Exercise at the Limit—Inherited Traits of Endurance），简称"精英"（ELITE）项目，旨在研究世界上体能最好的运动员的基因组，找出他们如此出众的原因。[4]在这个项目中，我们没有选择以获得金牌的数量来定义体能好（因为这涉及身体健康和心理健康之间复杂的相互作用），而是选择了最大摄氧量这一指标，即运动员能从空气中摄取的最大氧气量。为了确定运动员的最大摄氧量，我们会让他们进行最高强度的锻炼，通常是在跑步机上，但最好是他们最习惯的锻炼方式（有时是自行车或划船机），在运动员筋疲力尽时测量其呼出气体中的含氧量。海平面上空气的含氧量稳定在 21% 左右，我们可以利用这个数值计算出他们从空气中摄取的氧气量。这一数据能很好地预测耐力表现，但并不能作为唯一衡量指标，生物力学效率和处理锻炼产生的代谢副产物的能力也非常重要。但最大摄氧量作为体能指标最容易测定，接受度最高。当然，不同人的最大摄氧量不同，正常成年人每千克体重每分钟可以吸取 25~35 毫升氧气（虽然氧气是气体，但它以体积来衡量，以升为单位），全身心投入的普通运动员通常能达到 50 多毫升，达到 60 毫升或 70 毫升的都是参加过国家或国际级别耐力比赛的运动员，再高就属于"超人"了，这类人在总人口中的占比不到万分之一。我们划定的研究临界值为男性 75 毫升 /（千克·分），女性 63 毫升 /（千克·分）。许多男性和女性运动员，尤其是足球、美式橄榄球、篮球等球类项目运动员，都未能达到这一水平。事实上，一名获得多枚金牌的耐力运动员可能也不在我们的研究范围内。美国游泳运动员瑞安·洛赫特获得过 11 枚奥运奖牌，其最大摄氧量为 70 毫升 /（千克·分）——已经非常高了，但依然没达到我们的研究标准。兰斯·阿姆斯特朗的指标在这个范围内，在没有血液兴奋剂或促红细胞生成素的情况下，其最大摄氧量高达 85 毫升 /（千克·分）。挪威越野滑雪运动员比约恩·戴利曾获得 12 枚奥运奖牌和 17 枚世界锦标赛奖牌，是史上获奖最多的冬季项目运动员之一，其最大摄氧量达到 96 毫升 /（千克·分），创下了极高的纪录。[5]生理学专家埃伦·赫姆称，这是比约恩在"休赛期"的数据，意味着赛季期间，这一数值可能超过 100 毫升 /（千克·分）。最高纪录来自挪威自行车和越野滑雪运动员奥斯卡·斯文森，其最大摄氧量达到 97.5 毫升 /（千克·分）。

瑞典生理学家米卡埃尔·马特松是一位实干家，在我位于斯坦福的实验室中负责主导"精英"项目的开展。马特松身材高大，一头金发，肌肉发达但不张扬。从他偶尔给我们发回的照片中可以看到，他和世界上最优秀（也最疯狂）的人在伯利兹的热带雨林或巴拉圭的丛林里参加令人筋疲力尽的超级耐力冒险赛。马特松周游各地，不仅是为了冒险，也是为了寻找世界上体能最好的人。

这类人若想最大限度地发挥身体机能，从空气中吸取大量氧气，那生理系统的每个部分都必须达到最佳状态，尤其是肺部吸氧、心脏泵血输氧、骨骼肌吸收氧气这三步都必须达到最大效能。许多运动员生理系统的某些环节能达到超高效水平。比如我们发现有一名山地车手携带与高原地区安第斯人相同的基因变异体。[6]生活在海拔 3 000 米以上高原地区的安第斯人中，超过 10% 患有高山病，携带这一变异体就能免受这种疾病的困扰。还有一名男子越野滑雪运动员和一名女子全能运动员，他们携带的基因变异体对细胞产生能量有重大影响。[7]这正是延缓衰老和长寿研究的焦点，消费者在这类补品上花了不少钱。或许，这些运动员天生就有嵌入基因组中的"神药"。我们继续在世界各地搜寻这些罕见超人。门蒂兰塔家族帮我们了解了身体是如何制造红细胞的，为如何更有效地治疗贫血（红细胞数低）提供了灵感。同样，发掘这些隐藏在眼前的罕见情况可能意味着我们能利用大自然创造的精华，为患有心、肺、血液和肌肉疾病的患者找到新的治疗方法。

• • •

　　莎拉妮·特蕾西住在得克萨斯州达拉斯市，是一名大学生，也是两个孩子的母亲。[8]她觉得自己很健康，但也不比大多数带小孩的母亲强。她的家人很关注健康问题，她的母亲还参加了得克萨斯大学西南医学中心的心血管健康研究项目，接受了一系列扫描，结果显示其身体状况良好，没有心脏病，但其胆固醇水平检测结果让研究人员大吃一惊，当然，是惊喜，不是惊吓。或许你还记得，我之前提过，我们通常希望"坏"胆固醇——低密度脂蛋白——含量接近或最好低于100毫克/分升。如果你不幸心脏病发作过，我们建议尽量降到70毫克/分升，如果可能的话，甚至更低（尽管现有药物难以达成这一目标）。莎拉妮的母亲没有服用过任何降胆固醇的药物，而其低密度脂蛋白含量为49毫克/分升。这很不寻常，但也并非闻所未闻。然而，他们检测了莎拉妮的低密度脂蛋白含量后，得出了更为震惊的结果。这位32岁的非裔美国得克萨斯人的低密度脂蛋白含量仅为14毫克/分升。

　　要了解背后的原因，我们得从法国某个家族说起。

　　法国遗传学家凯瑟琳·布瓦洛脸上常带着大大的微笑，每个毛孔都散发出投身科学研究的力量和喜悦，富有感染力。[9]她在职业生涯早期沉迷于遗传学中的"数学"，喜欢研究家族成员之间的关系，以及这些关系如何影响其携带致病性基因变异体的概率，但她更想揭开疾病的奥秘。家族性高胆固醇血症激发了其好奇心。患有这种疾病的患者体内胆固醇水平异常高，在年轻时，有些甚至早在 20 多岁时，就会心脏病发作。据估计，多达 90% 的患者甚至不知道自己患有这种疾病，这促使她更急切地投入到研究中。

到 20 世纪 90 年代末，已知有两种基因会引起家族性高胆固醇血症，但仍有大量受此疾病影响的家族未找到致病基因，布瓦洛深感困扰。她开始研究那些已经排除了两种已知致病基因的家族。布瓦洛利用之前提过的基因连锁分析法，研究了法国某个家族，将致病基因的存在范围缩小到了 1 号染色体内。这个家族中最先被确诊的是一个 17 岁的女孩，其体内低密度脂蛋白含量达 236 毫克/分升。她有一个妹妹的低密度脂蛋白含量甚至比她还高，达到 312 毫克/分升。然而，布瓦洛研究团队确定的基因组区域中共有 41 个基因，如何进一步缩小范围呢？在加拿大蒙特利尔临床研究中心工作的埃及科学家恩特·纳比勒·赛义达发现了一个名字很长的基因家族，其功能在某些情况下尚不确定。这个基因家族中有个基因就在布瓦洛列出的 41 个可疑致病基因列表中，被称为前蛋白转化酶枯草杆菌蛋白酶/Kexin 9 型，简称 *PCSK9*。布瓦洛与赛义达合作，于 2003 年发现是 *PCSK9* 基因 625 位点上一个特定 DNA 碱基的改变，导致这个法国家族成员患上了家族性高胆固醇血症。他们找到了家族性高胆固醇血症的另一个致病基因。

早在莎拉妮降低胆固醇的超能力被发现之前，她就参加了由海伦·霍布斯和乔纳森·科恩领导的达拉斯心脏研究项目。[10] 海伦来自波士顿，她言谈认真，充满力量，是一位奋力探索世界的科学家，其主要研究方向是家族性高胆固醇血症的遗传机制。海伦知道凯瑟琳·布瓦洛和纳比勒·赛义达于 2003 年关于 *PCSK9* 基因的发现，然而，与杰伊·霍顿在走廊里的一次交流改变了其研究方向。霍顿是一位科学家，管着大厅另一头的一间实验室，专门研究脂肪肝的病因。霍顿最近完成了一项试验，发现老鼠肝脏中的活性 PCSK9 数量增加会导致低密度脂蛋白含量提升到极高水平。这一发现强有力地证明了凯瑟琳·布瓦洛的发现，即致病性基因突变并不会阻断 PCSK9 正常发挥作用，反而会导致其超时工作。

你可以把 PCSK9 看作低密度脂蛋白回收站的"主管"，将低密度脂蛋白受体想象成真正做回收工作的"工人"。在这些家族性高胆固醇血症患者体内，"主管"过于活跃，忙着检查账簿，准时将团队拉回家。如此一来，他们只收集了一半废品就结束了晚上的工作，结果在人行道上留下了大量废弃物。相应地，当 PCSK9 使"胆固醇回收器"失效时，大量坏胆固醇就被留在了血液循环系统中。但如果这些主管打瞌睡，让回收工人整日整夜地工作，那又会怎样呢？只要路边一出现废弃物，就会立马被收走。这就是莎拉妮·特蕾西体内的情况，这位超人大学生妈妈的低密度脂蛋白含量为 14 毫克 / 分升，其 PCSK9 基因表达被完全阻断了，使得低密度脂蛋白受体整日整夜地在外面"游荡"，清除胆固醇。

那么，如果存在某个基因突变使 PCSK9 失活，会发生什么呢？那些家族性高胆固醇血症患者能否免受高胆固醇的困扰？对生活中的大部分事物而言，破坏容易，升级难。基因也是如此，多数情况下，如果一个基因发生突变，那其功能降低的可能性更高。因此，霍布斯和科恩推断失活突变应该不难发现。他们决定在达拉斯心脏研究项目参与者中寻找能使 PCSK9 失活的突变，没过多久就在几位非裔美国人体内发现了几个 PCSK9 的失活突变。莎拉妮尤为特殊，她有两个失活突变，一个遗传自母亲，另一个遗传自父亲，意味着其 PCSK9 基因的两个拷贝都不具备正常功能。她并不是个例，参与这一研究项目的 3 363 名非裔美国人中，有 2.6% 携带 PCSK9 的失活突变，使其低密度脂蛋白含量下降了近30%。而且更值得注意的是，他们患心脏病的风险降低了近90%（其他不是非裔美国人的人体内也发现了失活突变的存在，但他们患心脏病的风险没有显著降低。这也许是因为这一群体使用传统药物治疗的比率更高）。

大自然再一次为我们指明了方向。比赛开始了，谁能研制出模仿这些得克萨斯超人的药物？

然而，那些想以 PCSK9 机制为靶点的人很快发现，现有的惯常做法行不通。通常，要研发一种新药来抑制某种蛋白，研发人员会筛选数百万个分子，以找到所需的那个具有特定作用的分子。因为这样做最有可能研发出片剂形式的药物，所以受到普遍青睐，这也是制药公司最熟悉的做法。然而经过多年努力，数家制药公司几乎同时意识到这种方法不适用于 PCSK9，但这个机遇实在太好了，不容错过，还有其他办法吗？于是，药物研发人员开始转攻抗体。抗体是由免疫系统中 B 细胞产生的天然分子，能使病毒和细菌等攻击者失效。但科学家多年来利用的一直是抗体的另一项能力——识别并附着于特定分子，而且精确度极高，就好像一把钥匙只能开一把锁。于是，几家制药公司开始研制能使 PCSK9 失效的抗体。

相对而言，所费时间不长。2015 年，美国食品药品监督管理局和欧洲药品管理局批准了由赛诺菲和再生元公司联合开发的阿莫罗布单抗，以及安进公司的依洛尤单抗。这两种药物都是皮下注射剂，含有高剂量抗体，可在数小时内灭活 PCSK9。

这些药物在获批之前都进行了大规模随机对照试验，参与的医生和患者都不知道患者注射的是真正的药物还是安慰剂。第一项试验共27 564 名已知高危心血管疾病患者参与，他们被随机分为两组，分别注射依洛尤单抗和安慰剂。接受了药物治疗的患者的平均低密度脂蛋白含量从 92 毫克 / 分升降至 30 毫克 / 分升，降幅超过 60%。随后两年内，其心脏病发作的风险降低了 15%。令人惊奇的是，有一部分受试者的低密度脂蛋白含量降到了 10 毫克 / 分升以下，还没有出现令人担忧的副作用。阿莫罗布单抗的类似试验也呈现出相似的积极结果。每一项研究都显示，注射药物的患者的死亡率下降了约 5%。

PCSK9 的故事点燃并促进了之后数十年内人们对遗传学应用于药物研发的兴趣。20 世纪 70 年代，著名药物研发人员、日后默克公司的首席执行官品达罗斯·罗伊·瓦杰洛斯启动了一个非那雄胺研发项目，[11] 其基础是观察到儿童若有与低睾酮有关的遗传异常，则前列腺会较小，且不易出现男性型脱发。直接从人体自身机制出发做试验，而不必先在老鼠身上证明自己的强烈预感，这很吸引人。哈佛大学遗传学家、药物研发先驱罗伯特·普伦格在《自然·药物发现综述》上发表了一篇经典文章，该文章总结了这种潜力。[12] 他写道："人类体内自然出现的突变能影响某个或某些特定的靶点蛋白质，可以用来估测药物的可能疗效和毒性。"制药公司也对能缩短药物研发周期感到兴奋。尽管估算结果各不相同，但如果算上其他失败的项目，一种新药从开始研发到获得监管机构批准，成本为 10 亿 ~30 亿美元。此外，有 90% 进入临床试验的药物未能获得监管机构批准。这一数据触目惊心，有力推动了新方法的应用。就 PCSK9 而言，从布瓦洛发现新致病基因到两种新疗法获得监管机构批准，历时 12 年，相对较短，极具吸引力。斯坦福医院的家族性高胆固醇血症科室负责人乔书亚·诺尔斯在《纽约时报》上评论说这是"药物发现的革命性方法"。

将基因组学应用于药物发现之所以具有革命性，另一个原因是它有助于证明因果关系。正如罗伯特·普伦格在综述中所写的，基因组学可以用来"确立目标与结果之间的因果关系，而不是相关关系"。这一点真的很关键。在生物医学科学中，我们会测定很多东西，经常发现它们之间存在联系。也就是说，若某事物数值上升时，另一个必然随之上升，那就可以说它们之间呈正相关。相关性也可以是反向的，也就是某事物数值上升时，另一个必然随之下降。生活中很容易发现各种相关性，下雨时，人们会穿雨衣；有房子被盗后，附近的房子就会装上警报系统。然而，若人们落入陷阱，认为相关性就意味着一件事会导致另一件事，那就会带来麻烦。当我们熟悉某件事物时，因果关系中何为因、何为果似乎显而易见。我们知道人们是为了防雨才穿雨衣，而不是因为穿了雨衣，所以才下雨。但在生物学研究领域，我们常常无法判断一件事是否真的导致了另一件事。事实上，有些人酷爱贩卖"伪相关"。泰勒·维根甚至写了一本叫《伪相关》的书，还建立了一个同名网站，很好地阐释了这些相关性的荒谬之处。你知道吗？掉进泳池中淹死的人数与同年尼古拉斯·凯奇出演的电影数密切相关，冰淇淋消费量和鲨鱼袭击次数有关，人均奶酪消费量与被床单缠死的人数密切相关（两者在2000~2009年的增长速度完全相同）。又或者，也许你可以向我解释一下为什么缅因州的离婚率与人造黄油消费量的下降速度相同？虽然这些例子在我们看来似乎荒唐可笑，但这只是因为我们对世界的了解足够透彻，知道它们之间不可能存在因果关系。但是，如果这些事发生在一个我们还未能真正了解的世界中呢？比如，科学世界。我们常常分不清哪个是相关，哪个是因果。

在科学世界中，其实很难证明一件事会引起另一件事，但这对于证明一种药物能发挥疗效却至关重要。假设我们试验一种新药，给同意试药的患者用药，同时跟踪其他未用药的患者作为对照组。一个月后，测量两组患者的胆固醇水平，服药患者的胆固醇水平较低。太好啦！能证明药物有效了。当然不是这么回事。如果那些更有可能报名参加药物试验的人，本身就有更强烈的意愿降低胆固醇，而且已经每天坚持锻炼，健康饮食呢？这种情况确实很有可能发生。因此，为了证明某种药物有效，需要进行随机对照试验。就像抛硬币一样，每个参与者随机决定服用药物还是安慰剂（因为有时候，只是服用小药片，哪怕是吃糖片，这个行为本身就能显著改变健康状态）。基于观察的研究将参与者随机分成两组，消除普遍会影响结果的种种偏差。斯坦福大学和杜克大学心脏病学教授、前美国食品药品监督管理局局长罗伯特·卡利夫称其为"上帝恩赐的随机礼物"。

有趣的是，遗传学让我们能够采用另一种方法来证明一件事是导致另一件事的真正原因。这一方法被称为"孟德尔随机化法"，非常贴切。这一方法充分利用了这样一个事实——你遗传到的基因变异体本质上是受孕时"随机"分配给你的，而且，因为这种随机分配发生在生命体在外界存活之前，所以你出生之后发生的任何事都不可能影响你得到哪个版本的基因。例如，假设我们对身高增长和财富之间的关系感兴趣。我们发现两者之间存在相关性，但还不清楚何为因、何为果。很明显，个子高可能会让你变得富有，因为你看起来会更有气势，所以更有可能在高薪工作面试中获得成功。又或者，你可能出生于富裕家庭，营养更好，所以长得更高。我们真的无法从这种关联中弄清因果关系。但是，如果我们确信，某个基因与身高有关。简单起见，我们假设它是影响身高的**唯一**基因，而且不会影响其他任何可能影响身高或财富的途径或行为（这些都是大胆的假设，但我们不妨暂时就这么想）。现在，我们选一组人，他们携带这个基因或"矮"或"高"的变异体，根据身高基因变异体的"剂量"（两个矮基因；一个矮基因和一个高基因；或者两个高基因）来分组。受孕时，他们从父母那里随机遗传到或矮或高的变异体，与后来人生中的任何其他因素都无关，不会使问题复杂化。下面，我们可以进行研究，看看平均而言，那些事先随机分配到高基因变异体的人是否比那些获得矮基因变异体的人更富有。假设研究样本的容量足够大，并能找到两者之间的关系，我们就可以合理推断出，身高确实会**带来**财富。相反，如果我们在研究身高基因时发现其与财富之间不存在相关性，只有实际身高和实际财富之间才具有相关性，那么可以得出结论，其他因素也在起作用。注意，我们上面的假设非常重要。虽然孟德尔随机化法存在局限性，但随着我们利用健康数据和遗传信息将大批人联系起来（见第18章），它可以帮助我们决定新药的靶向作用途径。

如果没有这些遗传学技术，药物研发可能会出现严重偏差，举一个关于高密度脂蛋白（"好"胆固醇）的真实案例。我们已经知道高密度脂蛋白含量高与心脏病发作减少有关，所以自然而然地想到，如果一种药物能提高高密度脂蛋白含量，那就可以达到预防心脏病发作的效果，对吗？先别急。

世界上最大的制药公司之一辉瑞公司为开发一种提高高密度脂蛋白含量的药物，投入了超过以往所有项目的资金，却以失败而告终。自此以后，任何旨在提高高密度脂蛋白含量的药物都没能起到减少心脏病发作的效果，其中包括那些实际上是将高密度脂蛋白注入患者体内的研究！（曾经有一个大型研究项目展现出了微弱成效，但大多数人认为这其实得益于低密度脂蛋白被换成了高密度脂蛋白，低密度脂蛋白含量下降才是取得效果的原因。）世界上最精明的制药公司怎么会犯这么昂贵的错误呢？

原因就在于相关关系不同于因果关系。低密度脂蛋白含量高、高密度脂蛋白含量低的人心脏病发作的概率更高，头发灰白的人也一样。很明显，灰白的头发并不会导致心脏病发作，只是与年纪较大有关，而年纪大本身就会带来风险。而且，把灰白的头发染成黑色并不能降低心脏病发作的可能性，这一点不证自明。制药公司提高患者体内高密度脂蛋白含量的做法就相当于把患者的头发从灰白染成黑色。我们是怎么知道的呢？

2012 年，哈佛大学和博德研究所的两位研究人员谢·卡特里桑和本杰明·沃伊特进行了一项研究，[13] 用孟德尔随机化法准确地回答了这个问题。他们采用由单一基因改变，以及多个基因改变构成的"评分"来检验以下猜测：低高密度脂蛋白含量（就像灰白的头发）与心脏病发作之间有关联，但没有因果关系。其研究发现价值数十亿美元。尽管观察研究发现，在心脏病发作风险降低的人的体内循环中，高密度脂蛋白出现增长，但研究人员聚焦于研究由"高"或"低"高密度脂蛋白含量基因事先决定的高密度脂蛋白含量后发现，这种关联消失了！不存在因果关系。

为进一步证实这一发现的正确性，研究人员将研究对象换成低密度脂蛋白，重复了试验过程，发现结果恰恰相反。"基因随机决定的"低密度脂蛋白含量与心脏病发作之间有明显联系。不同于高密度脂蛋白，低密度脂蛋白含量高确实会导致心脏病发作，意味着针对低密度脂蛋白用药是有意义的（事实上，这些药物已经拯救了数百万人的生命）。

然而，在获得这一发现之前，辉瑞和其他制药公司已经把钱用于将高密度脂蛋白的"灰白头发"染成黑色了。想象一下，如今，你能在启动药物研发项目之前，而不是*之后*，就掌握这些知识。其实，大多数主流制药公司进行药物研发时都毫不意外地采取了这个思路。从此，几乎所有的药物在研发之前都会事先经过人类遗传学验证。

• • •

巴基斯坦北部有一名 10 岁的男孩，在当地居民和医疗机构中很有名。他经常在"街头剧场"表演，会用很危险的东西伤害自己，但是看起来非常真实，原因很简单，这不是吞剑者和喷火者表演的魔术、使用的障眼法。这个男孩会把真正的刀刺进手臂，在真正燃烧的煤块上行走，他受的伤都是真的。正常人都会因这些行为感受到剧烈疼痛，但他不会，他患有所谓的**"先天性痛觉缺失症"**。

斯特凡·贝茨也患有先天性痛觉缺失症，2017 年，他在接受 BBC 采访时对记者戴维·考克斯说："人们认为感觉不到疼痛是一件不可思议的事，几乎能让你变成超人。"[14] 但事实恰恰相反，"我们很想知道疼痛意味着什么，疼痛是什么感觉。没有疼痛，生活会充满挑战。"这是因为疼痛实际上是人类进化而来的一种保护机制，能让我们免受伤害。伤口如果得不到关注和治疗，就不会愈合，然后发生感染，并逐渐蔓延。而且，人们会做一些冒险行为，意识不到自己会因此受到伤害。这名巴基斯坦男孩的情况就是例证，他相信自己是不可战胜的，在 14 岁生日前从屋顶上跳下来摔死了。

然而，从其悲剧中，我们有了一个惊人的发现。2006 年，英国剑桥阿登布鲁克医院医学遗传学和临床生物化学部的詹姆斯·考克斯、弗兰克·赖曼和杰弗里·伍兹报告称，在 4 个家族中发现了能降低疼痛敏感度的基因变异体，其中包括那名巴基斯坦男孩所在的家族。每个受影响的个体都能感觉到温暖和寒冷、压力和周身状况，但感受不到疼痛。研究小组用基因连锁作图方法缩小与之相关的基因组区域，共有 50 个基因。其中，最可疑的致病基因是 *SCN9A*。我们已经知道这一钠通道基因与疼痛有关。耶鲁大学的斯蒂芬·韦克斯曼领导的实验室团队和中国国家人类基因组研究中心的一个研究小组此前发现，这一基因的变异体会使钠通道过度活跃，从而导致一种罕见的综合征，以反复发作的剧烈疼痛为特征。相比之下，英国学者研究那个巴基斯坦家族后发现，受影响个体携带的基因突变会导致 *SCN9A* 的两个拷贝失活。

他们意识到，可以从中找到控制疼痛的新方法。尽管现代医学取得了长足进步，但我们控制疼痛反应的能力仍然非常有限。现如今，止痛药的主要作用靶点是由各种阿片受体组成的体系：吗啡这类药物与海洛因一样，作用于同一体系。任何服用过这些药物的人都知道，阿片类药物成瘾性极强，会改变人的意识，产生一种与痛感"分离"的感觉。你知道疼痛就在那里，但不知为何，你就是不在意了。如今，我们发现世界正在经历一场阿片类药物成瘾危机，黑市中充斥着各种合成阿片，药力强劲，会产生无法预测的影响。但除成瘾外，以阿片受体为靶点的药物还会带来其他严峻挑战，如恶心等副作用，长期服用会导致便秘，服用过量还可能造成呼吸完全停止而死亡。美国国家药物滥用研究所估计，仅在美国，每天就有130人死于阿片类药物服用过量。

这些对疼痛不敏感的家族的遗传背景能给我们带来什么启发呢？能引导我们研发出新型止痛药，免受阿片类药物产生的危险副作用的困扰吗？制药业正朝这个方向努力。基于已发表的 *SCN9A* 基因研究成果，制药公司做了一系列试验，模拟用药物关闭钠通道后产生的遗传效应。遗传效应很"干净"，也就是说受影响的个体不再感到疼痛，而且似乎也没有其他健康方面的负面影响。因此，以 *SCN9A* 基因编码的蛋白为靶点的药物可能是减轻疼痛的"灵丹妙药"。然而，药物开发人员很快发现，仅针对那一个钠通道非常困难。这是因为这个特定的蛋白家族有9个成员，彼此之间非常相似。这样一来，只针对其中1个成员的药物很容易与其他成员结合，导致脑细胞出现负面变化，引发癫痫等。因此，很难仿照先天性痛觉缺失症患者携带的基因突变，只针对 *SCN9A* 编码的那个钠通道。因此，制药公司现在将目光投向了常规搜寻范围（他们建立的庞大的已有分子库）之外。其中一个方法有望成功，就是利用抗体，类似于之前用抗体来使 *PCSK9* 失效。另一个方法是求助于自然界，安进公司另辟蹊径，在狼蛛毒液中寻找以 *SCN9A* 为靶点的分子。[15] 在动物王国中搜寻超乎寻常的生理特性是识别新药物靶点，以此开发真正药物的另一种方法。大自然进化出了一系列惊人的机制，可以精确瞄准其他动物的神经系统，进行有力防御或攻击——比如有毒的蜘蛛和蛇能造成疼痛和麻痹。也许现在我们可以利用这些防御来精准地攻击疼痛。

· · ·

"超人"就生活在我们身边，而基因组可以帮助我们了解他们为何与众不同。我们能利用这种认识来帮助普通人变得更特别吗？我认为可以。然而，基因组的作用远不止于此，它可以提前验证新药瞄准的靶点确实是我们希望针对的病因。如今，这些都有可能实现。本章描述的新药物前景可能 10 年内就能变成现实，疾病终将退去，超人即将到来。

第18章

精准医疗

"风格简洁，思维严谨，遇事果断。"

——维克多·雨果

"我们所有人，所有人，所有人都要拯救我们不朽的灵魂，
有些方式显然比别的更加迂回、更加神秘。
在这里我们过得很快活。但希望一切都能很快真相大白。"

——雷蒙德·卡佛，《我们所有人：诗歌选集》

埃里克·迪什曼不知道该做何感想。两位医生在他面前争论不休，显然，情况不明。无论两人在检查结果中发现了什么，都不可能是什么好消息，而且两人似乎也不是很确定到底发现了什么。最后，两人对他说："你的确切诊断结果**要么是**……"埃里克不自觉地对"'确切''**要么是**'"这类说法翻了个白眼，但他现在太担心了，没心思想这个，"……**要么是**一种非常罕见的成人肾癌，**要么是**一种非常罕见的儿童肾脏肿瘤"。[1]

当时是 1987 年，埃里克 19 岁，就读于北卡罗来纳大学教堂山分

校，他之前一直很健康，但最近总是觉得头晕眼花。当然，这与前一晚的纵酒狂欢无关，虽然这对一名大学新生来说有些少见。他在校医院做了一些基本检查，还没等回过神来，自己就坐在了北卡罗来纳大学医院一间米黄色的无菌房间里，两位肾脏专家在其面前争论他可能得了也可能没得什么可怕的疾病。"癌症"或"肿瘤"听起来都不是什么好消息，但既然他们都不确定，那到底有多糟呢？尽管他思绪飘飞，但随后发生的事似乎都切换成了慢动作，至少多年来他都是这么回忆的。"很遗憾，因为这种癌症，你不能接受肾移植。"医生告诉他。埃里克觉得他们话还没说完。"实际上，我们觉得你大概还有9个月左右的寿命。"

埃里克的世界静止了，很少有人会在19岁时思考死亡。只是这几个星期有轻微症状，但他自我感觉整体健康状况良好，怎么就被判了死刑呢？这不真实。只能活9个月了？活不过20岁？他们是怎么得出这么精确的数字的？

于是，埃里克开始化疗。肿瘤医生其实并不知道他们治疗的是哪种癌症，所以施展了所有手段。癌症化疗的原理就是杀死你体内所有快速分裂的细胞，患者会体重减轻、掉头发。身高5英尺10英寸的埃里克，开始化疗前体重就只有120磅，再减掉25磅，整个人显得虚弱又消瘦。生命中最后几个月这样度过值得吗？

一天，他饱受腹痛折磨，于是决定去做胃部内窥镜检查，看看胃部是否有应激或化疗引起的溃疡。这种检查一般只使用最低限度的镇静剂，所以他带了一个朋友，寻求精神支持。路上，朋友问他对医生正在治疗的这种"神秘"癌症了解多少。埃里克意识到他了解的"不太多"。朋友说服他放弃了胃部内窥镜检查，直接把他带到了杜克大学医学图书馆，在那里他们一起仔细翻阅了落满灰尘的医学杂志，去了解医生认为他可能患有的肾细胞癌。令人吃惊的是，但凡他们找到的肾细胞癌研究，患者的年龄都是几十岁，无论再怎么找，都找不到描述这种癌症发生在年轻患者身上的研究。他们很疑惑，这样的疾病、这样的预后怎么会和埃里克有关？他才19岁。与医生模棱两可的诊断相反，这位朋友明确地劝埃里克："这些医生对你的病情一无所知！好好去享受生活吧！"

埃里克的确做梦也没想到，这个情境、这个决定会让他与前沿的精准医疗面对面接触。

• • •

2015年，我第一次见到埃里克时，他已是一名经验丰富的专业人士，正处于职业生涯的黄金时期。过去几年，他一直在英特尔公司工作，担任健康医疗与生命科学部副总裁，思考如何用技术来提升医疗保健，尤其是使其更加以患者为治疗中心。2018年夏天的一个早晨，我们在斯坦福大学克拉克研究中心的皮爷咖啡店里吃早餐（几个小时后，他要在我们的年度生物医学大数据会议上发表演讲），他掏出一把药瓶，噼里啪啦地放在桌子上。"移植患者的负担。"他带着沮丧的微笑说完，吞下了一把药丸。"至少我还活着。"他笑道。后来，他又说了一句更值得庆贺的话："我刚刚过了50岁生日！我的意思是说，我能活到50岁就是个奇迹。按理说，我活不过20岁，活不到30岁，更活不到40岁。"

埃里克为人热情和蔼，笑声富有感染力，说话平易近人，但你能感觉到，这样的外表下有一种强烈的紧迫感：想要有所作为，想要好好利用自己生命中多出的这段时间来回馈些什么。他喜欢用"**站在一个'不耐烦的'患者的角度……**"这样的词句。

医生从未真正弄清他患的是哪种肿瘤。那天在杜克大学图书馆和朋友谈过之后，埃里克改变了自己的做法，他会接受所有化疗，但也会充实地过好每一天。医生说他寿命有限，他也不在意了，他们知道什么呀？

他化疗了十年，几乎每年都被告知活不过一年，现在他准备自己做主。他找到医生，问他们能否从现在开始调整化疗方案，以满足他对山地运动，尤其是冬季运动的热爱。鉴于电子健康记录中没有地方写"患者目标"，他要求医生将其偏好填进"昵称"这一栏。从此以后，他希望自己被称作"埃里克·迪什曼（雪季优化）"。如果这么叫不合适，那就改成"埃里克·迪什曼（雪季老兄）"。他这么做不无道理。绝大多数医疗围绕的都是现有文化、病史和医生的传统做法，不关注患者的信念、目标和愿望。埃里克要求医生优化化疗方案，最大限度地延长他能待在山上的时间（甚至具体指明，自己更喜欢的副作用是恶心，而非头痛）。通过这种方式，他为自己夺回了部分话语权，不再仅仅是排队等候的下一位患者了。这一经历深刻改变了其职业生涯。

他最初受过社会科学研究的训练，又对人类学和人种学感兴趣，因此对人类很了解，知道人类怎样进行自我管理（或不管理）。他熟知社会学和心理学中常见的定性研究方法。20世纪90年代初，他成为微软联合创始人保罗·艾伦创立的智库——因特沃研究所的首批实习生，进入科技界。后来，他进入英特尔公司，结识了另一位计算机时代的先驱安迪·格鲁夫——英特尔公司首席执行官、传奇商业领袖。[2] 格鲁夫晚年被诊断出患有前列腺癌和帕金森病，他将自己的很大一部分财产和在英特尔公司的影响力用于改善医疗保健服务。和埃里克一样，他强烈认同以患者为治疗中心的思想："为你自己的医疗数据负责，就好像你的生命依赖于它一样。"格鲁夫喜欢这样说。

作为英特尔健康医疗与生命科学部副总裁，埃里克一直在寻找机会，将 21 世纪硅谷的科技引入（有时让人感觉像是 18 世纪的）医疗界。基因组学似乎很合适。用于处理基因组数据的计算机程序通常是由教授及其学生（比如我和我的学生）编写的，而不是英特尔公司的专业软件工程师。通过招募专业软件工程师团队，英特尔的健康医疗与生命科学团队得以快速研发出用于解读基因组序列的开源软件，这项工作使其为基因组测序领域的许多初创公司所熟知。2011 年，埃里克的健康状况恶化，肾脏完全衰竭。正当医生想办法避免透析以继续治疗癌症时，有一家公司听说他患肾细胞癌后，主动提出对其肿瘤进行测序。要知道，医生从未真正对其肿瘤进行有效分类，或识别出导致肿瘤生长的基因突变。也许这家公司可以试一试？

这时，基因组学已经开始对癌症治疗产生革命性影响了。从 20 世纪 90 年代起，早期遗传学研究主要集中于特定的先天性基因突变，这些突变使患者在以后的人生中容易罹患癌症（BRCA1 和 BRCA2 基因就是例证）。然而，到 21 世纪初，专家开始关注癌细胞自身内部出现的新突变，正是这些突变踩下了无限制生长的油门。由此，肿瘤学家开始转变认识癌症和对其分类的思路，从按癌症最初出现的组织分类（这是传统的癌症分类，如"肺癌"或"乳腺癌"）变成按肿瘤各自的生理特征分类。他们发现，某些导致肿瘤无限制生长的遗传因素往往会反复出现，可以作为药物靶点。有时，效果最佳的治疗可能不再针对过去常见的器官或组织病变引起的癌症，而是针对被扰乱的细胞生长信号通路。

针对埃里克这一病例，对比其正常细胞基因和肾肿瘤细胞基因后发现，细胞生长信号通路所受干扰与胰腺肿瘤更为相似。这也许能解释为何其肾脏医生多年来一直无法确诊他的疾病，但也意味着常用的胰腺肿瘤化疗可能会对他有效。根据肿瘤背后的遗传学原理调整化疗方案是一个新兴理念。埃里克是其肿瘤医生接触到的第一个对自身和肿瘤都做了全基因组测序的患者，但埃里克不是普通患者。医生同意尝试胰腺癌化疗方案，没过多久，埃里克就完全恢复了健康。这种个性化治疗方法效果很好，以往任何一种治疗都不能与之媲美。有一段时间，埃里克体内的癌细胞完全消失了。接着，他又成功找到了移植供体，再次证明一开始那两位医生错了。当时埃里克44岁，距离被判还有9个月生命已经过去整整25年，他有了一个全新的肾脏和全新的人生。2013年，埃里克在做TED演讲时将其肾脏捐赠者请上了台。一位为了战胜"神秘"癌症活下来，接受了数十年治疗，表现出了巨大的勇气；另一位为一个完全陌生的人捐出了自己的一个肾脏，体现出了无私的利他精神。观众纷纷起立，报以热烈掌声。

2018年，我和埃里克坐在咖啡店聊天，话题转向了他的后英特尔时代未来计划。经历了57轮癌症治疗、1次肾脏移植和371种不同的药物治疗后，埃里克决定扮演一个新角色——一个在美国精准医疗工作中处于中心地位的角色。是时候让美国政府的最高层支持其事业了。

· · ·

从一开始，美国国家人类基因组研究所主任、人类基因组计划的领导者弗朗西斯·柯林斯就明确表示："我们永远不会满足于一个基因组。"显然，下一个重要任务是找到一种方法对整个群体的基因组进行测序和比对。2003年，人类基因组计划完成后不久，柯林斯召集了一个具有批判性思维的团队，[3] 其中包括：内科医生、流行病学家泰里·马诺里奥，具有大规模群体研究背景；遗传学家埃里克·博文克尔，来自得克萨斯州，心直口快，对高血压和糖尿病进行了至关重要的遗传学研究；华盛顿大学的怀利·伯克教授，专攻基因研究的伦理和政策影响；戴维·阿特舒勒，波士顿的基因组学研究中心——博德研究所的后起之秀。他们明白，要发掘人类基因组计划的潜能，关键在于描述数十万乃至上百万人的遗传变异特征。只有通过分析人数足够多的群体，才能分辨出真正重要的基因变异体——哪些是致病性的，哪些是良性的。

世界各地已经开始涌现出各种大胆的研究。其中，基因解码公司是领跑者。基因解码公司成立于 1996 年，总部位于冰岛雷克雅未克，通过与政府合作，使冰岛 30 多万人口中的大部分人最终同意提供其健康记录、家谱记录和 DNA 样本。冰岛能为这类研究提供特别丰富的资源。公元 9 世纪，来自挪威和不列颠群岛的维京探险家在冰岛定居。从遗传学角度来看，冰岛人从此以后一直处于相对孤立的状态。事实上，大多数冰岛人都可以追溯到几个共同的祖先。在这种相对统一的遗传背景下，罕见的遗传变异脱颖而出，有力推动了致病性基因变异体的发现。

冰岛神经学家、哈佛大学遗传学家卡里·斯特凡森也注意到了在冰岛进行科学研究的潜在可能性。20 世纪 90 年代末，他希望能在家乡冰岛进行多发性硬化症的遗传学研究。他费尽周折都未能争取到美国国立卫生研究院的支持，于是决定募集私人资金，怀揣着研究人类一系列疾病的遗传基础的远大抱负回到了祖国。

此后不久，英国就推出了自己雄心勃勃的研究计划。[4] 20 世纪 90 年代末，英国医学和生物技术领域的领军人物清楚地意识到，得益于国民健康服务体系，英国有得天独厚的条件，能够充分利用基因组学变革带来的益处。英国国民健康服务体系共录有约 6 000 万人的信息，因此可以将英国绝大多数国民的遗传信息与详细健康记录信息相关联，更有利于定义疾病，找到治疗疾病的新药物靶点。这里要特别提到两个人，他们针对新型药物提出了一个设想，很有说服力。约翰·贝尔出生于加拿大，是免疫学家和遗传学家，也是牛津大学皇家医学教授。1998 年，他在《英格兰医学杂志》上发表了一篇很有预见性的文章。他认为，未来可以利用遗传信息精确调整针对疾病内在机制的疗法，并预测尚未发病患者的风险。第二年，英国制药公司史克必成公司的首席科技官乔治·波斯特将这一愿景融入了英国国民健康服务体系。波斯特和同事罗宾·费尔斯在期刊《科学》上发文，[5] 描述了一个将遗传信息与终身健康数据相关联的生物样本库。1999 年，流行病学家理查德·皮托、瓦莱丽·贝拉尔、罗里·柯林斯和克里斯托弗·默里在贝尔的办公室参加了一次重要会议，讨论了这项研究的可能走向，从而促使这一愿景进一步成形。在这些想法的推动下，英国惠康信托基金会和英国政府下属医学研究委员会于 1999 年年中开始推行该项目。这一愿景很大胆：征集 50 万英国人的医疗数据、血液和 DNA 样本，并将其共享给世界上所有具备相关资质的研究人员。大家在公开论坛和私下会议上展开了严谨的辩论。遗传学家认为，通过比较患有特定疾病的患者，能最大限度地解读出遗传信息。而流行病学家认为，这项研究所涉及的远不止于遗传学。最终，两个组织的领导者——医学研究委员会的乔治·拉达和惠康信托基金会的马克·沃尔波特启动了这个项目，于 2002 年 4 月 29 日宣布共同注资 4 500 万英镑（5 600 万美元）。当时的英国首相托尼·布莱尔在英国皇家学会上强调了这一共同愿景。他说："在这方面，我们有国民健康服务体系这样一个独特的资源。遗传信息隐私是我们面临的重要问题，但通过国家公共系统，我们能够收集到必要的全面数据，以预测各种疾病的可能性，然后采取措施预防这些疾病。"2003 年，英国生物样本库首任首席执行官走马上任。同年 7 月，一个科学委员会成立，由约翰·贝尔担任主席。2005 年 9 月，现任首席研究员兼首席执行官罗里·柯林斯上任。

正是在这一背景下，弗朗西斯·柯林斯和其具有远见的遗传学家团队制订了他们自己的计划。他们认为，美国是时候实施自己的项目了——这个项目应考虑到美国人独特的生活方式、环境风险和丰富的种族多样性。理想情况下，该项目将对数十万甚至上百万人的基因组进行测序，以了解健康和疾病背后的奥秘。然而，高昂的测序成本依旧让很多人望而却步，但基因芯片的价格在不断下降。基因芯片可以测量数十万种预先选择好的基因变异体，获取数据的人均成本低至数百美元。尽管基因芯片无法像测序一样揭示更深入的特性，但柯林斯认为这种方法能够将遗传变异与疾病相关联，而且成本在可承受范围内，能够覆盖很多人。

团队成员一起做出预算后，派柯林斯作为代表前往国会山，向参议院多数党领袖、前心脏外科医生比尔·弗里斯特阐释相关计划。弗里斯特很支持，但对于一个专注于减税和降低开支的共和党政府来说，这一项目的预算太高了。陷入僵局后，柯林斯在《自然》上发表了一篇评论文章[6]，描述了其大规模研究设想：分析数十万个体的基因以及他们随着时间的推移而产生的健康问题。他希望这能激发人们的研究兴趣，引起更广泛的讨论。这篇文章于 2004 年 5 月发表，他回忆道，然后一切突然回到了现实中。"其他科学家觉得我太天真了，"柯林斯告诉我，"他们说，作为一个遗传学家，'柯林斯不懂流行病学'（就是有关群体的研究）。他们说我不会算术。"言下之意就是成本太高。这个项目就这样被搁置了，无限期搁置。

· · ·

21 世纪第一个 10 年的中期，当时贝拉克·奥巴马还是伊利诺伊州资历较浅的参议员，他也一直在思考健康问题。[7] 其成长的家庭背景与医疗保健行业没有任何密切联系，而且他很幸运，几乎用不着医生，除了有一次在印度尼西亚泥石流中撞上铁丝网，从肘部到手腕缝了歪七扭八的 20 针。[8] 但是，在健康和教育顾问多拉·休斯的敦促下，奥巴马渐渐了解了个性化医疗这一新兴领域。休斯之前曾在参议院卫生、教育、劳工和养老金委员会与一名叫詹妮弗·莱布的年轻遗传顾问共事。莱布毕业于约翰斯·霍普金斯大学，对公共政策很感兴趣，当时在美国昂飞公司从事政府事务方面的工作。昂飞公司和因美纳公司在基因芯片市场上是竞争对手。和弗朗西斯·柯林斯一样，莱布也认识到这些低价芯片（至今仍被族谱网、"染色体和我"等直接面向消费者的公司使用）显然能将我们带入个性化医疗时代，让几乎所有人都能享受遗传分析，从而提升医疗保健服务。莱布和休斯讨论了怎样通过立法来促进这些目标的实现。莱布给了休斯一个芯片，让他展示给奥巴马看。芯片呈长方形，长约 2 英寸，宽约 1 英寸，厚约 0.25 英寸。如果仔细看，会发现芯片中间有一个正方形的华夫饼图案，这就是负责检测基因变异体的区域。再次和奥巴马见面时，休斯把芯片带去了。当她说到这些芯片即将对遗传学产生革命性影响时，奥巴马提起了兴趣。毕竟，他是个科学迷，热爱科技。他拿起芯片对着光看，想知道是否能"看到"DNA。（休斯解释说 DNA 分子太小了，看不见。）但是，她描述了这些芯片的功能，介绍了即将到来的个性化医疗革命，以及它能怎样帮助像奥巴马母亲这样被诊断出患有卵巢癌的患者，奥巴马逐渐产生了兴趣，最后完全被吸引住了。他愿意尝试推动立法以促进这一领域发展。休斯、莱布和一个叫爱德华多·拉莫斯的年轻人着手起草提案。最终提交给委员会的提案（《S.976：基因组和个性化医疗法案（2007）》）的关键在于促进政府不同部门之间共同努力，加快基因组医学的发展。该提案还提出建立一个国家生物样本库，储存基因组和健康记录数据，此外还强调加强对医疗保健服务提供者的教育。总体而言，这一提案非常大胆前卫。奥巴马和北卡罗来纳州的共和党参议员理查德·伯尔一起将其递交给了参议院。他们的提案本可能对美国的医学产生革命性影响，但是，由于政府内部意见不统一，一直没有通过。[9]

• • •

时间快进到 2009 年，奥巴马当选总统，任命弗朗西斯·柯林斯为美国国立卫生研究院院长。此时，这些面向未来的愿景开始交汇。柯林斯发现奥巴马"对医学研究和医疗发展机遇非常感兴趣"。他描述了他和奥巴马在白宫椭圆形办公室一对一谈话的场景。奥巴马给他留下了深刻印象，不仅因为奥巴马在承受巨大工作压力的同时还能全神贯注，还因为他求知欲很强，渴望了解新知识。"思维相当敏锐，而且非常专注。"他这样评价奥巴马。不出所料，奥巴马希望白宫科技政策办公室能够建言献策，指出需要优先解决的问题。科技政策办公室于 1976 年由国会设立，主要负责向总统提供科技方面的建议。在奥巴马执政时期，约翰·霍尔德伦任主任，他曾就读于麻省理工学院和斯坦福大学，是一名物理学家。

霍尔德伦家族有乳腺癌和卵巢癌家族史，他的女儿吉尔担心这种风险会通过父亲遗传给后代，但令人沮丧的是，因为她本人的一级亲属中无人患病，所以其 DNA 检测不在保险范围内，她的父亲倒是能接受检测。被任命为奥巴马科技政策办公室主任后不久，约翰·霍尔德伦在女儿的敦促下做了检测，发现致病基因 *BRCA1* 存在突变，表明乳腺癌和卵巢癌家族性遗传的风险高。吉尔立马接受了这种家族性基因突变的检测，发现自己也携带这种突变。随后，她立即接受预防性手术，切除了卵巢、子宫和乳房，但为时已晚，医生在其卵巢内发现了癌变，并且已经扩散到了附近的组织。医生在手术时切除了癌变组织。吉尔开始了焦虑的等待。

吉尔·霍尔德伦有公共卫生方面的背景，[10] 她在一次节日晚宴上见过总统及其家人，做手术时还收到了奥巴马寄来的问候卡片和礼物。在这段时间里，她深入研究了癌症的遗传特性，还探索了个性化医疗领域更广泛的核心问题。她很快认定，普及基因检测是预防疾病的关键。她希望父亲能与总统分享这些想法。其父亲往前推了一步，安排她直接和总统对话。于是，2014 年 5 月，奥巴马总统在白宫椭圆形办公室接见了吉尔。例行寒暄和合影后，她与总统深入讨论了癌症、基因组学和大规模患者数据的作用以及这些手段对未来医疗保健的影响。她询问了奥巴马本人的卵巢癌家族史，谈到了其母亲的卵巢癌。吉尔建议奥巴马自己也接受检测（一段时间后，奥巴马的妹妹在宣传工作中透露，她和哥哥的检测结果都是阴性）。[11] 奥巴马后来对约翰·霍尔德伦提到，这次谈话给他带来了非常深刻的影响，并指出他很少听到有人能这么清晰翔实地阐释基因组学对医疗的革命性影响。

两天后，在前往华盛顿杜勒斯国际机场的路上，约翰·霍尔德伦接到总统打来的电话，说他一直在想和吉尔的这次谈话，希望霍尔德伦带着科技政策办公室团队一起，起草一份提案，以实现吉尔所简述的种种可能性。那天是星期四，总统希望下星期二能在办公桌上看到一份草案。霍尔德伦在车上联系了科技政策办公室分管科学工作的副主任乔·汉德尔斯曼、总统科技顾问委员会联合主席埃里克·兰德和医疗保健方面的系统工程政策专家马乔丽·布卢门撒尔。霍尔德伦让他们在周末共同起草一份草案，星期一他从英国回国后审阅。三人投入工作，还邀请了一位基因组学和科学顾问塔尼亚·西蒙切利加入。

这个团队花了两天时间完成了草案，在星期三将其交给了总统，晚了一天。一个星期后，即 2014 年 6 月下旬，奥巴马在椭圆形办公室召集了一个小组，讨论他们起草的提案，与会成员还包括美国国立卫生研究院院长弗朗西斯·柯林斯和美国食品药品监督管理局局长玛格丽特·汉伯格。

那天，这些最聪明的头脑聚集在世界上最著名的椭圆形房间里，将一个酝酿了 10 年的想法付诸实施，提出了一项旨在直接改善人类健康的大规模基因组学倡议。接下来需要敲定一些细节。他们计划招募 100 万美国人参与这项研究，让他们填写一份全面的调查问卷，征得同意后获取其健康记录数据，并进行基因组测序。这将是同类研究项目中规模最大的一个。招募受试者的过程中，关注重点在于多样性问题（他们认为对有北欧血统的群体的遗传学研究太多了）。总统还直接下达了一条指示，让柯林斯等人"难以接受"。

总统说："如果这个项目邀请别人参与合作，却又向他们隐瞒数据，我是不会支持的。"奥巴马坚持所有受试者都应该有权获取其遗传数据，而且是研究过程中收集到的所有与其有关的数据。需要指出的是，当时的基因研究通常只对数据进行分析，不会把数据与每个患者的姓名或其他识别信息联系起来，甚至连研究人员都不知道某个数据属于谁。建立一个向受试者返回数据的系统？把他们当成合作伙伴？之前没有任何一个项目实现过奥巴马提出的这种与受试者的合作伙伴关系和信息透明度。

2014 年过去了，到 2015 年初，这一愿景似乎即将获得一个与其大胆程度相称的国家级平台。流言四起，说精准医疗可能会出现在国情咨文中。2015 年 1 月 20 日，我开着车回家，从收音机里听到第 44 任美国总统开始发表其任内第六份国情咨文。一回到家，我立马打开电视。

当晚，奥巴马出席参众两院联席会议，边与走道两旁的人握手，边走上台。[12] 他抬头向身后的副总统约瑟夫·拜登和议长约翰·博纳致意，然后转向演讲台，面向全体国会议员和美国人民。他讲述了阿富汗作战任务的结束，描述了经济复苏，然后在演讲进行 28 分钟后，他称赞了美国强大的科技，激动地进入了下一个新主题："美国人消除了小儿麻痹症、绘制了人类基因组图谱，我希望我们这样一个国家能够引领一个新的医疗时代—— 一个在正确时间提供正确治疗的时代。"他接着说道："所以今晚，我要发起一项关于精准医疗的新倡议，它能让我们离治愈癌症和糖尿病等疾病更近一步，让我们所有人都能获取我们所需要的个性化信息，让我们自己和家人更加健康。"紧接着，他激情澎湃地即兴说道："我们能做到！"[13] 赢得了全场的热烈掌声。在一个两派对立的政治世界里，这是一个"向上挥拳"的激动时刻，是整个演讲中唯一一句让两党都起立鼓掌的话。

1987 年，埃里克·迪什曼被诊断出肾细胞癌，医生判了他死刑。2004 年，弗朗西斯·柯林斯在《自然》上发文，描述了大规模群体研究的优点。2008 年，参议员贝拉克·奥巴马关于个性化医疗的提案未能通过委员会审议。2014 年，吉尔·霍尔德伦向奥巴马描述了她自己对致癌基因 *BRCA1* 的早期干预。2015 年，精准医疗时代正式拉开了序幕。[14]

国情咨文发表后，各方人员夜以继日地工作，不断充实这一新倡议的内容。仅仅 10 天后，奥巴马在白宫东厅发表电视讲话，详细阐述了其计划。[15] 弗朗西斯·柯林斯介绍总统出场时，可以看到旁边有一个红、白、蓝三色的 DNA 模型，这是白宫工作人员在开始前的最后一刻从美国国家人类基因组研究所主任埃里克·格林的办公室里拿来的。奥巴马在讲话中概述了计划的四个主要原则：第一，与美国国家癌症研究所合作推进个性化癌症护理；第二，与美国食品药品监督管理局合作，确保新型基因检测能顺利通过监管部门批准；第三，与美国国立卫生研究院合作，招募 100 万名愿意为公共利益分享健康和基因组数据的受试者，进行队列研究；第四，确保整个计划实施过程中，个人隐私得到切实保护。

当天，受邀的嘉宾中有一位囊性纤维化患者比尔·埃尔德。他7岁时确诊，当时已经27岁了，是一名医学生。比尔是首批使用新药依伐卡托的患者之一。依伐卡托对囊性纤维化患者的特定亚组有积极疗效，通过美国食品药品监督管理局审批快速通道获批上市，是精准治疗的一个绝佳例证。[16]奥巴马宣布从预算中拨出 2.15 亿美元，作为实现精准医疗倡议中所列目标的初始投资，之后，由《21 世纪治愈法案》大幅增加拨款。

在总统任期的最后两年内，不止身边亲近的人，其他人也能看出奥巴马为兑现这一承诺付出了更多努力，对科技也更加热爱。我们在斯坦福有幸与多个机构就精准医疗计划进行了多方面合作。我听说总统特意在日程安排上腾出时间了解精准医疗计划的进展情况。此外，他本人也投资了精准医疗，促进这项计划取得了闪电般的快速发展。

而美国食品药品监督管理局则主要致力于消除临床基因检测的障碍，推行了一个名为"精准食药监局"的项目，旨在促进公司与监管机构在技术创新前期达成合作——前者研发出的激动人心的新技术最终需要获得后者的批准。"精准食药监局"项目中包括一个开放共享的云计算平台，可供研究人员和公司测试其新开发的基因组分析工具。我们在斯坦福举办了一次黑客马拉松来帮助这个平台启动，我的一名研究生雷切尔·戈德费尔德上传了第一个工具。

白宫团队主要负责协调倡议实行的各个方面，其中获得关注最多的是白宫办公厅的斯蒂芬妮·德瓦尼和卫生与健康科技创新高级顾问克劳迪娅·威廉斯。德瓦尼从乔治·华盛顿大学获得分子遗传学博士学位，负责协调联邦政府与合作伙伴之间的合作。威廉斯则将 20 年来积累的卫生政策经验带到了工作中，并认识到白宫在召集主要合作伙伴共同制定议程方面发挥着独特作用。我们在斯坦福与威廉斯一起参加了一次圆桌会议。我第一次亲眼见证了她巧妙地领导了来自医疗保健、工业和学术界的思想领袖之间的讨论。在匹兹堡的卡内基梅隆大学举办的一次活动中，我们也与威廉斯和德瓦尼进行了密切合作。在这次活动中，总统接受了阿图尔·加万德的采访，谈到了他对科技的热爱。随后，总统还参观了关于控制论、火星探测、无人机、自动驾驶汽车等方面的展览，包括斯坦福自己办的展览——主要展示了智能手表等电子工具，能更精确地测量各种健康指标。还有一个特别难忘的时刻：我的两个研究生安娜·谢尔比纳和杰西卡·托里斯不仅结识了弗朗西斯·柯林斯，还认识了美国首席数据科学家达努尔杰·帕蒂尔和美国首席技术官梅甘·史密斯。

与此同时，覆盖 100 万人的群体研究也蓄势待发。美国国立卫生研究院主管科学、外联和政策工作的副主任凯西·赫德森在美国各地主持召开了一系列咨询会议。弗朗西斯·柯林斯出席了在硅谷召开的会议。他一直在思考什么样的人才能真正推动这项大型群体研究。这个人必须是一个久经沙场的领导者，懂研究，懂技术，能真正理解患者和受试者的想法。他们不需要这个人具备在美国国立卫生研究院工作过的资深经验，事实上，"外部"人士甚至可能更好。当天，会议开始，房间里安静下来。主持人走到麦克风前，欢迎大家来到位于加利福尼亚州圣克拉拉市的英特尔公司总部。"欢迎来到英特尔！"这是埃里克·迪什曼的开场白。

· · ·

"他拒绝了我好几次。"柯林斯后来告诉我。他描述了自己争取这位"雪季老兄"同意的过程。这位老兄 19 岁时被判还有 9 个月寿命。如果柯林斯没有锲而不舍的精神，绝对走不到美国国立卫生研究院院长这个位置。2016年4月，埃里克·迪什曼被正式任命为精准医疗倡议群体研究项目负责人。不久之后，这个项目有了一个广为人知的名字——"我们所有人"（All of Us），[17] 体现出奥巴马总统在国情咨文中所表达的使命：受试者应该被视为这个反映美国人口多样性项目的合作伙伴。总统似乎对选这样一位患者兼技术专家担任负责人感到特别满意，而且他的妻子米歇尔看了埃里克的 TED 演讲后，向他讲述了埃里克的故事，让他深受感动。

除埃里克和美国国立卫生研究院团队外，还有几个关键小组加入，协助管理"我们所有人"项目。范德堡大学的医生兼信息学专家乔希·丹尼被任命领导计算机基础设施团队。来自圣迭戈斯克利普斯研究所的埃里克·托波尔被选中负责协调多个方面的工作，包括智能手机应用程序、可穿戴设备组件等数字技术。埃里克·托波尔是享誉世界的内科医生——前克利夫兰诊所心脏病科主任、畅销书作家、未来学家、内科医生、科学家（其推特账户也许可以被批准成为国家级范本）。2020年，新领导团队上任：乔希·丹尼接任首席执行官，斯蒂芬妮·德瓦尼任首席运营官，埃里克·迪什曼任首席创新官。项目领导团队与其合作团队在最短的时间内招募了数十万名受试者，超越了他们自己设定的种族多样性目标。到2023年，他们有望召集到100万名受试者。

这是美国国立卫生研究院的一个开创性项目，意义非同寻常——不仅仅是因为其远景规划直接来自美国总统办公室。受试者注册并通过手机应用程序提供电子版知情同意书，从前的医学研究从未享受过这种便利条件，美国国立卫生研究院承诺将向受试者返回健康和遗传风险信息。奥巴马总统非常恰当地阐释了研究人员与社会公众之间的这种伙伴关系，并大力倡导，使得这种新研究方式如种子一般开始生根发芽。

· · ·

　　与此同时，催生了"我们所有人"项目的其他国家级倡议已经结出了果实。让我们来看看基因解码公司取得的进展。凭借着热情，对自己观点的坚持，对普遍认知的"不屑一顾"，以及强大的意志力，其创始人卡里·斯特凡森组建并领导了一个前所未有的群体遗传学"发现引擎"。[18] 自 1996 年成立以来，基因解码公司率先用基因芯片对冰岛人口进行了基因特征分析，随后又进行了全基因组测序。此后 20 年间，其研究成果占据了遗传学顶级期刊《自然·遗传学》的大量版面，描述了有关心血管疾病、癌症和精神疾病等数十种常见疾病的遗传预先倾向性的重大发现、对人类遗传多样性的基本认识，以及父母年龄对儿童新发突变率的影响。

　　在此过程中，基因解码公司建立了一个庞大的在线数据库，被称为"冰岛人之书"，详细描述了每个冰岛人之间纵贯整个国家历史的家族关系。在智能手机时代，这种唾手可得的数据有一些意料之外的好处。例如，年轻人可以用一款名为"冰岛人"的约会应用软件防止有亲缘关系的人被意外配对。[19] 邀请某人约会前，年轻人可以输入其心仪约会对象的名字，看看他们之间的血缘关系有多密切，以便在必要时选择一个更"兼容"的伴侣。其实，一对正在约会的情侣把手机碰在一起，就能立刻得到答案，于是就有了"亲密接触之前先碰碰应用程序"这么一句口号，不仅显示出了冰岛人在软件编程方面极具独创性，而且体现了冰岛人——可能已编入基因——的强烈幽默感。

· · ·

　　看看英国生物样本库，就能知道"我们所有人"项目有朝一日能够产生的巨大影响。如今，英国生物样本库已成为一个典范——让世界看到了主动分享数据、协同合作和富有远见的领导带来的成果。从一开始，英国生物样本库的利益相关方就承诺允许所有具备相关资质的研究人员自由获取数据（健康记录和遗传信息），他们兑现了承诺。基于样本库数据集的第一篇论文于 2015 年发表，备受瞩目。作者不是英国研究人员，而是瑞典内科医生、流行病学家埃里克·英厄尔松。[20] 另外，英国生物样本库共享了受试者的基因芯片数据后，大规模研究在一夜之间成为可能。而在此之前，此类研究需要持续多年时间，耗费数百万美元。一夕之间，全球研究人员缺的就只是几行代码了。我在斯坦福的同事曼纽尔·里瓦斯甚至为任何想要探索某种疾病或基因，甚至是基因组中某个区域的研究人员建立了一个在线"搜索引擎"，类似于基因组版的谷歌地球，可供全世界所有能联网的人使用。[21]

　　数据开放带来的积极影响，以及受试者在贡献相关数据方面所体现出的无私精神，再怎么强调都不为过。在我撰写本书时，来自全球各地的研究人员已发表了 1 000 多篇基于英国生物样本库的研究论文，每篇都与人类健康问题有关，符合关注公共利益的标准。研究人员发布了心血管疾病、癌症、糖尿病、睡眠、哮喘、精神疾病、衰老和视网膜疾病等方面的开创性发现，包括机器学习、遗传学和因果关系的统计测定等方面的许多方法进展。饮食和运动也是一个常见的研究重点。有一项研究聚焦英国人对茶、咖啡和酒的偏好，将受试者对这些饮料的摄入量与对苦味感知有关的基因变异体联系起来。[22]

　　斯坦福的许多研究中也使用了来自英国生物样本库的数据，比如詹姆斯·普里斯特（第 12 章中提到过的儿科心脏病医生）的研究。他对为何有些婴儿有先天性心脏病特别感兴趣。婴儿先天性心脏病中最常见的一种是主动脉瓣二瓣化畸形。主动脉瓣通常有三个灵活的瓣膜或"尖瓣"，能控制血液流动：打开时让血液流出心脏，关闭时防止血液返流进心脏。但有些人天生瓣膜形状异常，只有两个瓣，导致其在以后的生活中面临瓣膜变窄和瓣周漏的风险。

英国生物样本库已经采集了超过 10 万人的全身磁共振扫描结果，是世界上规模最大的生物医学成像研究成果。我们和斯坦福大学计算机科学系的同事一起，利用人工智能技术，从 4 000 个扫描图像中识别出有主动脉瓣二瓣化畸形的受试者，然后分析其遗传数据，寻找可能的病因。我们的研究确定了基因组中对心脏瓣膜发育和心脏瓣膜疾病有重大影响的新区域。如果没有英国生物样本库，这项研究根本不可能完成，因为以前研究人员无法获得这么多人的心脏成像和遗传信息。此外，英国生物样本库将对所有受试者展开基因组测序，进一步提升其价值。

或许对英国生物样本库最大的赞誉来自基因解码公司创始人卡里·斯特凡森，他是一位善于发表尖锐评论的冰岛人。他不是个喜欢夸张的人，但他说："在我看来，英国生物样本库是生物医学研究史上最伟大的创举。"[23]

英国生物样本库还促进了英国另一个重要的基因组学项目的开展。这一项目由基因组学领军人物和前首相戴维·卡梅伦共同推动。卡梅伦的儿子伊万出生时患有大田原综合征，这是一种罕见的恶性癫痫，会逐渐恶化，导致人体机能逐渐衰竭。该项目名为"10 万人基因组计划"，于 2013 年 7 月正式启动，计划在 5 年内对 10 万名患者的基因组进行测序。2019 年，这一目标顺利实现。英国政府现已承诺对英国生物样本库中的 50 万人和国民健康服务体系中的 50 万人——总计 100 万人进行全基因组测序，并计划最终对共计 500 万人进行基因组测序。这将是世界上最大的基因组测序项目。

· · ·

　　"我们所有人"项目团队希望能收集到 100 万美国人的 DNA 样本，听起来似乎是一个很大的数字，但与目前私营企业拥有的 DNA 样本数量相比，简直是小巫见大巫。如今，全球范围内，拥有 DNA 样本最多的是直接面向消费者的基因检测公司。这些公司中知名度最高的是"染色体和我"和族谱网，[24] 能对客户邮寄来的唾液样本进行 DNA 分析，返回有关血统和某些健康方面的信息——总费用约为 100 美元。（"染色体和我"公司甚至还能告诉客户有多少尼安德特人血统）。这项服务很受欢迎。到 2020 年，全世界估计有 2 500 万人会成为这些公司的客户。

　　然而，尽管基因解码公司、"染色体和我"和族谱网等私营公司已经累计拥有数千万人的遗传数据，但这些数据都是私有的，不向公众开放（与"我们所有人"项目不同）。当药物发现开始瞄准基因时（正如第 17 章中描述的那样），对制药公司而言，基因解码公司是一个现成的机会。2012 年，制药巨头安进公司以 4.15 亿美元的价格收购了基因解码公司，将管理遗传数据的计算机系统剥离出来，成立了一家独立的公司。"染色体和我"公司也开始利用其庞大的客户基础来开展药物发现，进行了一系列药物授权合作交易，并高薪聘用了美国基因泰克公司负责研究和前期开发的前执行副总裁理查德·舍勒。此外，2014 年，另一家生物技术公司再生元公司与宾夕法尼亚州的盖辛格健康系统公司达成合作，征集到超过 10 万人的健康记录数据和 DNA 信息。再生元公司团队致力于将这些专属的遗传数据与患者医疗记录中的疾病数据相结合，以加速药物发现；而盖辛格健康系统公司团队则负责将遗传数据检测结果返回给患者，以便他们进行积极主动的预防性医疗保健。

还有其他几个大型项目收集了数十万人的健康数据，只向小部分研究人员开放。其中包括由惠康信托基金会资助的"中国慢性病前瞻性研究"（旨在从遗传和环境等方面着手，研究中国人常见慢性疾病的致病因素）和由美国政府资助的"百万老兵计划"。这两个项目在招募和跟踪受试者方面都取得了巨大成功——都有超过 50 万人同意参加。虽然与英国生物样本库相比，与这些项目有关的论文发表数量较少，但研究人员对影响中国人健康的社会决定因素和美国老兵高胆固醇背后的遗传因素做了深入研究，并发表了相关成果。美国"百万老兵计划"是由我在斯坦福的同事蒂姆·阿赛姆斯领导的，充分证明了更多样化的群体具有强大的作用。与先前针对具有同质性的北欧群体的研究相比，老兵这一群体有着更大的种族多样性，带来了许多与疾病相关的基因变异体的新发现。

· · ·

大规模研究的发现所具有的力量以及这些发现带给我们的信心，远比小规模研究多得多。遗传学领域最大的挑战之一就是建立起孤立数据之间的联系。此外，将这些数据公之于众能大力促进世界各地的研究人员为了公共利益而全力投入分析。

将众多科学家出于各种目的收集到的数据整合成一个新的、相互关联的数据库是一个细致的过程，丹尼尔·麦克阿瑟在这方面难逢敌手。[25]麦克阿瑟是澳大利亚的一位遗传学家，他才智过人，慷慨大方，幽默的话语中带着尖锐的讽刺。自 2012 年起，他在博德研究所带领团队汇集了数十万人的遗传数据，并向全世界开放。这些人各自都参加过不同的研究项目，包括弗雷明汉心脏研究、妇女健康倡议等。数据来源包括孟加拉国患者、爱沙尼亚患者、中国的精神分裂症患者以及瑞典的躁郁症患者。总而言之，到目前为止，这些项目包含了有着不同血统的约 14 万人的测序数据。这个被称为"gnomAD"（意为"no-Mad"，不疯）的数据库不仅是了解群体遗传学的一个极其重要的资源，也是解读患者基因检测结果的一个即时可用资源。从前，当我们在患者身上发现一个新的致病性基因变异体时，会查看数据库中其他 100 位匿名献血者（其中大多数是白种人）的基因数据，以确定这一变异体在更广泛的群体中是否"常见"，以及如果常见的话，有多常见。这些信息很关键。一个常见的变异体，一个在很多总体健康状况良好的人身上存在的变异体，不可能导致一种罕见的严重疾病。但我们很快发现，样本容量为 100 的对照组不足以确定一个基因变异体是否罕见。现在，多亏了麦克阿瑟团队，世界各地的研究人员可以一下子获得成千上万血统不同的个体的基因检测结果，用以回答这个问题。

很快，麦克阿瑟运作的项目就改变了我们区分致病性基因变异体和相对无害的基因变异体的能力。以我的一名患者西奥多·卡特为例。他于 2010 年首次引起了医疗界关注，当时还是个上高中的田径运动明星。他曾是一名中长跑运动员，在一次比赛后倒下了。进行医学检查后，医生认为他前段时间感染的病毒可能是病因，但后来发现其心脏有轻度增厚，意味着他可能患有肥厚型心肌病，然而其心肌增厚的程度并不显著。因此，不同于其他患者（比如我们在第 15 章和第 16 章中提到的莉拉妮·格雷厄姆），其诊断过程并不像扣篮那般干脆利落。西奥多的心脏增厚程度处于一个"灰色地带"，医生很难确定这些变化是否只能说明他有着高强度的运动训练，而不是疾病的征兆。为了弄清情况，他的儿科医生给他做了基因检测。果然，西奥多体内一个已知的肥厚型心肌病致病基因 *MYH7* 存在突变。在 100 名献血者构成的小型样本库中没有发现这种基因变异体，但另一名肥厚型心肌病患者携带这种基因变异体。因此，其儿科医生得出结论，西奥多患有轻度肥厚型心肌病。他建议，为最大限度保证安全，西奥多最好不要再参加比赛。西奥多很难接受这一限制，因为这不仅仅是他闲暇时间的体育运动，他的自我价值也与运动员生涯息息相关，而且他正在努力争取大学的运动员奖学金。但根据当时掌握的信息，他的 *MYH7* 基因变异体看起来太过"真实"了，实在让人难以忽视其存在。

时间快进到 2012 年，首个大规模群体遗传数据库公开，确定一种变异体是否致病的对照研究基因组数量从原来的 100 上升至数千。我还清楚地记得事情发生的那一天！我们的首席遗传咨询师科琳·卡雷舒花了整整一个下午的时间来查看过去 5 年间我们在患者身上发现的变异体。那天，其面部表情经历了有史以来最丰富的变化。有时，利用数据库进行核查得到的结果能证实我们原来的结论：在数千人的基因数据中都没有发现某种变异体（这比在 100 人中没有发现变异体更能说明"稀有性"），因此它很有可能是一种罕见疾病的病因。

但西奥多这一病例的结果完全不同。新数据库显示许多个体携带与其相同的基因变异体。简而言之，世界上携带这种基因变异体的人太多了，因此它不可能是肥厚型心肌病这一罕见疾病的致病性基因变异体。我们重新检查了西奥多的心脏，发现自从他停止比赛，心肌厚度已有所减少。原来，体育运动才是罪魁祸首！因此，我们推翻了原来的诊断，解除了相关限制。两年后，西奥多重获自由，可以尽情生活了，如果愿意，还可以参加田径比赛。"我……我还能再跑吗？"他疑惑地问我，"简直不敢相信……我都不知道该怎么消化这个消息。我以为自己再也没有机会了……我还能再次拥有人生中最热爱的东西。"

这就是群体遗传学能为个性化精准医疗贡献的力量——都不需要

我们去说服西奥多。他现在正准备去攻读……遗传学硕士。

· · ·

总而言之，如今，世界范围内共有 60 多个研究团队希望能招募到至少 10 万人加入他们建立的生物样本库。同时，国际 10 万人以上队列联盟（IHCC）正在牵头将这些数据库连接起来，从而实现多数据库关联分析。此外，还有一个目前由尤安·伯尼领导的全球基因组学与健康联盟。这一项目致力于促进可靠的基因组数据共享，造福人类健康。尤安·伯尼还是欧洲生物信息研究所所长，极具激情和创造力，才华横溢且不失幽默。只需一台电脑和一个网络接口，世界各地的研究人员未来将能访问数十亿到数万亿的数据点，借助全球数百万人的健康状况和基因组数据，加深认识，揭开人类疾病的神秘面纱，找到新的药物和疗法。这个梦想吸引了总统和总理、患者和受试者、教授和单纯好奇的人发挥想象力，但我们现在还处于梦想开始的阶段。在个性化精准医疗时代，最令人惊讶的事，说到底，可能是了解人——我们所有人——这才是关键。

第 19 章

基因治疗

"从前我们认为未来在星空中。现在我们知道未来在我们的基因里。"

——詹姆斯·沃森，诺贝尔生理学或医学奖得主

"控制人类基因的力量令人惊叹，令人恐惧。"

——詹妮弗·杜德纳博士，《创造的裂缝》

如果你了解历史的话，就不难理解为何初级医生被称为"住院医师"。20 世纪 60 年代初，我父亲是苏格兰格拉斯哥南方总医院的一名初级医生，每隔一天就得随叫随到，真的是"住在"医院里。35 年后轮到我自己时，初级医生的工作时间开始减少，但我依然经常在医院里从星期六早上 8 点待到星期一晚上 7 点。如今，住院医师工作时间更符合正常生活作息，还能住在医院外自己的公寓里，但这些年轻医生仍然要轮着上 28 小时的班，保证急症患者能得到 24 小时不间断护理。

在斯坦福医院的冠状动脉护理病房，我们每天早上都会聚在一起讨论患者情况。住院医师会总结每名患者前一天的情况，包括其身体状况和精神状态，以及各项检测的全部数据。每位住院医师都有自己

的陈述方式，只需几分钟就能看出谁才能出众：能简单概括出要点及其可能产生的影响，然后制订出一个完整的治疗计划。真正优秀的住院医师甚至能在你将大脑里的问题问出口之前就给出答案，但并非每个人都能天生在睡眠时间极短的情况下，还能串联起医院里发生的复杂故事，并做出条理清晰的综合呈现。有些人通过忽略一些基本需求来达成这一目标。（有一天早上，一位住院医师穿了两只不同颜色的鞋来上班。）但住院医师中偶尔也会出现一位大师，不仅能做到呈现故事、制订计划，还能做得比预期更好。

我记得有这样一位住院医师，工作效率高，条理清晰，非常自信，而且其诊断推理极具广度和深度，陈述中常常夹杂着一丝温和的讽刺幽默，却又被他顽皮的微笑所掩盖。有一天上午，他调动自己的顶级模仿能力——在失眠的刺激下发挥出近乎疯狂的才华——撰写了一份针对某名心脏病发作患者的报告。报告写得淋漓尽致，有理有据，每一个小细节都引用了最新的权威心脏病学文献做支撑，让我叹为观止，一口气说尽了所有的赞美之词。他已经到达另一个境界了。这样一位医师毫不费力就能成为行业中的佼佼者，以至于有余力加上些夸张的动作，并在通过终点线时对着镜头微笑。他甚至不是心脏病学"这一行"的，他的名字叫霍尔布鲁克·科尔特。[1]

后来我了解到，霍尔布鲁克在其选择的肿瘤学领域（癌症患者护理）是一颗冉冉升起的新星，他通过快速通道获得了大学教职，学术研究事业蒸蒸日上。我一点也不觉得意外，真正让我感到惊讶的是后来得知，他患有血友病。血友病是一种罕见的遗传出血性疾病。他所患的是血友病 A，由于缺乏凝血因子Ⅷ，关节、肌肉、消化道等处出血时，难以止血，其中，脑部出血的后果最为严重。肝脏产生的凝血因子会触发级联反应，就像推倒多米诺骨牌一样，促使血液凝结。由于缺少级联反应的一个关键部分，霍尔布鲁克不得不避免受任何形式的外伤。这对一个孩子来说比较容易（他 7 岁前一直戴着头盔，以防头部受到冲击），但成年人很难做到。霍尔布鲁克童年时，研究人员已研制出人工合成的凝血因子，于是他开始接受每两周注射一次凝血因子Ⅷ。对部分患者而言，这种疗法只在一段时间内有效，当其免疫系统开始将注射的凝血因子视为外来异物后，就会产生抗体来中和凝血因子，导致疾病复发。

霍尔布鲁克的治疗让其与医疗系统产生了密切联系，一定程度上激励了其投身医学事业。在接受《旧金山杂志》采访时，霍尔布鲁克曾经说道："我和我的血液病医生之间的关系就像亲兄弟一样紧密。"在和他一起治疗心脏病患者的两个星期里，我目睹了其卓越才能。显然，他在研究如何利用免疫系统对抗癌症时也展现出了同样的才华。他将免疫系统视为癌症的"救世主"，其中不乏讽刺。正是霍尔布鲁克自己的免疫系统攻击注射的"外来"凝血因子Ⅷ，限制了其发挥作用，才导致他再次面临严重出血的危险。因此，这位杰出的年轻科学家将其强大的创造力投入自己的生存斗争中，着手辨别哪些免疫细胞会对凝血因子Ⅷ产生抗体，然后设计出一种个性化的疗法使其失效。这段不平凡的科研之旅使其登上了《纽约时报》，并且经常出现在斯坦福的出版物上。尽管得到了极大关注，但他依旧保持谦逊，每个见过他的人都很喜欢他。"他是每个人的合作者、顾问、导师和朋友。"他的导师、我在斯坦福的同事罗恩·利维曾这样评价他。正是这一切，让人更加难以接受他在 2016 年 2 月去迈阿密旅行时死于脑部出血的并发症，生命定格在了 38 岁。

我们非常清楚血友病背后的遗传学原理。因为控制凝血因子Ⅷ的基因在 X 染色体上，所以患血友病 A 的主要是男性。女性有两条 X 染色体，意味着有两次机会拥有正常的凝血因子Ⅷ基因来保护她们，而男性只有一条。而且，随着基因组测序技术的进步，我们已能精确识别出是患者凝血因子Ⅷ基因的哪一个突变导致了疾病。这样一来，是否到了我们能够直接处理问题源头的时候呢？我们真正追求的目标不就是通过修正基因组错误来"治愈"一种遗传性疾病吗？尽管已无法用基因治疗挽回这位才华横溢的年轻医生兼科学家的生命，但如今这种疗法确实在快速发展。

• • •

基因治疗兴起于20世纪70年代初，但直到20世纪90年代初才首次应用于临床治疗。可惜，这些早期尝试在很大程度上是无效的，出现了很多问题。其中，最严重的是基因治疗的毒性会导致患者死亡。最著名的案例发生于1999年，时年18岁的杰西·格尔辛格在接受基因治疗后死亡。[2] 此外，还有一群儿童在接受基因治疗后罹患癌症。大众媒体对这些进行了广泛报道，宣称基因治疗就此终结。比如，1999年《华盛顿邮报》报道称："基因治疗遇到了一系列挫折，（格尔辛格的）死亡是最近的一次。这种前景颇被看好的疗法至今未能成功治愈一个人，被批评说从实验室过渡到临床的速度过快。"但美国国立卫生研究院关于基因治疗失败的报告才更切实际。专家小组的结论是，我们对相关疾病和将基因导入组织的方法还不够了解，但有足够的了解后，基因治疗有可能成为有效的干预措施。他们想传递什么信息呢？科学家应该回到实验室继续钻研，加深认识。科学界收到了这条信息。

基因治疗如要起效，必须瞄准关键细胞，然后进入这些细胞的细胞核（储存我们基因的地方），并且在某些情况下，去改变基因组。主要挑战是让基因治疗作用于正确的地方。大多数情况下，你不能简简单单地将DNA注入血液，然后祈祷它去该去的地方。注入的大部分

DNA 会在血液或身体组织中遭到破坏，即便它进入了目标细胞，仍要走很长的路才能到达细胞核，而细胞核才是它真正要去的地方。幸运的是，大自然提供了一种将遗传物质递送到细胞的有效方法——病毒感染，你肯定亲身经历过。

没有人真正知道病毒是从哪里来的，也没有人知道它们存在了多久，但从 19 世纪末开始，科学家就发现了这些微小的生命体。它们由 DNA 或 RNA 和蛋白质组成，细菌比其大 100 倍。由于病毒的结构和成分简单，所以必须依赖于细胞而存在，利用其感染的细胞进行复制，制造更多病毒。事实上，我们人类 8% 的基因组是病毒遗留下来的 DNA，所以人类很可能是与病毒共同进化的，所有这些特性都使病毒成为递送治疗性 DNA 的一种有效载体。在基因治疗的早期，研发专注于设计病毒载体。这些病毒能够感染特定细胞，但不会在身体组织内繁殖。目标是将新的、健康的基因直接递送至需要它的细胞。

20 世纪 90 年代后期，技术发展到能从数百升培养细胞中提纯出足够多的病毒递送基因。实验室就像工厂一样。到 21 世纪初，更高效的基因治疗技术开始进行首批临床试验，主要针对的是血友病患者。选择血友病的一个原因是产生凝血因子的细胞存在于肝脏中，而病毒能很好地侵入并感染肝脏。好消息是，利用病毒传递凝血因子基因并不存在安全问题，特别是考虑到杰西·格尔辛格去世已近 10 年。坏消息是，疗效相对温和，或持续时间短暂，这可能是因为没有将足够的病毒递送至正确组织，或者是因为免疫应答增强，消灭了病毒。研究人员还惊讶地发现，尽管免疫系统并不熟悉这些人工病毒，但有些患者体内已经有了能够中和它们的抗体。事实证明，人体免疫系统是一个可怕的敌人，但初期研究还是展现出了光明的前景，现在科学家正在争分夺秒地研发出更好、更高效的基因治疗方法。

下一个血友病的重大临床试验历时 10 年才完成，[3] 主要是针对血友病 B——凝血因子IX缺乏症（霍尔布鲁克缺少的是凝血因子VIII）。研究人员知道，不需要太多额外的凝血因子就能产生效果。研究中，受试者被注射了人工合成的凝血因子IX，凝血因子活性略高于正常水平 10% 时出现明显效果。在基因治疗的初期探索阶段，研究人员在注射病毒的同时抑制免疫系统以降低抗体反应，发现凝血因子IX的活性从 0 增长到 2%~7%，看起来很有希望，但还不够，要达到 10% 才能有明显疗效。21 世纪 10 年代早期，研究人员发现了一种高活性版的凝血因子IX，将其称为"帕多瓦"，这意味着只需要更少剂量的病毒就能达到类似或更好的疗效。事实上，研究证明，注射凝血因子IX "帕多瓦"后，凝血因子活性水平在 34% 左右，不仅是产生疗效所需最低水平的 3 倍，而且持续了数月。这是基因治疗的一个里程碑：首次实现了效果显著且可持续的基因修正。

血友病 B 患者对此欢呼雀跃是可以理解的，但血友病 A（也就是霍尔布鲁克所患的凝血因子VIII缺乏症）患者的人数是血友病 B 患者人数的 6 倍多。而且，将基因治疗应用于血友病 A 也面临着更多挑战。凝血因子VIII基因的长度是凝血因子IX基因的两倍。这很重要，因为用于递送基因的病毒，被称为腺相关病毒，有能携带基因的最大负荷，而凝血因子VIII基因太长了。那怎么办？使用另一种病毒递送系统，还是在保持活性的前提下缩短基因？后一种方法虽然看起来不太可能，但实际上行得通。有家公司研发了一种凝血因子VIII基因的缩短版本，2017 年，一项里程碑式的研究公布了其成果：7 名血友病 A 患者接受基因治疗 6 个月后，有 6 名患者的凝血因子活性达到了**正常**水平。这些患者几乎一辈子都在注射人工合成的凝血因子VIII，现在可以停止注射了。同时，接受基因治疗后，年平均出血事件从注射凝血因子期间的 16 起下降到了 1 起，这对他们来说真的是奇迹。这个项目的领衔研究员是来自英国伦敦巴兹保健和英国国民信托血友病中心的约翰·帕西教授。他一反英国人的低调，用华丽的辞藻描述了这项"令人震撼"的研究成果，称其"远远超出了我们的预期"。一条通往基因治疗的道路已经铺平了。

• • •

过去几年内，基因治疗不仅成功治愈了血友病这一种遗传病。随着经验的积累，研究人员已证实，眼睛、骨骼肌等其他病毒容易递送到的器官也是基因治疗的理想目标。眼睛之所以能引起特别关注，是因为其内部处于良好的保护之下，不会受到免疫系统的攻击（免疫系统可能会限制病毒递送的有效性），而且与失明相关的疾病会让人丧失很多能力，带来毁灭性打击。

以纽约长岛的瓜尔迪诺一家为例。[4]护士贝丝在意大利度假时与比萨制作大师尼诺·瓜尔迪诺结识，后育有一子，取名为克里斯蒂安。克里斯蒂安6个月大的时候被诊断出患有莱伯先天性黑矇。这种病会影响视网膜，也就是眼球后部的感光部位。瓜尔迪诺一家被告知克里斯蒂安最终会完全失明。"这是灭顶之灾，"其母亲说，"我对失明会对他造成的影响感到非常害怕。"随着视力逐渐衰退，克里斯蒂安戴上了墨镜，走路时手里拿着一根白色手杖。

克里斯蒂安失明是由于视网膜色素上皮细胞特异性65kDa蛋白基因（*RPE65*）发生了突变。*RPE65*编码的蛋白在眼睛将光线转换成电信号并沿视神经传送到大脑的过程中扮演了关键角色。如果没有足够的正常蛋白，就无法传送这些电信号，视力也就无从谈起。不过，克里斯蒂安12岁时有机会接受星火治疗公司推出的试验性基因治疗。这种新疗法把存在突变的基因拷贝添加到眼球后部的视网膜细胞中，利用患者自身的身体机能来补上缺失的蛋白。克里斯蒂安一家报名参加了这项试验。13 岁时，克里斯蒂安在费城儿童医院接受了基因药物注射（在每个眼球后部进行了一次注射）。

治疗效果十分显著。[5] 在接下来的几个月里，克里斯蒂安的视力提高了 80%。接受治疗几个星期后，他转身对着母亲问道："妈妈，是你吗？"他很小就失去了视力，一点儿都不记得母亲的脸了。"我记得自己第一次看到了父母的脸，"他说，"那种感觉难以言表。"

对音乐的热爱，尤其是对歌唱的热爱，让克里斯蒂安培养了坚定的意志，度过了磨难。2017 年，在电视节目《美国达人秀》中，克里斯蒂安讲述了自己的故事，展现出动人的歌喉，鼓舞了评委和观众，赢得了他们的喝彩。两年后，他向记者克里斯托弗·霍华德讲述了新获得的视力给他带来了什么。"接受基因治疗后，我能看到很多美妙的事物。月亮、星星、日落、篝火、飘雪，我有机会亲眼看到太多东西，"他说，"我不能把这些都视为理所应当。"

克里斯蒂安并不是此次试验性治疗的唯一受益者。事实上，试验中有一组患者视力非常有限，有完全失明的趋势，基因治疗提高了他们在迷宫中辨别方向和在弱光下避开障碍物的能力，他们表现得比未接受治疗的对照组好 10 倍，而对照组在试验过程中视力明显恶化。在接受基因治疗的患者中，65% 的人视力得到了最大可能的提升。

鉴于试验取得显著成果，美国食品药品监督管理局于 2017 年 12 月批准了药物勒克斯图纳。美国食品药品监督管理局局长斯科特·戈特利布很兴奋，他说道："我相信，在今后治疗甚至可能是治愈人类许多最具破坏性和最难治疗的疾病时，基因治疗将成为中流砥柱。"

· · ·

并非只有视网膜疾病患者见识到了现代基因治疗的绝佳疗效。脊髓性肌萎缩是一种影响脊髓运动神经元的遗传性疾病，[6]其最严重的类型通常出现在年龄很小的婴儿身上，他们会丧失肌张力（变得一瘸一拐或"软绵绵的"），或者出现呼吸困难，需要呼吸机的支持，往往会感染肺炎，最终死亡。因此，脊髓性肌萎缩是导致儿童早夭的主要遗传性疾病之一。严重程度相对较轻的一种类型出现在婴儿期后期，患病的孩子没有站立或行走的能力，但能坐起来，借助轮椅行动。虽然这些孩子中有一部分能长大成人，但很少有人能过上正常生活。更轻微的一种类型往往在患者青少年时期甚至成年后才能确诊。这类患者中有很多人虽然有运动障碍，但仍能达到正常的寿命。

脊髓性肌萎缩是运动神经元生存基因 1（*SMN1*）突变导致的。如果一个人的两个基因拷贝都存在突变，就会患上这种疾病（即隐性遗传，也就是未受影响的父母会生下病重的孩子）。直到最近，还没有有效的治疗方法，比较可行的是姑息治疗① 和机械通气②。

2016 年，一种激进的全新基因治疗法获批，改变了这一疾病的可怕预后。要理解这种新疗法是如何起效的，我们必须先了解一组参与生成 SMN 蛋白的基因。人类基因组中有一个与 *SMN1* 密切相关的基因叫 *SMN2*，也能产生 SMN 蛋白。事实上，有些人体内存在不止一个 *SMN2* 基因拷贝，而是有多个。尽管如此，人类基因组其实完全依靠 *SMN1* 编码 SMN 蛋白。转录两个基因之间基因组产生的 RNA 信息传达出"关闭"指令，会抑制 *SMN2* 编码 SMN 蛋白。研究人员

---

① 姑息治疗是癌症控制中必不可少的一个方面。若患者对治愈性治疗没有反应，则对患者采取完全的主动治疗和护理，控制疼痛及患者有关症状，重点关注患者的心理、社会和精神问题。姑息治疗的目的是为患者及其家属赢得最好的生活质量。——译者注

② 机械通气是利用机械装置呼吸机代替、控制或改变自主呼吸运动，维持气道通畅，改善通气和氧合，防止机体缺氧和二氧化碳蓄积，帮助机体度过呼吸衰竭期，为治疗创造条件。——译者注

发现，抑制这个"关闭开关"可以重新打开 *SMN2* 基因，让其生成具有正常功能的 SMN 蛋白，这是一个巨大突破。如果患者的 *SMN1* 基因失灵，能通过打开其 *SMN2* 基因来产生对维持人体运动神经元非常重要的 SMN 蛋白吗？或许，脊髓性肌萎缩的基因"治愈方案"就隐藏在基因组中，就在我们眼前？

消灭这种"关闭开关"的方法是将"反义寡核苷酸"（其碱基顺序排列与信使 RNA 的序列互补）直接送入包围着脊髓的脑脊液中（这样可以降低对病毒递送有效载荷的要求）。这种做法非常有效。在这项研究中，共有 122 名患有最严重类型脊髓性肌萎缩的婴儿接受治疗，打开了 *SMN2* 基因。其中，超过 40% 的婴儿能进行正常运动，比如翻身、爬行甚至走路。未接受治疗的婴儿则没有变化。另外，婴儿死亡率也相应下降，研究结束时，接受治疗的婴儿中只有不到 40% 死亡，而未接受治疗的婴儿中则有近 70% 死亡。这真是史无前例的进步。

然而，这种特殊疗法有一个缺点——每隔几个月就需要接受一次注射，因为反义寡核苷酸会被人体降解。另一种方法是将病毒注射到手臂血管中，利用病毒将功能完全正常的替代基因递送到大脑和脊髓中。这种方法类似于治疗先前描述的血友病（即霍尔布鲁克·科尔特所患疾病）和莱伯先天性黑矇（即克里斯蒂安·瓜尔迪诺所患疾病）的基因治疗法，但应用前景更加光明。这种疗法在患有最严重类型脊髓性肌萎缩的儿童身上进行了试验。这些儿童通常无法在没有帮助的情况下坐起来，大多数会在两岁前死亡。只接受一次药物注射后，12 个孩子中有 9 个能坐起来 30 秒以上，两个能爬行甚至能直立行走。这简直就是个奇迹。一系列试验结果促使美国食品药品监督管理局于 2019 年迅速批准了诺华公司的基因治疗药物 OAV101 注射液（Zolgensma）。美国食品药品监督管理局代理局长爱德华·沙普利斯博士在药物获批当天发表的一份声明中说："今天，药物获批标志着基因治疗在成为治疗多种疾病的变革性力量之路上的又一个里程碑。基因治疗药物将改变那些可能面临不治之症，甚至是死亡的患者的生活，给他们带去希望。"

∙ ∙ ∙

从这些突破中可以清楚地看到，如果一个基因由于突变而"失灵"，进而导致必要蛋白缺乏，那么递送一个替代基因将有助于治疗遗传病。然而，在某些情况下，某种突变蛋白数量**太多**了也会造成问题。这时，你想要的不是让正常基因编码的蛋白**更多**，而是让非正常基因编码的蛋白**更少**。那么，如果你想关闭一个有害基因，应该怎么办？你可以使用前面讨论的基因沉默①手段来关闭 RNA 信息，但其实还有更好的办法。

1998 年，来自马里兰州巴尔的摩华盛顿卡内基研究所胚胎学系的两名研究人员安德鲁·费尔和克雷格·梅洛发现，某些短的、双链 RNA 分子（20 个碱基对那么长）可以关闭相应基因的表达。他们是在一条 1 毫米长的秀丽隐杆线虫中获得这一发现的（秀丽隐杆线虫是一种通体透明的蠕虫，深受遗传学家青睐，是研究中的模式生物）。虽然已经知道长度相当的单链 RNA 分子可以干扰其他序列相似的 RNA 分子（如上文中的 *SMN2*），但这样做效率低下，而且效果持续时间短暂。此外，秀丽隐杆线虫只用了数量极少的双链 RNA 分子来触发这种效应，表明其体内存在一种不同机制—— 一种可以用来关闭特定基因的机制。这一发现在治疗人类疾病中的潜在应用前景让人

---

① 基因沉默是指在转录或翻译水平上显著抑制或终止基因表达。——译者注

无比兴奋，梅洛和费尔因此于 2006 年被授予诺贝尔生理学或医学奖。打动诺贝尔奖委员会的不仅是一个新发现的基本遗传过程，还因这一发现打开了基因沉默应用于医学治疗的大门。

兴奋背后的原因倒是不难理解。不同于递送一整个新基因或使用大量反义寡核苷酸这两种当时通行的做法，也许还可以通过递送数量少得多的短双链 RNA 分子来治疗某些疾病。不出所料，这种兴奋引发了大肆宣传。与 10 年前首次尝试基因治疗时的情形相似，21 世纪初，几家公司先后成立，致力于发掘 RNA 沉默（也称 RNA 干扰，或 RNAi）应用于人类疾病治疗的潜能。然而不久后，希望再一次破灭。将 RNA 分子递送至体内的目标细胞面临着重重挑战，一直困扰着 RNA 沉默药物的开发计划。到 21 世纪 10 年代初，投资者和大型制药公司都开始惶惶不安。阿里拉姆制药公司首席执行官约翰·马拉加诺尔回忆道："大家开始放弃希望。"然而，科学家还在坚持，致力于更深入地理解这一基本遗传过程的运行原理，关键是如何以最安全的方式利用好它，并令其预先瞄准目标器官。其中，有一种方式脱颖而出，颇有希望，那就是将 RNA 装进具有保护性的微小纳米颗粒中，以此来递送 RNA，尤其是递送至肝脏细胞。

2018 年 8 月，美国食品药品监督管理局批准了首个由纳米粒子装载的 RNA 沉默药物，用于治疗遗传性转甲状腺素蛋白淀粉样变性。这种疾病极具毁灭性，会引起神经感觉、肠和膀胱功能、心律和心肌强度等方面的问题，也是一种没有有效疗法的疾病，大多数心脏出现症状的患者会在两年至三年内死于心力衰竭。这一疾病的病因是 TTR 基因突变，导致转甲状腺素蛋白突变，以及正常转甲状腺素蛋白错误折叠，从而造成毒性在神经系统和心脏等组织中累积。由阿里拉姆制药公司生产的 RNA 沉默药物 Onpattro 能够降低突变的和正常的转甲状腺素蛋白水平。2018 年，228 名患者参与的一项临床试验显示，该药物能对疾病进展产生前所未有的影响。18 个月内，服用安慰剂的患者病情恶化，行走速度下降，而服药的患者行走速度变快了。这种药物不仅能阻止疾病发展，而且能切实逆转其进程。

此外，基因沉默治疗的应用前景并不局限于罕见的遗传病，例如，可用于治疗顽固性高胆固醇血症这一疾病。2019 年 8 月，在巴黎举行的欧洲心脏病学会年会上，一项研究展示了具有里程碑意义的成果。这项研究聚焦于那些虽然服用了最大剂量的降胆固醇药物，但低密度脂蛋白水平仍然很高的患者。来自 7 个国家共 1 617 名受试者的平均初始低密度脂蛋白含量为 107 毫克 / 分升。（记住，有过心脏病发作史的患者的目标是 70 毫克 / 分升或更低。）在 18 个月的试验过程中，接受安慰剂治疗的患者的低密度脂蛋白含量总体上升了 4%，而接受 RNA 沉默药物治疗的患者的低密度脂蛋白含量下降了 49%。在第 17 章中，我介绍了莎拉妮·特蕾西和其低得异于常人的胆固醇水平——受天生携带的两个失活的 *PCSK9* 基因影响。制药公司利用抗体使 *PCSK9* 基因编码的蛋白失活，成功仿制了莎拉妮天生的超能力。但你可能还记得，这种降低胆固醇的方法每隔 2~4 周就需注射新的抗体，相比之下，RNA 沉默疗法每年只需注射两次。

我本人对 RNA 沉默的兴趣始于 2006 年。[7] 当时我刚加入斯坦福大学的教师队伍，不满足于仅仅对会导致心力衰竭和猝死的遗传性疾病进行描述，一心想着如何能做得更好。我们真的可以用基因沉默来治疗疾病吗？我知道完全沉默一个基因可能在某些情况下有效（如上面提到的调控胆固醇水平），但这显然不能应用于治疗遗传性心肌病——只有一个基因拷贝存在问题，而另一个基因拷贝对心脏正常运转至关重要。我们能不能找到一种方法只关闭那个存在突变的基因拷贝？在我看来，这个方法将会非常简洁明了。我听说过 RNA 沉默，好像前景很广阔，问题只有一个：我对 RNA 沉默一无所知。

幸运的是，斯坦福大学有个人精通此道：诺贝尔奖得主安德鲁·法尔。2003 年，他离开约翰斯·霍普金斯大学，加入了斯坦福大学。听说他很平易近人，于是我耗时良久，精心写了一封邮件，希望能引起他的兴趣。我在开头写道："尊敬的法尔教授，您应该不认识我，我是新来的初级教员……"然后我礼貌地询问他能否抽出一点时间给我提供一些建议——任何时候，嗯，接下来几个月里都行。我边写边看了一眼我空空如也的日程表，然后尽量在字里行间表达出"只要他同意，我随时随地都能去拜访他"。我按下了发送键，满怀期待，但也知道获得过诺贝尔奖的著名教授都非常忙碌，他们几乎每天都会收到请求和邀请。几分钟后，我的电话响了。这里要解释一下，作为一名新教师，我被分到的办公室里有部座机。不知何故，我意外分到了一位荣誉退休教授的号码，这位教授以前在斯坦福做心脏康复研究。这样一来，90% 以上的来电都是打错了。我已经习惯耐心倾听，然后在合适的时候打断，告诉他们需要的正确号码。正是在这种情况下，那天下午，我接起电话，眼睛已经瞥上了写着那位教授号码的黄色便条。

"你好。"我说道。

"嗨，我是安迪。"电话那头应道。

我顿了一下。**安迪**？我想了想。**我真不认识叫安迪的人**，也没听出来电话里的声音是谁的。"不好意思。"我说，"你要打的号码应该是……"

那人打断了我："我是安迪[①]·法尔。刚刚收到了你的邮件。你想过来一趟吗？"

[①] 安德鲁（Andrew），昵称为安迪（Andy），常被缩写为"Andy"或"Drew"。——译者注

我惊呆了。确认了他真的是指"现在"后，我来到了法尔教授的办公室，正是他发现了我希望采用的遗传过程。而距离我第一次在电脑上打出这个想法才过去几个小时。这样一位著名科学家愿意抽出时间与一位资历尚浅的同行交流，这让我很受鼓舞。这次谈话促成了长达 12 年的试验和合作，目标就是探索利用 RNA 沉默技术治疗心肌病的方法。

我们打算循序渐进。首先，我们必须确信"只"沉默突变的基因拷贝是可行的。我们选择聚焦于 MYH7 和 MYL2 这两个肥厚型心肌病的致病基因。那么，第一步就是将正常和突变的基因拷贝放入同一类型的细胞中，这些细胞需要很容易在培养皿中存活（因为心脏细胞很难处理，所以我们通常使用肾细胞）。马修·惠勒和博士后学者卡西娅·扎乐特给正常版本的心脏基因加了一个"绿灯"，给突变版本的心脏基因加了一个"红灯"，然后对不同的 RNA 沉默片段进行测试，看看我们能否只选择性地沉默突变版本的基因。我们通过观察细胞中红光和绿光的数量变化来监测效果。这些"疗法"中，有的比其他更有效，有一两种效果确实很好。我们选取了效果最好的那个，想看看它在患有心肌病的小鼠心脏细胞中是否也能起作用。它能！然后，我们准备在活体动物身上尝试我们的新"疗法"。我的实验室里有一位极富才干的显微外科医生，负责将由病毒承载的基于 RNA 沉默技术的药物注入新生小鼠纤细的静脉。这些小鼠同时携带突变和正常版本的 MYL2 基因拷贝，注定会患心肌病。这些小鼠非常小，长约 1 厘米，重约 1 克，所以注射时要非常小心。在这些小鼠生长的过程中，我们会仔细观察。我们在病毒的"有效载荷"内添加了一种特殊的发光基因，以便查看病毒是否真的到达了心脏，而不是去了其他地方。我们跟踪观察这些毛茸茸的"患者"，直到其成年，对其心脏（每分钟跳动 600 次至 800 次）进行超声检查，还让其像人类患者一样去小型跑步机上跑步。那些接受 RNA 沉默治疗的小鼠身上有疾病逆转的明显迹象！它们的心脏没那么厚，也没那么僵硬。我们在显微镜下仔细观察组织后发现，相较于那些未经治疗的小鼠，其心脏看起来更正常。最重要的是，接受治疗的小鼠存活时间更长。

但这是小鼠，其心脏极小，兴奋时每分钟跳动 1 000 次，心壁厚度只有 1 毫米，其心脏生理也与人类心脏不同。我们需要考虑我们的治疗是否也适用于人类。当然，在药物研发过程中，你不可能直接从小鼠跨越到人类。因此，我们想首先将这种 RNA 沉默治疗应用于实验室培养皿中的人类心脏细胞。唯一的问题是，心脏细胞不易获取。医生很少会切下患者的一部分心脏组织，而移植手术中被切除的心脏往往已经病入膏肓，其细胞无法很好存活。而且，我们真正想要的是与我们所关注的疾病或患者基因相匹配的细胞。因此，我们利用了另一项获得过诺贝尔奖的突破——"逆转"细胞，使其重新成为"干细胞"。早期胚胎中存在大量干细胞，而且在我们整个生命发展过程中，干细胞仍然存在于身体的某些部位。其独特之处在于可以转变成任何一种细胞。"逆转"的意思是从患者身上提取血液样本，将其中的血细胞转化为干细胞，然后让这些干细胞转化为心脏细胞。这些心脏细胞中就含有我们想要研究的基因变化。我们利用多种化学物质的混合物实现了这一魔法，最终我们的培养皿中有了跳动的细胞——就像是"迷你心脏"（尽管形状不像心脏，更像斑点。也许有一天，我们可以利用这些技术培育出人体器官的替代品，但现在还是先制造出这些小斑点来研究疾病吧）。当时，我实验室的一名研究生亚历克丝·代尼斯正专注地研究两个培养皿中的"迷你心脏"。它们源于我们两位患者的血细胞。这两位患者是姐妹关系，均患有严重的肥厚型心肌病。我们想知道：RNA 沉默治疗能在真正的人类心脏细胞中起作用吗？它能只关闭突变的基因拷贝，留下人体急需的正常基因拷贝吗？如果能，就意味着我们朝着真正将其用于治疗的目标迈出了关键一步。亚历克丝测量了"迷你心脏"的大小、形状、收缩和舒张能力（肥厚型心肌病患者的心肌过厚而且僵硬，收缩过于剧烈，培养皿中的细胞都有这些特征）。她在进行基因沉默治疗前后都做了测量。起效了！她发现，其中一种疗法既能选择性地沉默突变基因，又能使细胞的收缩力度回到正常状态。

得益于世界各地像亚历克丝这样的科学家的不懈努力，基于RNA沉默技术的新药物不断涌现。

• • •

人们常说，基因治疗的三大挑战是递送、递送和递送，意思就是，让疗法到达需要它的地方往往比设计疗法本身更难。由于血细胞易于递送，血液疾病已成为基因治疗中的一个诱人目标。

你可能听说过"泡泡男孩"病，即重症联合免疫缺陷（SCID）。[8]这种疾病与X染色体有关，会影响只有一条X染色体的男孩，导致其免疫系统特异性免疫的两大分支（即细胞免疫和体液免疫）发育异常（因此疾病名中有"联合"一词——它会影响T细胞和B细胞）。戴维·维特尔率先激发了公众对这一疾病的遐想。戴维·维特尔出生于1971年，患有重症联合免疫缺陷，一生中的大部分时间都待在一个塑料的无菌"泡泡"里，以避免感染，同时等待骨髓移植。骨髓供体的细胞中有致病基因（通常是 *IL2RG* 基因）功能健全的拷贝，因而能形成功能健全的免疫系统。

通常而言，在为治疗骨髓瘤或白血病而进行骨髓移植时，首先要通过化疗或放疗来关闭患者自身的免疫系统和造血细胞，然后输入来自患者自身或者供体的造血干细胞。整个过程非常痛苦而且风险极大，患者的状态很像戴维·维特尔。关闭免疫系统，即使持续时间很短，也会使患者面临严重感染的危险。接下来的挑战是"移植物对抗宿主"。顾名思义，即来自供体"移植物"的新免疫系统细胞会将宿主组织视为外来异物，进行攻击。

鉴于移植他人骨髓会带来以上挑战，还有一个治疗血液和免疫系统遗传性疾病的方法很有吸引力，那就是取出患者自身的骨髓干细胞，进行基因修复，然后将其回输入患者体内。虽然采用这种方法仍需杀死原来的细胞，但之后输回的就不是别人的细胞，而是患者自己的细胞了，因此能做到与患者完美匹配。多年来，这个想法一直吸引着研究人员。

然而，21世纪初，人们尝试用其治疗重症联合免疫缺陷时，受到了致命问题的困扰。这一基因治疗由于无意间阻断了其他基因的表达，导致了白血病。虽然基因治疗向前发展的过程一直磕磕绊绊，但这无疑是一个低谷。接下来的10年中，人们一直在研究白血病的病因。2019年4月发表的一项研究成果展现了我们已经取得的进展。研究人员研究了8名出生时就患有重症联合免疫缺陷的婴儿，他们体内功能正常的免疫细胞数量较少，有慢性感染，发育缓慢。研究人员从婴儿体内取出骨髓，利用一种经过特殊改造的病毒，将有缺陷的 *IL2RG* 基因的1个新拷贝添加到每个婴儿的骨髓干细胞中，然后将处理过的细胞输回婴儿体内。此外，他们还用了一种化疗药物，以减少婴儿自身骨髓正在产生的免疫细胞的数量。值得注意的是，3~4个月后，8名接受治疗的婴儿中有7名免疫细胞数量处于正常范围，而剩下的1名婴儿在追加1次治疗后也达到了正常水平。这些婴儿身上难以痊愈的感染很快就消失了，他们开始正常发育。这是一种具有革命性意义的治疗方法，正在争取通过美国食品药品监督管理局的审批。

这一成功也引起了人们对治疗更常见的血液疾病的兴趣，包括涉及血红蛋白的遗传性疾病（血红蛋白是红细胞内运输氧气的分子）。

这类"血红蛋白病"中最著名的是镰状细胞病，多见于有非洲或拉美血统的人。每年有 30 万儿童出生时患有该病，体内红细胞弯曲成新月（"镰刀"）状，相互缠住，卡在血管内，阻碍氧气流向组织，导致伴有极度疼痛的"危机"。来自南卡罗来纳州的 20 岁的卡门·邓肯就是一名镰状细胞病患者，她整个童年不断在医院进进出出，花费了数万美元治病。她两岁时，因为异常的红细胞阻塞血管丰富的脾脏，造成了损伤，最后不得不切除这个器官。"危机"会持续几个星期，她全身疼痛难忍。卡门对《纽约时报》的吉娜·科拉塔说："轻轻碰一下都很疼。"但后来，她接受了蓝鸟生物公司研发的一种名为兴泰格罗的一次性基因治疗，从此再也没有表现出任何症状。该疗法递送了经过修饰后能正常工作的血红蛋白基因拷贝，有助于抑制突变血红蛋白的镰状化对患者自身干细胞的影响。2020 年 1 月 27 日的《纽约时报》刊登了卡门的照片，照片中的她脸上洋溢着微笑，没有痛苦。与此同时，蓝鸟生物公司的基因治疗药物，以及其他公司针对镰状细胞病的药物都在争取早日通过美国食品药品监督管理局的审批。

· · ·

过去几年里，基因治疗已经取得了显著进展，主要手段是递送一个正常的基因拷贝，或者通过 RNA 沉默来消除基因造成的麻烦。那能否通过手术"修正"基因组，将突变的序列"编辑"回正常状态呢？这样的基因组手术是基因治疗的终极目标。

相关技术于 20 世纪 90 年代开始发展，并于 21 世纪初加速发展，也许有朝一日能最终实现基因修正。最初的研发工作基于这样一个想法：让 DNA 在突变位点附近断开，然后让细胞利用未突变的基因拷贝来修复断裂。然而，从 2010 年开始算起的 10 年内所取得的突破彻底改变了这一局面。特别是研究人员发现了细菌的一种防御系统，名为 CRISPR（读作"crisper"，全称是成簇的规则间隔的短回文重复序列），首次成功用其靶向基因组的特定区域并进行修复。这将基因编辑推上了报纸的头版头条，伴随着哈佛大学和加州大学伯克利分校之间的专利大战，大量宣传滚滚而来。

CRISPR 的故事要从 20 世纪 90 年代说起。[9] 当时，阿利坎特大学的一名研究生弗朗西斯科·莫伊察发现细菌中存在不同寻常的重复序列。他投入数年时间，对细菌中这些与众不同的序列进行了广泛研究。他发现，这些序列通常约 30 个碱基长，不断重复，呈回文结构（回文是指正读反读都一样的单词，如"rotator"），并由约 36 个碱基对长的 DNA"间隔区"分隔。起初，他并不清楚该系统的作用，但后来发现这些间隔分布的序列与某些病毒相同，而且在某些情况下，细菌菌株能抵抗这些病毒，因此他推断 CRISPR 序列是细菌防御病毒系统的一部分。其实，它们是细菌的一种"记忆"。

几年后，也就是快 2010 年的时候，位于维尔纽斯的应用酶学研究所的立陶宛科学家维尔吉尼尤斯·西克斯尼斯证明，CRISPR 系统可以从一个菌株转移到另一个菌株上，并产生对病毒的抵抗力。大约同一时期，也就是 2011 年，两位 RNA 科学家在波多黎各的一个研讨会上相遇了——瑞典分子感染医学实验室的维也纳科学家埃玛纽埃尔·沙尔庞捷遇到了来自加州大学伯克利分校的夏威夷 RNA 生物学家詹妮弗·杜德纳。杜德纳和沙尔庞捷共同描述了一种被称为 Cas9 的"分子手术刀"，可以切割 DNA（切割 DNA 是对抗病毒防御机制的重要一环）。因为人体细胞有"按需分配"的修复分子，会扑上去修复被切断的 DNA，所以杜德纳和沙尔庞捷推测，如果能将分子手术刀引导至突变位点，然后提供一段"正常"的 DNA 作为修复模板，就能激发细胞修复自己的基因组。这个想法建立在一个有数百万年历史的生物机制上，但巧妙新奇，具有开创性。2012 年，由西克斯尼斯领导以及由沙尔庞捷和杜德纳领导的两个团队发表论文，证实了操纵细菌中的基因编辑系统去编辑 DNA 的可行性。

与此同时，哈佛大学的两位科学家正在探索将 CRISPR 用于人类基因治疗。我们在第 1 章中提到的世界著名遗传学家乔治·丘奇和博德研究所的助理教授张锋分别独立和合作发表论文，提到可以利用 CRISPR–Cas9 系统对人类细胞进行基因编辑，而且功能十分强大。

莫伊察和西克斯尼斯描述了 CRISPR 系统，为之后的研究铺平了道路；沙尔庞捷与杜德纳（两人于 2020 年共同获得诺贝尔化学奖）之间的合作极具创造性，明确了 Cas9 的特性；还有张锋和丘奇将 CRISPR–Cas9 系统应用于人类细胞，他们都为基因组编辑革命奠定了基础。基因治疗从此不再局限于提供新的基因拷贝或沉默突变基因，到如今已有可能编辑基因组，使其回到正常状态。

围绕 CRISPR 的科学研究继续朝着更精确、更高效的方向发展。哈佛大学的刘如谦带领实验室团队已经实现了利用 Cas9 系统靶向基因组的一个特定区域，无须剪断 DNA，就能直接编辑基因组。他开发的单碱基编辑器无须进行"剪切和修复"，可以直接将 DNA 的一个碱基替换成另一个，就如同你可以在文字处理器中删除一个字母，然后打上另一个（而不是像最初的 CRISPR–Cas9 系统一样，先把句子断开，然后换上一个没有错误的新句子）。这一技术取得了最新进展，不仅可以编辑单个碱基，还能在同样无须切割 DNA 的前提下，精确地插入几乎任何 DNA 替代片段。刘如谦教授估计，利用这种技术能够修正近 90% 与人类疾病相关的基因变异体。

随着基因编辑科学的发展，科学家难免会希望不仅能修正成人体内或其骨髓细胞中的致病性突变，还能修正人类胚胎中的突变。[10] 2017 年，一位科学家带领团队修正了人类胚胎中一个肥厚型心肌病的致病性突变，登上了新闻头条。他就是舒赫拉特·米塔利波夫，来自波特兰的俄勒冈州健康与科学大学。他将一个肥厚型心肌病（你在第15章和第16章见过的莉拉妮·格雷厄姆就患有这一疾病）患者的精子与一个捐赠的卵子结合，培育出人类胚胎。因为导致肥厚型心肌病的 MYBPC3 基因只有 1 个拷贝受到了影响，而每个精子有 50% 的概率会携带这个拷贝，所以可以预见，如果没有基因编辑的干预，有一半的胚胎会患上这一疾病。2017 年 8 月，米塔利波夫在《自然》上发表的研究表明，58 个胚胎中有 42 个有 MYBPC3 基因的两个正常拷贝，也就是说，远远超过一半。他的这篇论文引发了一些争议。例如，一些科学家认为 CRISPR 基因编辑并没有按试验设计的计划进行。尽管米塔利波夫提供了序列正常的基因拷贝作为模板供细胞使用，但论文中的数据表明，胚胎细胞可能反而使用了自身基因组中的另一个健康拷贝来修复 CRISPR 切割的 DNA。这引起了学界的怀疑。科学家们想知道，CRISPR 系统是否只是简单地切下了一部分突变基因，让它看起来好像已经被修复了（因为现在突变不见了），而基因其实还是只有一个正常拷贝。作为回应，米塔利波夫团队在第二年提供了新的数据来佐证其论断，即 CRISPR 编辑如描述的那样运作，并回答了一些问题，但目前为止，其试验方法和机制仍然备受争议。

然而，引发最激烈争论的是干预人类胚胎这一行为本身——特别是永久改变人类这一物种的基因背后涉及的伦理问题，因为这种改变可以代代相传。在成人患者的特定组织或器官中进行基因编辑只会影响这些成人患者，而对人类胚胎进行基因编辑则意味着这些变化最终会出现在这一个体的精子或卵子中。米塔利波夫非常明确，他编辑过的这些胚胎永远不会被植入母体内发育成人。相关学术团体也呼吁暂停在人类胚胎中使用基因编辑技术。美国国立卫生研究院院长弗朗西斯·柯林斯称，如果在人类胚胎中使用基因编辑技术，将是"史无前例的科学灾难"，令人深感不安而且非常不妥。他表示，如果继续下去，那么"公愤、恐惧和厌恶将掩盖一项在预防和治疗疾病方面具有巨大前景的技术"。很有力的措辞，非常有力！20世纪90年代基因治疗失败的记忆犹在，社会已经达成共识，需要进行更多的科学研究来证明基因编辑的安全性，然后才能考虑对会长大成人的胚胎进行基因组编辑。

• • •

我们已经在本书中讨论了解读基因组以诊断疾病的变革性潜力。在这一章中，我描述了一些令人兴奋的新技术，使我们能够根据基因信息采取行动。如果我们把这些技术结合在一起，能取得什么成果呢？

米拉·马科维茨喜欢户外活动。[11] 她是个刚学步的幼童，积极活跃，善于交流。但随着她渐渐长大，她的母亲茱莉亚注意到她的话越来越少了。此外，其动作似乎不太协调，视力也在下降。5岁时，她双目失明，无法站立。有时，她无法支撑自己的头，每天都经历几十次短暂的癫痫发作。和许多未确诊的患者一样，家人带着她辗转于不同的医生之间，试图找到答案。随着其症状越来越严重，诊断结果逐渐明朗：米拉患有巴滕病——一种神经退行性疾病，已知由 CLN7 基因的两个拷贝突变引起。更糟糕的是，巴滕病是公认的绝症。

茱莉亚开始研究这种疾病。通常情况下，CLN7 基因的两个拷贝都受到影响才会患巴滕病，但遗传学专家只在米拉体内找到了一个变异体（来自米拉的父亲），这让茱莉亚感到非常困惑。茱莉亚希望有人能更全面地描绘米拉所患疾病背后的遗传学背景，于是她于2017年1月通过脸书向外界求助，询问是否有人能提供帮助，对米拉进行全基因组测序。波士顿儿童医院儿科遗传学家和神经学家游维文的妻子看到了这一请求。

不到 1 个月后，游维文开始研究米拉的全基因组测序结果。他很快就找到了米拉从父亲那里遗传到的基因变异体，但仅靠这个基因变异体实在无法解释其病症的临床表现。因为游维文有整个基因组的信息，所以他看得更深入，关注到了基因之间的间隔。游维文注意到有一段不应该存在的 DNA。它长达 2 000 个碱基，是一个"跳跃基因"（这种 DNA 序列可以从基因组中的一个位置移动到另一个位置）。很明显，这个跳跃基因在某种程度上影响了米拉遗传自母体的 *CLN7* 基因拷贝的表达。谜团似乎解开了。

但游维文没有停下脚步。他熟悉我们前面描述的用于治疗脊髓性肌萎缩的 RNA 沉默药物，想知道同样的方法能否对米拉奏效。他能"关闭"跳跃基因发出的信号，让米拉原本正常的基因正常工作吗？

当然，这在理论上似乎是可行的。但游维文以前没有做过药物设计。事实上，之前从来没人特意为了一个患者去设计一种药物。他开始与所有可能提供帮助的人交流——遗传学家、药剂师、药物开发人员、监管专家、医院管理人员、伦理学家等。在不到 6 个月的时间里，游维文及其合作者取得了显著进展，成功开发出了一种可供测试的原型药物——专门被设计出来关闭跳跃基因发出的信号。他们首先在培养皿中给米拉的细胞用药。令人兴奋的是，跳跃基因的作用似乎被抑制了，他们发现 *CLN7* 的 RNA 表达水平回到了正常状态。但是在进一步给米拉本人治疗之前，他们需要得到美国食品药品监督管理局的批准。

一个冬天过后，米拉的病情恶化了，癫痫发作次数增多，运动能力下降。时不我待。2018 年 1 月，通过一种名为"**同情用药**"的特殊途径，游维文团队开发的药物通过了美国食品药品监督管理局的审批。他们将这种药物命名为"米拉森"，将其注入米拉的脑脊液中。

此时距茱莉亚在脸书上发帖才过去一年多。

接受治疗前，米拉每天癫痫发作多达 30 次，每次持续数分钟。治疗后，癫痫发作次数减少，持续时间变短。她的父母注意到她的交流能力也变得更好了。像巴滕病这种会逐渐加重的疾病，从未听说过有患者能自主恢复。唯一可能的结论就是治疗正在起效。

短短一年多时间，从基因组测序到个性化基因治疗，游维文取得的成就是坚定不移的决心和极快速的药物研发两者结合的结果。这种方法并不是对每个患者都有效，而且真的很昂贵（米拉的大部分治疗费用来自家族内部集资），但这个病例真正展现了个性化治疗的力量，具有无可比拟的价值。

· · ·

我们正处于基因治疗的黄金时代。在经历了最初的挫折后，如今世界各地的基因治疗中心有多达数百个基因治疗项目。无论是控制基因组的基础科学研究，还是在患者身上检验这些颠覆性的临床试验，我们每隔几个月就能见证新的重大突破，从诊断到治疗的速度已经发生了翻天覆地的变化。经过几十年的不懈努力，我们终于学会如何利用这个经过了数百万年进化磨炼出的自然过程，将我们解读基因组的高超能力转化为编写基因组的新机遇，纠正那些基因组中对我们不利的严重错误。

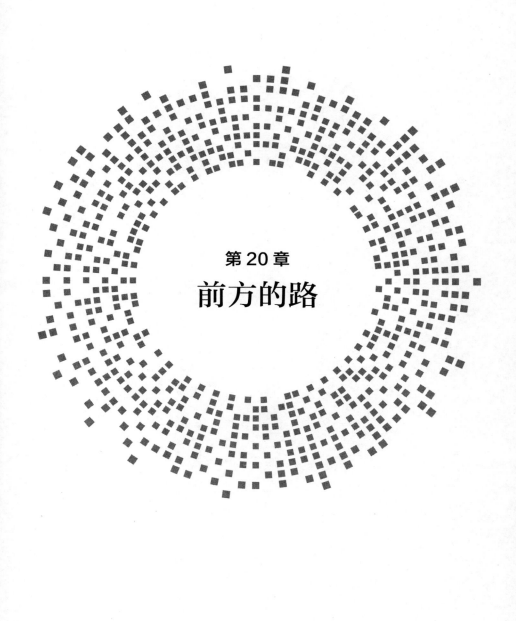

第 20 章

前方的路

"大多数人高估了自己一年能做的事，但低估了自己十年能做的事。"

——比尔·盖茨

"没有第一步，就没有第二步。"

——匿名

　　自我第一次去斯蒂芬·奎克的办公室，激动地看着他在电脑上查看自己的基因组到现在，已经过去十多年了。这些年发生了翻天覆地的变化。国际社会从未放慢探索人类基因组及其对医学影响的脚步。其实要说有什么变化，那也是向前迈步的速度正在加快。未来几年内，我们应该可以实现通过互联网访问数百万人的基因组的全部信息。得益于破译基因组能力的提升，每天都有儿童和成人患者能结束其艰难的诊断之旅。

　　然而，这并不是一蹴而就的，也并非偶然。2009 年我们开始研究奎克和韦斯特家族的基因组时，似乎就预示着未来某一天，我们能实现对所有人进行基因组测序——揭开改变我们一生的医学奥秘。这个时代显然正在经历革命性改变，但这种改变也需要时间才能充分转化为成果。当然，基因组医学的发展曾遭遇艰难险阻：对新技术的合理怀疑、政府监管、对隐私问题的担忧，以及医疗保障体系面对各项支出时的犹豫不决。不过，随着社会逐步解决这些问题，未来在慢慢向我们靠近，直到有一天转身回首，才发现未来已来。基因组已经从一个耗资数十亿美元、历时数年、涉及多个国家的研究议题发展成了医学行业日常实践的一部分。如今，医生大笔一挥就能开出基因测序这个项目，就好像只是个简单的胆固醇检测。越来越多的医疗保险公司将基因测序纳入承保福利，承认会涌现变革性洞察。一些医疗保障体系甚至开始将基因测序作为预防保健的一部分，以便向人们预先揭露患病风险。

· · ·

那么，未来会怎样呢？首先，测序技术将不断完善。是的，基因组测序还会变得更快更便宜。而且更重要的是，基因组数据的质量和准确性也会提高，我们将能更深入地了解基因组中不为人知的隐秘角落。第14章中提到了里基·拉蒙基因组中的1个基因缺失，传统测序技术没能检测到，最后我们依靠的是太平洋生物科学公司的长读长测序技术。长读长测序技术可以对平均10 000个碱基长的DNA片段进行测序（相比之下，因美纳技术的测序片段只有数百个碱基长）。随着更长的"测序片段"越来越普遍，拼接基因组信息会变得越来越容易。（记住，拼只有10小块的拼图比拼1 000小块的拼图容易得多。）未来，我们能更容易发现更多重要的结构性改变，如基因内的DNA缺失和复制等。而且，在分析家族遗传特征时，我们也更容易找出哪些DNA片段来自母亲，哪些来自父亲。

想获取长 DNA 测序片段并非只能依靠太平洋生物科学公司的技术，还有另一项令人兴奋的技术——利用一种被称为"纳米孔"的特殊蛋白质来获得长 DNA 测序片段。DNA 或 RNA 分子能穿过纳米孔掉下来，就像长线穿过针眼一样。DNA 或 RNA 分子穿过"孔眼"时测序仪能检测到微小的电流，电流的变化取决于当时通过纳米孔的是哪种 DNA 或 RNA 碱基。随着电信号的波动，测序仪会产生一系列曲线，看起来像潦草的签名，甚至被称为"squigglegram（弯弯曲曲的图）"。DNA 或 RNA 通过纳米孔时，计算机程序可以"实时"读出这些波形，转化成对应的 DNA 或 RNA 碱基。这些纳米孔的测序片段可以很长很长。事实上，有时可以通过有 200 万个碱基的 DNA 分子！如果纳米孔的数量足够多，只需几个小时就能完成整个基因组的测序（相比之下，使用因美纳的技术需要近一天），最终，时间将减少至几分钟。

目前纳米孔测序领域的领头羊是位于英国牛津的一家公司，名叫牛津纳米孔科技有限公司（简称牛津纳米孔公司）。该公司的首席技术官不是别人，正是第 4 章中出现的克莱夫·布朗。（他是英国的一位生物信息学家，加入了总部位于英国剑桥的索莱科萨测序公司，该公司后来被因美纳收购。）克莱夫和纳米孔团队颠覆了过去十几年一直由因美纳主导的测序行业。他们推出了便携式测序仪，大小不及普通智能手机的一半。购买一台因美纳或太平洋生物科学公司的测序仪需要数十万美元，相比之下，牛津纳米孔公司其实会赠送这些小型测序仪，仪器本身不收费，但会向科学家收取测序仪运行所需的化学物质的费用。许多之前根本买不起测序仪的人现在可以在实验室、在遥远的丛林，甚至在外太空进行基因测序。（2018 年，斯坦福大学毕业的宇航员凯特·鲁宾斯在国际空间站用纳米孔测序仪对病毒、细菌和老鼠 DNA 进行了测序。）

能够"随时随地"测序为实地快速诊断创造了新的可能，例如，保护粮食作物免受疾病侵害。植物病毒每年造成的损失高达数百亿美元，导致数百万人面临粮食不安全的危险。[1]木薯是一种富含淀粉的作物，是全球8亿多人碳水化合物的主要来源，是资源贫乏的非洲南部地区农民的重要作物。得益于这台小型便携式测序仪，科学家在短短4小时内就找出了大面积破坏木薯的元凶——双生病毒。农民得到这一信息后能够迅速采取行动，通过控制传播病毒的粉虱，或种植脱毒和抗病木薯品种来保住其饭碗。美国也已用纳米孔技术在短短数小时内检测出印度虾中的沙门氏菌和美国牛肉中的大肠杆菌。[2]显然，将测序技术应用于疾病暴发的地方可以大大缩短确定传染源的时间，控制其对人类健康的有害影响。

长读长测序技术提供的DNA密码信息也并不是"只有"碱基字母。DNA和体内其他分子一样，会因化学变化而发生改变，而化学变化可以控制基因的开启和关闭。这些化学变化是"表观遗传学"研究的一部分。通常，检测这些DNA变型需要一种特殊的基因芯片，或采用另一种与常规不同的测序方法。然而，我们所说的长读长测序能够在读取基因组碱基字母（例如，纳米孔测序通过不同的波形读取碱基）的同时，找出很多化学变化，省时省钱。随着时间的推移，这层额外信息将帮我们识别出哪些基因突变是最重要的，并有可能揭示出基因组中新的致病性改变：要么关闭，要么过度放大一个基因的表达。

因此，科技在未来将给我们带来更多更高质量的基因组信息。那么，这对我们理解疾病有何帮助呢？

• • •

我们在本书中谈到的疾病大多很罕见。（当然，总体来看，罕见病相当普遍——每15个人中就有1人患有罕见病。）人们最常问我的问题是："我什么时候能用上基因组？"毕竟，即便15人中有14人躲过了罕见病，但终有一天还是会衰老，要吃药，很可能患上心脏病或癌症等常见疾病。基因组何时能成为全科医生例行保健询问的一部分？

在治疗斯蒂芬·奎克、约翰·韦斯特一家以及斯坦福初级医疗保健科室的其他早期患者时，我们竭尽全力对一系列常见病进行预测评分，并提供个性化用药建议。这些预测评分还不完备，仅建立在对数千人的研究上，样本数不到数十万，更别提数百万了，而且不够精确。但随着时间的推移，这些评分肯定会不断改进，直到某天能真正实现个性化精准预测。令人兴奋的是，这一天终于来了。[3]多年来，我们已经知道心脏病发作的风险一半由先天因素（基因）导致，一半由后天因素（行为或环境）造成。然而，全球现行的大多数标准化风险评分并不包括任何有关家族史的问题，而家族史可能属于先天因素范畴。我们将遗传风险纳入评分体系后，预测评分的准确性果然有所提高。这意味着有些人在风险"排名"中上升，有些人则会下降。这也意味着，如果我们不考虑遗传风险评分，就可能无法及时帮助一些需要治疗的人，同时也在过度治疗一些本不需要治疗的人。那么，进行风险评分的成本是多少呢？事实上，在这种情况下，你无须像诊断罕见病那样对基因组的每个位点进行30~40次测序，每个位点只需覆盖1次就能获得足够的遗传信息来计算评分，比深度基因组测序便宜好几个数量级。这项检测可以预估心脏病、癌症等其他几十种疾病的风险，而且费用比大多数人的一次理发开销还要低。

然而，将遗传风险评分纳入医疗工作时需要考虑一个重要因素——评分结果的准确性存在种族差异。遗传风险评分的基础主要是以北欧血统群体为对象的研究。如此一来，其对世界其他地区不同血统群体的效果自然欠佳。那我们是否应该等到对每一个血统的数十万人都进行测序后再使用评分呢？绝对不行。当然，我们应该立即对不同群体展开研究，以便根据每个人的独特血统计算出最准确的评分。但既然现在人们已经能获得改进后的预测评分，而且那些代表人数不足的群体往往最需要这些评分，我们就应该立即开始为大家提供现阶段最准确的预测。

当然，唯有我们掌握了能减少疾病影响的干预措施，更好的预测才能发挥作用。心脏病也是如此吗？我们经常听到心脏病医生说大家都应该多锻炼，保持更健康的饮食习惯，这种生活方式的改变可以在一定程度上降低先天和后天因素带来的风险。此外，我们研发出治疗高胆固醇和高血压的药物，挽救了很多生命。问题是，谁面临的风险最大？谁最能从这些干预措施中获益？自 2021 年起，在斯坦福，基于对心血管科室数十万患者的研究，我们开始将遗传风险信息纳入风险评分体系，以提高预测的准确性。我们有望在未来几年内为患者提供质量更高的风险评分报告。

而且，我们不仅仅针对心脏病，还将癌症家族史纳入了癌症筛查建议，做得比心脏病方面更好。但我们也知道，由于信息缺口和选择性记忆的存在，患者所述的家族史并不能很好地指导我们评判其实际遗传风险。以乳腺癌筛查为例，若某人的预估风险比群体平均值高 25%，那医生会推荐其进行乳腺磁共振成像检查，而不仅仅是乳房 X 射线摄影。基因组可以指导我们确定哪些人应该接受这种更彻底的筛查。

未来，我们还将实现健康实时监测。想想看，喷气发动机每年负责在近万米的高空安全运送数百万人，每小时向航空公司工程师发送太字节（TB）大小的数据，以便他们能及早发现发动机存在的问题。如今，汽车都装有传感器，可以预测碰撞，并在碰撞发生前紧急刹车。医学界关注的是世界上最重要的"引擎",但我们却很敷衍,每年只做一次体检(很多人还跳过了),筛查方法也是一刀切。事实上,医学界认为"筛查"这个词有些令人不快,因为过去我们一直不善于准确解读检测结果,每多做一次检测,都有可能让医疗保健系统充斥大量假阳性结果,使其不堪重负。因此,我们等到人们出现剧烈咳嗽后再做胸部 X 射线检查,结果诊断出肺癌;又或者,我们等到血块进入大脑,导致中风后,再安装心脏监测器,结果诊断出心律失常。

未来,我们将能更灵活地预防疾病。基因组信息可随时被用来帮助人们预判数百种疾病的风险。风险预判结果将与个人的环境风险监测相结合,帮助确定预防保健的最佳目标。这些信息会成为患者与医生的谈话内容,并且无缝接入个人医疗记录。未来实现数据共享后,艾奥瓦州得梅因市的罕见病患者很容易就能与住在澳大利亚达尔文市刚被查出有相同疾病和基因变异体的患者联系起来。未来,大规模调整遗传风险信息将提高个性化疾病预测和预防的准确性,为全球数亿人带来福音。遗传风险信息将影响医生对治疗和筛查项目的选择,而这些遗传风险信息不仅源于你的整体种族划分,还将专门针对基因组特定片段包含的血统信息(毕竟我们都是基因混合体)。你的每一项检测结果返回后,电子医疗记录会自动调用你的血统信息,将结果跟与你最相似的正常群体进行比较。要用新药?医生每开一种药,系统就会根据你的基因信息预估你对药物的反应,确保你服用了正确剂量的正确药物。与此同时,医疗设备也将变得更加个性化。智能手表会根据你的遗传风险做出调整,以便及早发现你最有可能罹患的疾病的征兆。也许由于遗传、生活方式等因素,你极易出现心房颤动,容易中风(大脑中出现血块),你的医疗设备可以进行相应调整,提高对这种异常心律的敏感度。也许你患帕金森病的遗传风险很高,你的手表就会在分析你的行走模式时考虑到这一点。

这可能听起来充满未来感，但让我们回想一下本书故事开始的时间——2009 年。当时世界上只有屈指可数的几个人做过基因组测序。到本书出版时，这个数字将飙升至数百万。我参加过一个国际会议，超过 36 个有基因组项目的国家派了代表出席。其中，很多项目计划对自己国家的数百万人进行基因组测序。

• • •

我们将不仅仅对人类基因组进行测序。之前提过，我们还会对病原体进行测序。微生物生活在我们的体表、体内和周围，塑造了我们生命的方方面面。例如，肠道中约有 40 万亿细菌帮助消化我们吃的所有食物。[4] 扰乱定居在肠道中的这些有益健康的细菌会导致血液感染，非常危险。我们现在为了诊断血液感染或肺炎这样的肺部感染，会采集血液或痰标本，在实验室的特殊环境下培养其中的细菌，然后将细菌染色，放到显微镜下检查，最后将其暴露于各种抗生素中，以确定哪些抗生素能杀死它们。整个过程需要几天时间，其间，我们会用预计疗效最好的抗生素去治疗患者。未来，我们会立即对这些细菌进行测序，并将其 DNA 定位至微生物基因组库，在数小时内得到答案。当然，不只是细菌，病毒也会引起疾病，有时甚至会蔓延至全球各地。

2020 年，由新冠病毒（SARS-CoV-2）引起的新冠大流行笼罩了整个世界。这种疑似蝙蝠携带的病毒，侵入了人类社会。[5] 这一年的大部分时间里，新冠病毒造成的死亡人数占据了新闻的头版头条，附有每个国家病例数随时间变化的趋势图，能衡量各国遏制疫情的能力。没有疫苗，没有有效疗法，也没有药物，在这种情况下，谷歌搜索关键词"指数增长"的搜索量猛增[6]，反映出病毒本身呈指数级传播。世界清醒地意识到，即使数十亿人中只有一小部分死亡，也是一个惊人的数字。为了遏制疫情蔓延，大多数国家一开始选择了"封锁"[7]：关闭学校、商店和公共场所，限制旅行，禁止体育赛事、婚礼和葬礼等大规模聚会。街道上空无一人，商场里一片寂静，办公室搬到线上，员工在家开在线视频会议，空气质量有所改善，自制布口罩大量涌现。然而，由于这种新病毒在人口密集的城市传播，那些反应不够迅速的城市的医疗保健系统很快就不堪重负，重症监护室人满为患，医生护士的个人防护装备短缺。前线医护人员传回的报告令人不安。纽约市的医院和停尸房调来冷藏车存放激增的尸体。这场危机呼应了 1918 年西班牙大流感[8]，当时尸体堆积如山，甚至来不及掩埋。

疫情虽然很可怕，但其实完全可以提前预测。多年来，科学家、公共卫生领域专家、比尔·盖茨这样的思想领袖，甚至还有好莱坞导演（通过《传染病》等电影）都在敦促各国政府做好准备，应对这种不可避免的情况：一种具有一定传染性和致病力的病毒将在有机可乘时造成全球混乱。

因此，当多国政府开始意识到自己反应太慢，已陷入瘫痪时，科学界以前所未有的速度开始行动，一起努力实现一个伟大目标：抗击病毒，拯救世界。病毒学家、流行病学家、重症科和传染科医生、遗传学家、社会学家和疾病管理专家都把注意力转向了这个也许算是信息时代首个公认的全球威胁。他们在推特上交流大量信息，在全球范围内展开合作，论文的电子墨水还没干就赶紧发表出来，[9] 共同推动了科学的发展。这场战斗中的有力武器是什么？是基因组学。

2019 年 12 月下旬，武汉报告首个病例后的几周内，中国科学家就对致病病毒的基因组（30 000 个 RNA 碱基）进行了全面测序，确定其为一种新型冠状病毒。1964 年，苏格兰病毒学家琼·阿尔梅达在伦敦圣托马斯医院工作时首次描述了这类病毒。[10] 因为它表面有

"钉"状蛋白质凸起，看起来像皇冠一样，所以她给它起了这么一个颇具诗意的名字。自那以后，科学家已发现冠状病毒可以导致普通感冒，还有一种冠状病毒导致了 2003 年的非典（SARS）疫情。迅速获取 COVID–19 病毒的序列意味着可以立即着手开发基因检测，用于确定病毒感染者。世界各地的实验室迅速开始设计针对新病毒的检测，很多检测从设计到完成只用了几个星期的时间。到 2020 年初夏，其中一些检测只需 30 分钟就能完成，[11] 而且像非处方妊娠检测一样，给出了"是"或"否"的可视读数，一目了然。如果有政府层面的协调规划，数百万人本可以在首次病毒测序后的几周内接受这样的检测，再辅之以一个系统来明确追踪每个感染者的接触者，我们本可以拯救数十万人的生命，更不用说世界各地数百万人的生计了。我们本可以规避这场全球大流行病的灾难性影响，我们有对其加以控制的科学知识，却没有相应的政治意愿。

同时，对新型冠状病毒基因组进行测序赋予了科学家另一项非凡能力——讲述病毒如何在全球传播的故事。任何病毒在宿主体内进行一次又一次自我复制时，都会不可避免地积累微小的基因组变化。通过比较从世界各地患者鼻腔中提取的病毒基因组，科学家可以（粗略地）辨别出可能是谁把病毒传染给了谁，实时绘制出全球大流行病传播过程中的基因图谱。举个例子，我们正是通过这种方式了解到美国东海岸的疫情主要是由经欧洲抵达的患病旅客造成的。

掌握病毒基因组信息的最重要结果也许是多种候选疫苗以前所未有的速度进入临床试验阶段。有些疫苗（如中国科兴生物公司研发的疫苗）基于传统方法制备，也就是通过加热或甲醛使病毒失活（两者都能阻止病毒繁殖，但保持其蛋白质的完整性，以刺激我们的免疫系统），而另一些疫苗的制备方法比较新颖，主要是基因组方法：将病毒的部分基因组递送至人体细胞，以产生病毒蛋白（引起免疫反应）。由牛津大学詹纳研究所的阿德里安·希尔和萨拉·吉尔伯特研发，英国制药公司阿斯利康生产的疫苗就是用基因组方法制备疫苗的典例。[12] 这种疫苗利用一种不能增殖的黑猩猩腺病毒作为"外壳"，将冠状病毒的部分基因组放入其中。这个"特洛伊木马"会与人类细胞合作，产生病毒蛋白。总部位于波士顿的莫德纳生物技术公司也有一项相关技术，但没有使用任何病毒，而是用微小的脂质纳米颗粒来递送编码冠状病毒蛋白的 RNA 信息。尽管这些基因组学方法并不新鲜，但疫情使其加速进入了临床试验的阶段。疫苗的基因组时代已经拉开了序幕。

如果基因组学得到更广泛应用，我们是否一开始就能跑赢疫情？注意，答案是我们能。耶鲁大学的一群工程师和流行病学家发现，在当地医院的新冠病毒检测阳性率相应上升 7 天前，城市污水中的冠状病毒 RNA 水平就已经开始飙升。[13] 换句话说，来自厕所和下水道的废水可以作为早期预警系统——让当地社区提前注意到病毒感染正在增加。几天后，哥伦比亚大学的一份报告强调了这一发现的重要性。报告指出，疫情早期，新冠病毒呈指数级传播，就算只早 1 天封锁社区，仅在美国就能挽救数万人的生命。目前，我们已经有了健全的水质监测系统，例如，美国会对饮用水中的 90 多种污染物进行常规检测。[14] 未来，我们同样也可以监测废水中数千种新的或常见的微生物的基因组特征，从而建立一个传染病早期预警系统，成本不高且简单易行。

那么，读取了数百万人和数十亿病原体的基因组后，我们编辑这些基因组以战胜疾病的能力将达到什么程度呢？

• • •

正如我们在第 19 章中所见，近年来，我们已进入了基因治疗的黄金时代。许多疗法获批进入市场，彻底改变了我们治疗甚至治愈毁灭性和致命性疾病的能力，如血友病、脊髓性肌肉萎缩、重症联合免疫缺陷、视网膜疾病、镰状细胞病，甚至还包括一些癌症。更令人兴奋的是，这些进展大多发生在 CRISPR 基因编辑技术诞生之前，而 CRISPR 基因编辑还有望在未来对治疗产生重大影响。我们现在切切实实有机会扭转很多顽固疾病，所需的治疗可能只是每年 1 次剂量很小的注射，有些实际上可能只需 1 次。然而，虽然我们已经能很好地将基因治疗药物递送至肝脏、眼睛和体外骨髓干细胞，但也才刚刚开始研究如何将其有效递送至人体的许多其他器官。未来几年，我们会研发出新技术将基因治疗递送至肌肉、肺、神经系统、大脑，以及我医学生涯所围绕的器官——心脏。

我们也可能用 CRISPR 来战胜病毒，而这正是数百万年来细菌利用 CRISPR 所达成的目标！进化出 CRISPR 是为了记住和消灭病毒。我在斯坦福的同事齐磊在新冠疫情早期就证明，CRISPR 可以用来消灭人类细胞中的病毒。[15] 基因治疗的应用前景将非常广阔。

当然，这样的创新并不便宜。[16] 一些基因治疗的成本高达数百万美元，引发了激烈争论：定价是否公平？应该由谁来买单？制药公司该如何收回将这些药物安全推向市场所需的巨额投资？到底是由个人还是社会买单？资本市场会支持这种模式吗？是否应该综合考虑成本和为医疗保健系统节省开支？我们在不久的将来注定会面对这些问题。当然，还有其他许多问题也会相继出现，需要思维缜密的伦理学家和立法者来帮助我们的社会得出合理结论。

· · ·

20 世纪七八十年代，我还是个孩子，在苏格兰长大。如果你当时告诉我，我未来的生活和事业会是这样，我肯定不会相信。十几岁时，我为了让朋友佩服我赛马游戏玩得好，不断磨炼自己的电脑技能。要是那时就能想到有朝一日这些技能可能会对分析基因组有用，似乎有些荒谬，令人难以置信。互联网、苹果公司、微软公司、谷歌公司诞生之前，在电脑屏幕前简单处理文字似乎都是极其新潮的事——更不可能想到像编辑文档一样去编辑基因组了。那时，我只知道自己会找到办法去帮助那些饱受疾病折磨的患者。成为一名医生后，我所求的只是尽己所能好好照顾他们，无论最终结果如何。

我想借这本书说的是，我每天早上起床时都感到非常荣幸，因为自己每天都在试着直接或者通常是极其间接地改善人们的生活。置身于斯坦福的卓越环境中，与杰出的朋友和同事一起奋斗，让我每天都心怀感激。虽然我在这本书中强调了我们自己取得的成就，但其实世界各地还有其他团队也在不断努力，相互帮助，在前人成果的基础上不断进取，推动了基因组学的发展。同事们的聪明才智和创造力令我备受鼓舞，并常怀谦卑之心。

最后几句话留给我的患者。我敬畏他们，他们是我早上起床的动力，他们让我笑，让我哭，有时他们会指责我，有时他们会拥抱我。我告诉我所有新接诊的患者，他们现在是我们大家庭的一员，当他们经历人生的起起落落时，我们与他们并肩前行，但我们永远不会忘记，当我们转向下一个患者时，他们仍然在带着病痛生活，应对疾病留下的一地狼藉。我在本书中讲述的这些故事激励着我投入更多，做得更好，以加深对基因组的认识，从而能更精准地治疗疾病。毕竟，这还只是我们基因组研究之旅的早期阶段。我已经迫不及待地想翻过这一页，看看接下来会发生什么了。

致　谢

　　本书的写作经历堪称一次冒险之旅，没有天神的帮助，奥德修斯就无法活下来，同样，如果没有许多人的帮助和启迪，本书也不可能呈现在读者面前。

　　首先，我要感谢我的患者和他们的家人。他们慷慨地在科室之外与我共度了许多时光，无私地与我分享他们的故事，令人敬仰。有幸成为他们生活的一小部分让我每天都心怀感激。本书付梓时，伯特兰·迈特非凡的凡人之旅提前结束了，但他的勇气和力量、纯洁和快乐一直激励着我，未来几十年其人生记忆将继续长存。

　　很多科学家、合作者和朋友慷慨地与我分享了他们的经验，与我共同挖掘了我们的集体记忆，我非常感谢他们。本书中提到的每位同事都花费了宝贵时间帮忙打磨本书，纠正其中的错误（若是还有任何错误，责任完全在我）。我要特别感谢三个人，他们与我共度了更多时光，一起诊疗了更多患者，他们是马修·惠勒、海蒂·索尔兹伯里和科琳·卡雷舒。对于未知领域的基因组探索者来说，没有比他们更好的伙伴了。许多其他同事和朋友都很友善地与我讨论了这本书的章节，我要特别感谢约书亚·诺尔斯、马可·佩雷斯、维多利亚·帕里克、米卡尔·马特森、斯蒂芬·奎克、梅甘·格罗夫、科琳·卡雷舒、詹姆斯·普里斯特、罗杰·伯奈尔和苏珊·施瓦茨瓦尔德拨冗阅读整个手稿。莱斯利·比泽克对他出现的章节给出了非常好的反馈，希望我把整本书都寄给他。弗朗西斯·柯林斯也非常友善，尽管管理美国国立卫生研究院让他出现了轻微的分心，但他提供了及时的反馈。我也非常感谢我的斯坦福实验室小组，不仅感谢他们辛勤的工作和无私的奉献，也感谢他们给本书的书名提出了极好的建议。

我也要特别感谢第12章和第13章提到的凯拉·邓恩。我只想说，当这位皮博迪奖和艾美奖的获奖作家兼制片人转行的遗传顾问，表示愿意就这本基因组图书提供反馈时，只有一个正确答案。凯拉在创作叙事和转换短语方面的天赋让我敬畏，我从其对语言文字艺术的把握中学到了很多东西，永远感谢她花那么多时间思考如何让我的行文变得更好。

我还要单独感谢我小组中的两个人，尽管他们没有出现在本书中，但没有他们，我们的临床工作和实验室科学将无法运作，他们是布鲁克·泽尔尼克和特拉·科克利。布鲁克和特拉在不同时间承担了管理我日程的繁重任务，值得感谢，但他们还做了更多值得我们感激的事情：他们是我们整个组织运转的支点，从每周例会到年度活动，从小型合同到数百万美元的资助，从小型社交聚会到大型筹款晚会，他们都泰然自若，以同样优雅的姿态和快乐迷人的微笑将学生、首席执行官和诺贝尔奖得主组织到一起。无论我是在雨中的斯德哥尔摩大街上迷路，还是在一个关闭的上海机场漫无目的地闲逛，或是待在一个奇怪的空无一人的ZOOM视频会议室，没有他们我真的坚持不下去。

我的学术导师们教会了我很多东西，而且仍在不断教导我：格拉斯哥大学的南妮特·穆特丽和尼尔·斯普韦；牛津大学的芭芭拉·卡萨代、休·沃特金斯、斯蒂芬·纽鲍尔和约翰·贝尔；斯坦福大学的维克多·弗勒利歇尔、托马斯·奎特莫斯和兰德尔·瓦格洛斯。还有斯坦福的领导杨清源、鲍勃·哈灵顿、劳埃德·麦诺和戴维·恩特维斯尔，谢谢你们对我的信任。

我还要特别感谢亚伯拉罕·佛吉斯，多年来我一直钦佩其作品。想到我可能要写一本书的那一刻，我向亚伯拉罕寻求帮助。他把我介绍给我们现在共同的经纪人，令人惊叹的马里·埃文斯，我感激不尽。每当我在手机上看到马里的名字时，我都会微笑，因为我知道接下来的谈话将同样令人兴奋、令人愉快，信息量非常丰富。马里，我很高兴能得到你的帮助，谢谢你引领我走进陌生的图书出版世界，作者再也找不到比你更好的支持者了。

我也非常感谢马里向我介绍了 Celadon Books 卓越的团队。我非常幸运，第一次出书就遇到这样一个团队，既能带来大型出版社的好处，同时又能提供精品运营的高触感、个性化关怀和培养。我非常欣赏杰米·拉布的眼光、见解和巧妙传达的编辑智慧。凭借其数十年的经验，杰米对故事的热爱和对细节的追求达到了一个非常高的高度，其编辑修改让我学到了很多写作技艺。她非常耐心，其编辑艺术十分精湛，我对她感激不尽。同样，兰迪·克雷默敏锐的眼光大大改善了本书的行文。对于杰米、兰迪和 Celadon 团队的其他成员，我表示衷心感谢。

最后，我要感谢我的家人。我的父母鼓励我进入医学领域：给我买了我的第一本书、我的第一台电脑和我的第一台听诊器。每天，我都学着他们照顾其患者的方式努力为我的患者提供关怀、表达同情。我的弟弟罗德和妹妹多雷娜以只有兄弟姐妹才能做到的方式理解我，很友好地阅读了早期版本的章节并提供了坦率的反馈。我的三个孩子卡特琳、弗雷泽和卡梅隆健康、幸福，对此我深表感激。他们让我保持清醒，偶尔也会让我抓狂。我希望以一种小小的方式让这个世界对他们来说更美好，因为他们是我的一切。最后的感谢我要留给我的妻子菲奥娜。她知道有一天我会在闲暇时间写一本书。但我想她不一定会意识到我会在我们都有全职工作还要忙于抚养三个孩子的时候来写作。所以，我非常感谢菲奥娜全力支持我完成了医学院、住院医师、博士和心脏病学的学习及博士后研究；感谢你容忍我经常在实验室待到深夜，经常深更半夜被我的寻呼机吵醒；感谢你支持我来加州的疯狂冒险；感谢你在周末和工作日让我在电脑前埋头写书；感谢你听我讲布法罗和夏洛克·福尔摩斯的故事；感谢你认真阅读了本书并提供了很好的反馈；还要感谢你让我脚踏实地；你是我生命中伟大冒险的伴侣，我爱你，我永远感谢你。

注 释

前 言

1. 本书的几个章节对此进行了讨论，第一个进行基因组测序的生物是 PhiX174，这是一种所谓的噬菌体，一种感染细菌的病毒。首次对其测序的是弗雷德里克·桑格。Sanger F, Air GM, Barrell BG, et al. Nucleotide sequence of bacteriophage PhiX174 DNA. *Nature.* 1977;265(5596):687-695.

2. 与人们普遍持有的观点相反，同卵双胞胎的基因组并不完全相同。这是由多种原因造成的，与胚胎形成后出现的遗传变异有关。此外，生命中发生的化学变化也会改变基因组被激活的方式，每个个体的这些变化都是独一无二的。Bruder CEG, Piotrowski A, Gijsbers AACJ, et al. Phenotypically concordant anddiscordant monozygotic twins display different DNA copy-number-variation profiles. *Am J Hum Genet.* 2008;82(3):763-771; Lyu G, Zhang C, Ling T, et al. Genome and epigenome analysis of monozygotic twins discordant for congenital heart disease. *BMC Genomics.* 2018;19(1):428; Do Identical Twins Have the Same DNA? BioTechniques. https://www.biotechniques.com/omics/not-so-identical-twins/. Published November 26, 2018. Accessed March 29, 2020.

3. 右旋是指，如果你"穿过螺旋"向下看，其看起来是顺时针方向旋转的。科学家有时不会告知插画家这点很重要，因此 DNA 的左旋图在互联网上散布开来。我曾经遇到过一次这种情况，当时一家与斯坦福签约的公关公司为一个营销活动制作了带有左旋图的艺术作品（我们很快纠正了这个错误）。

4. 每个细胞 DNA 长度的计算方法是用碱基数乘以碱基之间的距离。关于这类数字仍然存在较大争论，通常在科学文献中找不到。我在这里使用的估值来自：Length of Uncoiled

Human DNA. Skeptics Stack Exchange.https://skeptics.stackexchange.com/questions/10606/length-of-uncoiled-human-dna. Accessed January 26, 2020; Crew B. Here's How Many Cells in Your Body Aren't Actually Human. ScienceAlert. https://www.sciencealert.com/how-many-bacteria-cells-outnumber-human-cells-microbiome-science.Accessed January 31, 2020; Yong E. *I Contain Multitudes: The Microbes Within Us and a Grander View of Life*. New York: Random House; 2016.

5. Dawkins R. *The Selfish Gene*. Oxford, UK: Oxford University Press; 1976.

第一部分 早期基因组

第1章 零号患者

1. 林恩·贝洛米的音频采访，2020 年 2 月 2 日。

2. FOXG1 综合征 . Genetics Home Reference. https://ghr.nlm.nih.gov/condition/foxg1-syndrome. Accessed March 29, 2020.

3. Trait-o-matic 是由乔治·丘奇团队的伍骁迪和亚历山大·韦特 - 佐劳奈克开发的。这项工作是哈佛个人基因组计划的一部分：The Harvard Personal Genome Project. https://pgp.med.harvard.edu/. Accessed March 29, 2020.

4. 人类基因组计划的资金在很多地方都有描述。我使用了这些估值：Genomics. Energy.gov. https://www.energy.gov/science/initiatives/genomics. Accessed March 29, 2020; Watson JD, Jordan E. The Human Genome Program at the National Institutes of Health. *Genomics*. 1989;5(3):654-656.

5. 《人类基因组计划》论文与个人项目一起发表：Lander ES, Linton LM, Birren B, et al. Initial sequencing and analysis of the human genome. *Nature*. 2001;409(6822):860-921; Venter JC, Adams MD, Myers EW, et al. The sequence of the human genome. *Science*. 2001;291(5507):1304-1351.

6. 一个亚洲人的测序：Wang J, Wang W, Li R, et al. The diploid genome sequence of an Asian individual. *Nature*. 2008;456(7218):60-65.

7. 詹姆斯·沃森的测序：Wheeler DA, Srinivasan M, Egholm M, et al. The complete genome of an individual by massively parallel DNA sequencing. *Nature*. 2008;452(7189):872-876.

8. 斯蒂芬·奎克的基因组序列首次公布：Pushkarev D, Neff NF, Quake SR. Single-molecule sequencing of an individual human genome. *Nat Biotechnol*. 2009;27(9):847-850.

9. 摩尔定律 50 余年：Intel. https://www.intel.com/content/www/us/en/silicon-innovations/moores-

law-technology.html. Accessed March 29, 2020; 摩尔定律，计算机历史博物馆：https://www.computerhistory.org/revolution/digital-logic/12/267. Accessed March 29, 2020.

10. 人类基因组测序的成本：Genome.gov. https://www.genome.gov/about-genomics/fact-sheets/Sequencing-Human-Genome-cost. Accessed March 29, 2020.

11. 最大和最小的基因这一说法取自如下教科书：Strachan T, Read AP. *Human Molecular Genetics*. New York: Garland; 2018. doi:10.1201/9780429448362.Some other genome anatomy facts from: Platzer M. The human genome and its upcoming dynamics. *Genome Dyn*. 2006;2:1-16.

12. 弗雷德里克·桑格的传记细节来自：Berg P. Fred Sanger: A memorial tribute. *Proc Natl Acad Sci USA*. 2014;111(3):883-884.

13. 桑格和下一代测序：Heather JM, Chain B. The sequence of sequencers: The history of sequencing DNA. *Genomics*. 2016;107(1):1-8; Goodwin S, McPherson JD, McCombie WR. Coming of age: Ten years of next-generation sequencing technologies. *Nat Rev Genet*. 2016;17(6):333-351.

另一种技术是沃尔特·吉尔伯特提出的，与桑格测序同一时期发明。吉尔伯特是哈佛大学的物理学家，后来成为生物化学家，与詹姆斯·沃森密切合作了很多年。其技术涉及对 DNA 的化学修饰和切割，但也使用了大量的放射性物质，因此，尽管最初在受欢迎程度上超过了桑格的技术，但很快就被改进后的桑格技术所取代。

14. 最早的下一代测序方法被称为聚合酶克隆测序，由哈佛大学乔治·丘奇的实验室发明。Shendure J, Porreca GJ, Reppas NB, et al. Accurate multiplex polony sequencing of an evolved bacterial genome. *Science*. 2005;309(5741):1728-1732.

聚合酶克隆测序是由杰伊·申杜尔和格雷格·波瑞卡在罗伯·密特拉的工作基础上率先进行的。详见：Open Source Next Generation Sequencing Technology. Harvard Molecular Technologies. http://arep.med.harvard.edu/Polonator/. Accessed December 28, 2016.

其名称一部分取自 DNA 聚合酶（DNA polymerase）中的"polymerase"一词，一部分取自"colonies"（菌落）一词，菌落源自从数百万个分子中读取 DNA 序列的原理，每个分子都在油乳液（相同 DNA 分子的菌落）里的微小水滴中扩增。杰伊·申杜尔随后开发了大量基因组技术；特别是，在与先驱德博拉·尼克森的一系列合作中，他是第一批将外显子组测序应用于患者（四名患有相同遗传综合征的患者）的人之一。Ng SB, Turner EH, Robertson PD, et al. Targeted capture and massively parallel sequencing of 12 human exomes. *Nature*. 2009;461(7261):272-276. Another early pioneer of exome sequencing was Richard "Rick" Lifton: Genetic diagnosis by whole exome capture and massively parallel

DNA sequencing Proc Natl Acad Sci U S A. 2009 Nov 10; 106(45): 19096-19101.

15. 关于前几个基因组的论文中包括对成本和耗时的预估：Lander ES, Linton LM, Birren B, et al. Initial sequencing and analysis of the human genome. *Nature*. 2001;409(6822):860-921; Venter JC, Adams MD, Myers EW, et al. The sequence of the human genome. *Science*. 2001;291(5507):1304-1351; Wang J, Wang W, Li R, et al. The diploid genome sequence of an Asian individual. *Nature*. 2008;456(7218):60-65; Wheeler DA, Srinivasan M, Egholm M, et al. The complete genome of an individual by massively parallel DNA sequencing. *Nature*. 2008;452(7189):872-876; Bentley DR, Balasubramanian S, Swerdlow HP, et al. Accurate whole human genome sequencing using reversible terminator chemistry. *Nature*. 2008;456(7218):53-59; Kim J-I, Ju YS, Park H, et al. A highly annotated whole-genome sequence of a Korean individual. *Nature*. 2009;460(7258):1011-1015.

16. 数字 454 代表了该技术最初发明时的代号，其具体意义从未有适当的解释，至少在公共领域还没有。

第 2 章　全明星团队

1. PharmGKB. http://www.pharmgkb.org.

2. 更具体的遗传咨询历史详见：Stern AM. *Telling Genes: The Story of Genetic Counseling in America*. Baltimore: JHU Press; 2012.

3. "偶发性基因组"（incidentalome）是在这篇社论中创造的新词：Kohane IS, Masys DR, Altman RB. The incidentalome: a threat to genomic medicine. *JAMA*. 2006;296(2):212-215.

4. Roguin A. Rene Theophile Hyacinthe Laënnec (1781–1826): The man behind the stethoscope. *Clin Med Res*. 2006;4(3):230-235.

5. 奥古斯塔斯·沃勒的传记来自《牛津国家人物传记大辞典》：Waller AD. A Demonstration on Man of Electromotive Changes accompanying the Heart's Beat. *J Physiol*. 1887;8(5):229-234; *Oxford Dictionary of National Biography*. Oxford, UK: Oxford University Press.

6. 议会中关于沃勒和吉米的谈话：Royal Society Conversazione (Public Experiment on Bulldog). Hansard. http://hansard.millbanksystems.com/commons/1909/jul/08/royal-society-conversazione-public. Accessed December 30, 2016.

7. 出于某种原因，这总是让我想起长大后在星期六下午看电视的日子。英国广播公司曾经使用电传打印机在屏幕上逐字显示足球比赛的结果，并由大卫·科尔曼这样的评论员播报。https://www.youtube.com/watch?v=-_V43QT7mrg&feature=youtu.be&t=20s. Accessed August 8, 2020.

这个片段里有这样一句话："马瑟韦尔，这个垫底的俱乐部，整个赛季只赢了两场比赛。"马瑟韦尔是我支持的球队，这样的比赛结果让我一直都对苏格兰国家足球队很失望。

8. 油水乳化科学：Stability of Oil Emulsions. PetroWiki. http://petrowiki.org/Stability_of_oil_emulsions.

9. 洗涤剂手册 D 部分配方篇：Showell M. Part D: Formulation. In *Handbook of Detergents*. Boca Raton, FL: CRC Press; 2016.

10. 牛津大学研究小组的一篇论文描述了单核苷酸变体与脂蛋白（a）水平和冠心病风险之间的关系。Clarke R, Peden JF, Hopewell JC, et al. Genetic variants associated with Lp(a) lipoprotein level and coronary disease. *N Engl J Med*. 2009;361(26):2518-2528.

11. 这些指南通常被称为 ATP Ⅲ，比《国家胆固醇教育计划专家小组关于检测、评估和治疗成人高血脂的第三次报告》（成人治疗组Ⅲ）篇幅稍短。 NCEP ATP-Ⅲ Cholesterol Guidelines. ScyMed. http://www.scymed.com/en/smnxdj/edzr/edzr9610.htm. Accessed December 30, 2016.

12. 期刊编辑是学术出版界的无名英雄。一个好的编辑不仅可以帮助定义期刊的性质，在审稿人之间进行协调，安抚过度焦虑的作者，最重要的是还可以改进论文。在出版业的开放存取运动中，人们一直在推动出版商的"脱媒"。当然，学术出版对大公司的高管和股东来说是非常有利可图的，他们利用科学家免费撰写论文、审阅论文，甚至编辑论文，最后出版商获得所有权。但是，如果转向开放存取，我们取消编辑的介入，那将是一个巨大的损失。一个好的编辑不仅可以提升一篇差劲的论文，还能润色一篇优秀的论文。

13. 这些论文于 2010 年 5 月 1 日发表在《柳叶刀》上：Ashley EA, Butte AJ, Wheeler MT, et al. Clinical assessment incorporating a personal genome. *Lancet*. 2010;375(9725):1525-1535; Ormond KE, Wheeler MT, Hudgins L, et al. Challenges in the clinical application of whole-genome sequencing. *Lancet*. 2010;375(9727):1749-1751; Samani NJ, Tomaszewski M, Schunkert H. The personal genome—the future of personalised medicine? *Lancet*. 2010; 375(9725):1497-1498.

14. 美国国家公共广播电台的采访详见：Knox R. Genome Seen As Medical Crystal Ball. NPR. https://www.npr.org/templates/story/story.php?storyId=126836909. Published April 30, 2010. Accessed April 7, 2020.

15. 代表性新闻文章选集：Marcus AD. How Genetic Testing May Spot Disease Risk. *Wall Street Journal*. https://www.wsj.com/articles/SB10001424052748704342604575222082732063 418. Published May 4, 2010. Accessed April 7, 2020; Krieger LM. Stanford Bioengineer

Explores Own Genome. *Mercury News.* https://www.mercurynews.com/2010/04/29/stanford-bioengineer-explores-own-genome/. Published April 29, 2010. Accessed April 7, 2020; Nainggolan L. First Clinical Interpretation of an Entire Human Genome "Exemplar." Medscape. https://www.medscape.com/viewarticle/721083. Published April 30, 2010. Accessed April 7, 2020; Fox M. Gene Scan Shows Man's Risk for Heart Attack, Cancer. Reuters. https://www.reuters.com/article/us-genes-disease-idUSTRE63S62J20100429. Published April 29, 2010. Accessed April 7, 2020; Sample I. Healthy Genome Used to Predict Disease Risk in Later Life. *Guardian.* http://www.theguardian.com/science/2010/apr/29/healthy-genome-predict-disease-risk. Published April 29, 2010. Accessed April 7, 2020.

第 3 章　年轻人猝死之谜

1. 里奇病例的细节来自当时和此后多年与其父母的电子邮件往来和个人谈话。引文来自 2019 年 5 月 3 日对里奇·奎克及其女儿进行的一次面对面采访。

2. 多篇论文都有这方面的相关论述，我们对这些发现的总结详见：Ullal AJ, Abdelfattah RS, Ashley EA, Froelicher VF. Hypertrophic cardiomyopathy as a cause of sudden cardiac death in the young: A meta-analysis. *Am J Med.* January 2016. doi:10.1016/j.amjmed.2015.12.027.

　　乔纳森·德雷兹纳总结了（美国）全国大学生体育协会十年来的数据：Harmon KG, Asif IM, Maleszewski JJ, et al. Incidence, cause, and comparative frequency of sudden cardiac death in national collegiate athletic association athletes: A decade in review. *Circulation.* 2015;132(1):10-19.

3. 弗雷德里克·杜威在美国心脏病学会会议上展示了我们的研究结果：Dewey FE, Wheeler MT, Cordero S, et al. Molecular autopsy for sudden cardiac death using whole genome sequencing. *J Am Coll Cardiol.* 2011;57(14, Supplement):E1159.

4. 克里斯塔·康格的作品详见：Conger K. The Genome Is Out of the Bag. *Stanford Medicine.* http://sm.stanford.edu/archive/stanmed/2010fall/article1.html. Accessed April 5, 2020.

5. 迈克尔·阿克曼的病例报告：Ackerman MJ, Tester DJ, Porter C-BJ, Edwards WD. Molecular diagnosis of the inherited long-QT syndrome in a woman who died after near-drowning. *N Engl J Med.* 1999;341(15):1121-1125. doi:10.1056/nejm199910073411504.

6. 克里斯托弗·塞姆里安和乔恩·斯金纳的研究报告：Bagnall RD, Weintraub RG, Ingles J, et al. A prospective study of sudden cardiac death among children and young adults. *N Engl J Med.* 2016;374(25):2441-2452.

7. 我们有幸与达努尔杰·帕蒂尔在数据科学相关项目上进行合作。在 2019 年斯坦福大学

生物医学大数据会议上，我采访了他：Stanford Medicine. DJ Patil, Devoted-2019 Stanford Medicine Big Data|Precision Health.mp4. https://www.youtube.com/watch?v=mK3N7xQb_ mw. Published July 3, 2019. Accessed April 5, 2020.

这句写在白宫信笺上的名言照片可以在社交媒体上找到：https://twitter.com/dpatil/status/1093569468880416768.

第 4 章　基因组测序，启航

1. 索莱科萨早期起源的故事来自克莱夫·布朗、约翰·韦斯特和凯文·戴维斯的面对面交谈。一些细节来自凯文·戴维斯的文章：Davies K. 13 Years Ago, a Beer Summit in an English Pub Led to the Birth of Solexa and—for Now at Least—the World's Most Popular Second-Generation Sequencing Technology. Bio-IT World. http://www.bio-itworld.com/2010/issues/sept-oct/solexa.html. Accessed January 11, 2019.

   还有一些是来自他的著作《1 000 美元的基因组》：Davies K. *The $1,000 Genome: The Scientific Breakthrough That Will Change Our Lives.* New York: Free Press; 2010.

2. 尼克·麦库克过去常说"索莱科萨"这个名字是克莱夫·布朗从引用的一个计算机程序生成的"可能的生物技术名称"列表中随机选择的一个名字。

3. 参见 2018 年 11 月 27 日，在斯坦福大学校园对克莱夫·布朗的当面采访。

4. 约翰·韦斯特于 2017 年 12 月 4 日和 2018 年 11 月 2 日在加州门洛帕克的普森诺里斯公司的办公室当面接受了采访。其他传记细节摘自：John West. Personalis. https://www.personalis.com/john-west/. Published August 17, 2017. Accessed July 10, 2018.

5. 据报道，林克斯公司和索莱科萨公司从曼泰亚公司购买了 DNA "簇"技术，详见：GenomeWeb. https://www.genomeweb.com/archive/lynx-and-solexa-buy-dna-cluster-technology-manteia. Published March 25, 2004. Accessed July 6, 2018.

6. 杰伊·弗拉特利的细节信息来自如下采访：The DNA Day interview: Jay Flatley, Executive Chairman of Illumina. Helix Blog. https://blog.helix.com/jay-flatley-interview/. Published April 25, 2018. Accessed January 12, 2019.

7. 第二代基因组序列仪输出统计数据：Genome Analyzer IIx System. Illumina. https://www.illumina.com/Documents/products/specifications/specification_genome_analyzer.pdf.

   HiSeq（高通量测序）1 000 和 2 000 输出统计：HiSeq Sequencing Systems. Illumina. https://www.illumina.com/documents/products/datasheets/datasheet_hiseq_systems.pdf.

8. 因美纳公司个性化基因组服务的细节信息来自对杰伊·弗拉特利的采访：Davies K. Jay Talking Personal Genomes. Bio-IT World. http://www.bio-itworld.com/2010/issues/sept-oct/

flatley.html. Published September 28, 2010. Accessed January 12, 2019.

9. 因美纳公司于 2010 年宣布对韦斯特家族进行测序：Illumina Announces Its First Full Coverage DNA Sequencing of a Named Family. *Business Wire.* https://www.businesswire. com/news/home/20100416006128/en/Illumina-Announces-Full-Coverage-DNA-Sequencing-Named. Published April 16, 2010. Accessed April 6, 2020.

第 5 章　首个家庭测序

1. 《华尔街日报》的艾米·马库斯报道了安妮·韦斯特对他们基因组的分析。Marcus AD. Obsessed with Genes (Not Jeans), This Teen Analyzes Family DNA. *Wall Street Journal.* https://www.wsj.com/articles/SB10001424052748704814204575508064149859510. Published October 1, 2010. Accessed April 6, 2020.

2. 人们认为罗纳德·戴维斯与埃隆·马斯克、杰夫·贝佐斯、温特·瑟夫等人最有可能被日后的历史学家称为当代伟大发明家。Allan N. Who Will Tomorrow's Historians Consider Today's Greatest Inventors? *Atlantic.* October 2013. http://www.theatlantic.com/magazine/archive/2013/11/the-inventors/309534/. Accessed January 2, 2018.

3. 关于莱顿第五因子最早的论文发表在《自然》杂志上：Bertina RM, Koeleman BP, Koster T, et al. Mutation in blood coagulation factor V associated with resistance to activated protein C. *Nature.* 1994;369(6475):64-67.

接下来的几年里，其影响力和流行程度得到了进一步阐释：Miñano A, Ordóñez A, España F, et al. AB0 blood group and risk of venous or arterial thrombosis in carriers of factor V Leiden or prothrombin G20210A polymorphisms. *Haematologica.* 2008;93(5):729-734; Bauer KA. The thrombophilias: Well-defined risk factors with uncertain therapeutic implications. *Ann Intern Med.* 2001;135(5):367-373; Herrmann FH, Koesling M, Schröder W, et al. Prevalence of factor V Leiden mutation in various populations. *Genet Epidemiol.* 1997;14(4):403-411.

第 6 章　了解自己的基因

1. 卡尔文·特里林在这本书中讲述了"鸡翅作为美味佳肴"的故事起源：Trillin C. An Attempt to Compile a Short History of the Buffalo Chicken Wing. In *The Tummy Trilogy.* New York: Farrar, Straus & Giroux; 1994. 268–275.

据他所言，我们今天知道的鸡翅发明地是纽约州布法罗市的"船锚吧"（Anchor

Bar），据说店主的儿子有一天深夜带领着一帮朋友，拿着零食回到家。其母亲特雷莎·贝利西莫是意大利人，一直悉心照料着自己的儿子。那天晚上为了招待儿子的朋友，她点燃油锅，把剩余的鸡翅切成两半，放进锅里油炸，再搭配上辣酱、欧芹碎和蓝奶酪等调味料。布法罗鸡翅就这样诞生了。十年后，1977 年 7 月 29 日被宣布为国家鸡翅日，其余的餐厅，包括猫头鹰餐厅（Hooters）也都成为历史。为了巩固其作为基因组学革命动力源的地位，出于我不知道的原因，世界知名的澳大利亚遗传性心脑血管疾病小组的领导者乔迪·英格尔斯和克里斯·塞姆里安每次到美国来都会直奔布法罗鸡翅。

2. Buffalo 也是一个动词（buffalo 做动词时意为"恐吓"），这意味着同一个词重复多次也可以造出一个语法正确的句子，如恐吓水牛（buffalo buffalo）。这种被称为水牛的动物有时会令人生畏。如果这些水牛恐吓它们的同类，我们可以说：水牛恐吓水牛（buffalo buffalo buffalo）。如果那些水牛真的来自纽约布法罗，那么我们可以说：布法罗的水牛恐吓布法罗的水牛（Buffalo buffalo buffalo Buffalo buffalo）。我第一次看到这个文字游戏是在史蒂芬·平克的书的第 7 章：Pinker S. *The Language Instinct: How the Mind Creates Language*. London: Penguin UK; 2003.

威廉·拉帕波特在其博客中称这在某种程度上是一种"发明"：Rapaport W. Buffalo Buffalo Buffalo Buffalo Buffalo. University at Buffalo. https://www.cse.buffalo.edu//~rapaport/buffalobuffalo.html. Accessed December 23, 2017.

已知最早的例子出现在 1965 年德米特里·博格曼的一本书的原稿中［《度假语言》（*Language on Vacation*）］，不过包含该内容的章节并未出现在这本书最终出版的版本中。然而，博格曼在其 1967 年出版的《超越语言：文字与思想的冒险》（*Beyond Language: Adventures in Word and Thought*）一书中也提到了这一点。这是一位生物学家最终的想法。水牛城没有真正的水牛。虽然它们通常被称为水牛，但北美的"水牛"实际上是野牛，确切地说是恐吓野牛（甚至是野牛恐吓野牛，但我们不对这个问题展开讨论）。Hedrick PW. Conservation genetics and North American bison (Bison bison). *J Hered*. 2009;100(4):411-420.

对我来说，这个问题得到了最高权威布法罗动物园的证实，它们在网站上指出，它们的"水牛"实际上是野牛。因此，那些令人生畏的水牛可以在世界上很多地方找到，而不只是在纽约的布法罗。

3. 彼得·德容非常友好地分享了其在《布法罗新闻报》上刊登的文章和广告。关于人类基因组计划的信息来自与迪安娜·丘奇和彼得·德容的电子邮件往来和个人对话（2018 年 10 月 30 日对彼得·德容进行了电话采访）。一些信息来自描述细菌人工染色体库 RPCI-11 的关键出版物：Osoegawa K, Mammoser AG, Wu C, et al. A bacterial

artificial chromosome library for sequencing the complete human genome. *Genome Res.* 2001;11(3):483-496.

4. 许多植物和作物的基因组有多个拷贝。一些天然野生草莓有 10 个副本。以下文章讨论了多倍体的优缺点：Comai L. The advantages and disadvantages of being polyploid. *Nat Rev Genet.* 2005;6(11):836-846; 以下几篇文章对野生草莓的多倍体进行了讨论：Hummer KE, Nathewet P, Yanagi T. Decaploidy in Fragaria iturupensis (Rosaceae). *Am J Bot.* 2009;96(3):713-716; Cheng H, Li J, Zhang H, et al. The complete chloroplast genome sequence of strawberry (Fragaria × ananassa Duch.) and comparison with related species of Rosaceae. *Peer J.* 2017;5:e3919.

   现在人们已经成功栽培出了高达 32 倍体的人造植物。

5. 许多遗传学家都推断 RPCI-11 为具有混合血统的非裔美国男性，但这一事实很少被讨论。在接受凯文·戴维斯的采访时，迪安娜·丘奇提到了公开讨论这一问题的会议报告：Davies K. Deanna Church on the Reference Genome Past, Present, and Future.Bio-IT World. http://www.bio-itworld.com/2013/4/22/church-on-reference-genomes-past-present-future.html. Published April 22, 2013. Accessed December 30, 2017.

6. 我们通常会认为自己与一级亲属相同的 DNA 比例约为 50%。回想一下，除了男性的单一 X 和 Y 染色体外，通常人类的每条染色体都有两个副本，并将其中一个传给下一代。然而，染色体并不能完整地代代相传。在一个被称为遗传交叉的过程中，它们会有一点点的混合。当精子或卵子产生时，相似的染色体对之间会发生遗传物质的交换，这意味着每个精子或卵子中的染色体都包含一种独特的遗传混合物，这种遗传物质来自从父亲和母亲那里获得的染色体。这种"世界上独一无二的"染色体通过精子或卵子传递，从而创造出新的生命。这种现象的另一个后果是，虽然"平均而言"我们与我们的兄弟姐妹有 50% 相同的遗传物质，但实际的比例可能会有很大差异。一项研究发现，这一比例从 37% 到 62% 不等：Visscher PM, Medland SE, Ferreira MAR, et al. Assumption-free estimation of heritability from genome-wide identity-by-descent sharing between full siblings. *PLOS Genet.* 2006;2(3):e41.

7. 隐马尔可夫模型已经被用于各种领域，包括语音识别和自然语言处理。 Ghahramani Z, Jordan MI. Factorial Hidden Markov Models. In Touretzky DS, Mozer MC, Hasselmo ME, eds. *Advances in Neural Information Processing Systems 8.* Cambridge, MA: MIT Press; 1996:472-478.

   大约在我们研究这一模型的同时，由戴维·加拉和莱诺伊·胡德领导的一个来自西雅图的研究小组公布了基因组测序数据，其中包括来自四个相关个体的隐马尔可夫模型。（莱诺伊·胡德是基因测序领域的杰出人物，是一位多产的发明家，其发现被应用生物系统公司商业化，该公司的机器是人类基因组计划的主力。）那篇论文中的基因组是由一家名为完整基因的公司生产的。该公司是由克里夫·里德、约翰·柯森和拉多耶·德尔马纳茨创立的初创公司。拉多耶·德尔马纳茨是完整基因公司的技术领导者，也是脱氧核糖核酸纳米球技术的发明者。这项技术是完整基因公司的基础技术，一度成为因美纳公司在基因组测序领域的主要竞争对手。完整基因公司于 2012 年被中国华大基因公司收购。这项技术在 2020 年再次登上新闻头条，在当时的条件下，每个基因组的测序价格据称低至 100 美元。Regalado A. China's BGI Says It Can Sequence a Genome for Just $100. *MIT Technology Review.* https://www.technologyreview.com/2020/02/26/905658/china-bgi-100-dollar-genome/. Published February 26, 2020. Accessed June 14, 2020.

8. 这篇文章讨论了"定相"的重要性：Tewhey R, Bansal V, Torkamani A, Topol EJ, Schork NJ. The importance of phase information for human genomics. *Nat Rev Genet.* 2011;12(3):215-223.

9. 报告新的突变率的除我们外还有：Roach JC, Glusman G, Smit AFA, et al. Analysis of genetic inheritance in a family quartet by whole-genome sequencing. *Science.* 2010; 328(5978):636-639; Kong A, Frigge ML, Masson G, et al. Rate of de novo mutations and the importance of father's age to disease risk. *Nature.* 2012;488(7412):471.

10. 我们对遗传变异体的分类的描述：Ashley EA, Butte AJ, Wheeler MT, et al. Clinical assessment incorporating a personal genome. *Lancet.* 2010;375(9725):1525-1535.

　　进一步论述参见：Dewey FE, Chen R, Cordero SP, et al. Phased whole-genome genetic risk in a family quartet using a major allele reference sequence. *PLOS Genet.* 2011;7(9):e1002280.

　　类似的模式在下面这篇文章中也有所论述：Berg JS, Khoury MJ, Evans JP. Deploying whole genome sequencing in clinical practice and public health: Meeting the challenge one bin at a time. *Genet Med.* 2011;13(6):499-504.

11. 早期最著名的故事之一是关于尼古拉斯·沃尔克的，这个小男孩患有一种神秘疾病，导致其反复出现严重腹痛，需要进行上百次手术。医生们束手无策并且准备放弃，直到威斯康星州医学院的一个团队提出对其外显子组（构成基因的 2% 的基因组）进行测序。该团队由遗传学家霍华德·雅各布、苏格兰生物信息学家伊丽莎白·沃特希和英国儿科医生大卫·迪莫克领导。他们共同认定尼古拉斯患的是一种免疫缺陷疾病，而不是胃肠道疾病，这意味着该疾病可能通过骨髓移植治愈。经过伦理审查和咨询后，其家人选择了移植手术，尼古拉斯的身体得到了显著恢复。其诊断故事刊登在《密尔沃基哨兵报》上，这一系列文章获得了普利策奖，随后出版的《十亿分之一》一书也讲述了他的故事。Herper M. The First Child Saved By DNA Sequencing. *Forbes*. January 2011. https://www.forbes.com/sites/matthewherper/2011/01/05/the-first-child-saved-by-dna-sequencing/. Accessed January 12, 2019; Johnson M, Gallagher K. A Baffling Illness. *Journal Sentinel*. http://archive.jsonline.com/features/health/111641209.html. Published December 18, 2010. Accessed January 12, 2019; Mark Johnson, Kathleen Gallagher, Gary Porter, Lou Saldivar and Alison Sherwood of *Milwaukee Journal Sentinel*. Pulitzer Prizes. https://www.pulitzer.org/winners/mark-johnson-kathleen-gallagher-gary-porter-lou-saldivar-and-alison-sherwood. Accessed January 12, 2019; Johnson M, Gallagher K. *One in a Billion: The Story of Nic Volker and the Dawn of Genomic Medicine*. New York: Simon & Schuster; 2016.

12. 韦斯特家族的分析报告参见：Marcus AD. Family Pioneers in Exploration of the Genome. *Wall Street Journal*. https://www.wsj.com/articles/SB10001424053111904491704576573022083190718. Published September 16, 2011. Accessed July 16, 2018.

第7章　从实验室到诊室

1. 马克·安德森的名言来自：Sanghvi R. 17 Quotes from Marc Andreessen & Ron Conway on How To Raise Money. Medium. https://medium.com/how-to-start-a-start-up/17-quotes-from-marc-andreessen-ron-conway-on-how-to-raise-money-d0b710f115f1. Published October 22, 2014. Accessed November 13, 2019.

2. 20世纪90年代末，在互联网电子商务发展的早期，我和妻子共同创立了这家公司。当时我刚开始攻读博士学位，我花了几个晚上在文本编辑器中编写代码来创建一个网站，用来展示我岳父的手工金属制品。我们最受欢迎的产品是一个"手机树"，你可以在上面放置多部手机，同时给它们充电。

3. Kastenmeier RW. An Act to Amend the Patent and Trademark Laws; 1980. https://www.congress.gov/bill/96th-congress/house-bill/6933. Accessed April 20, 2020.

4. 莱斯利·柏林从七个人的角度讲述了硅谷历史上的一个关键时期，其中包括斯坦福大学技术许可办公室的尼尔斯·里默斯。Berlin L. *Troublemakers: How a Generation of Silicon Valley Upstarts Invented the Future*. New York: Simon & Schuster; 2017.

5. 对"Concinnity"一词的定义来自《牛津词典》。https://en.oxforddictionaries.com/definition/concinnity. Accessed November 18, 2018.

6. 对于奎克家族的基因组，我们使用的是内部开发的软件。对于韦斯特家族的基因组，我们将自己设计的软件和因美纳公司的软件进行了组合。从那时起直到今天，我们和其他人使用了丹娜法伯癌症研究所的李恒、布罗德研究所的马克·德普里斯托和马克·戴利领导的一个小组所开发的程序组合。Li H, Durbin R. Fast and accurate short read alignment with Burrows-Wheeler transform. *Bioinformatics.* 2009;25(14):1754-1760; DePristo MA, Banks E, Poplin R, et al. A framework for variation discovery and genotyping using next-generation DNA sequencing data. *Nat Genet.* 2011;43(5):491-498.

第二部分　基因诊断

第8章　未确诊疾病网络

1. 戴维·弗雷德里克·阿滕伯勒爵士也许是电视上最著名的自然历史学家。在长达数十年的职业生涯中，他拍摄的纪录片屡次获奖，他主要拍摄迷人的自然世界，并配以他标志性的旁白，其作品（例如：《地球上的生命》《活力星球》《蓝色星球》）激励了数百万人。

2. 拥有570余年历史的格拉斯哥大学的传统医学教育让我受益匪浅，包括在临床检查中采用严格的观察方法。英国皇家内科医师考试很看重这些技能（通常情况下，通过率设定为整个班级的25%）。关于"短病例"的经典教科书仍在我的书架上：Ryder REJ, Mir MA, Freeman EA. *An Aid to the MRCP Short Cases.* Hoboken, NJ: John Wiley & Sons; 2009. 虽然它现在似乎已成为过去，但其关于主动观察的内容在当今技术时代仍然非常重要。

3. 劳埃德·格罗斯曼和大卫·弗罗斯特是英国广播公司的主持人。16年来，他们访遍了各类名人的家，并用那"中大西洋"口音讲解播报。Loyd Grossman. Wikipedia. https://en.wikipedia.org/w/index.php?title=Loyd_Grossman&oldid=946370437. Published March 19, 2020. Accessed May 2, 2020; Through the Keyhole. Wikipedia. https://en.wikipedia.org/w/index.php?title=Through_the_Keyhole&oldid=953132453. Published April 25, 2020. Accessed May 2, 2020; jflitter. The Best of Through the Keyhole (Yorkshire Television) DAMAGED TAPE-August 1988. https://www.youtube.com/watch?v=WhIzhVBQOUY. Published March 23, 2018. Accessed May 2, 2020; Stecklow S. The Wall Street Journal on Americans Adopting British Accents. *Guardian.* http://www.theguardian.com/world/2003/oct/04/usa.theeditorpressreview. Published October 4, 2003. Accessed May 2, 2020.

4. 此处节选自柯南·道尔的作品：Doyle AC. *The Complete Sherlock Holmes: All 56 Stories & 4 Novels.* New Delhi: General Press; 2016.

5. 如下几位作者讨论了夏洛克·福尔摩斯故事中的医学联系：Reed J. A medical perspective on the adventures of Sherlock Holmes. *Med Humanit.* 2001;27(2):76-81; Key JD, Rodin AE. Medical reputation and literary creation: an essay on Arthur Conan Doyle versus Sherlock Holmes 1887-1987. *Adler Mus Bull.* 1987;13(2):21-25.

6. 细节信息见：*Oxford Dictionary of National Biography*. Oxford, UK: Oxford University Press. And from Bell's book: Bell J. A manual of the operations of surgery. Internet Archive. https://archive.org/details/amanualoperatio04bellgoog/page/n7/mode/2up. Accessed May 2, 2020.

7. Reed J. A medical perspective on the adventures of Sherlock Holmes. *Med Humanit.* 2001;27(2):76-81.

8. 玛丽亚·康尼科娃在这本引人入胜的书中详细讨论了福尔摩斯的"创作"过程。（*Mastermind: How to Think Like Sherlock Holmes*. New York: Penguin; 2013）尽管福尔摩斯本人将自己的推理过程称为"演绎"，但严格来说，福尔摩斯所从事的并不是演绎推理。学者们认为推理有三种形式：演绎推理、归纳推理和溯因推理。演绎推理有着悠久的历史，最早可以追溯到亚里士多德，它是一种纯粹的逻辑，最终结论是由几个连续的前提条件推导而出的（"所有的书呆子都很有趣；约翰是个书呆子；因此，约翰很有趣"）。但是演绎推理告诉我们的，并不比观测陈述本身所揭示的更多。相反，归纳推理则是通过对世界进行观察，然后从这些观察中归纳出结论（"我迄今为止看到的所有天鹅都是白色的；因此，所有的天鹅都是白色的"）。刑事调查和医学诊断既不基于演绎也不基于归纳；它基于诱因，一种接近因果关系的推理形式。溯因推理包括进行观察，利用对世界的先验知识，就导致观察的事件的原因形成假设，然后使用特定的"如果……那么"试验来检验假设。美国哲学家查尔斯·桑德斯·皮尔斯对溯因推理做了很好的论述。继皮尔斯之后，一些人认为，犯罪问题的解决实际上涉及推理的所有阶段：在观察线索的基础上进行溯因推理得出假设，归纳概括先前对世界的观察，在全面分析各类前提的基础上演绎推理出合乎逻辑的结论。关于皮尔斯的论述有以下作品：Anderson DR. The evolution of Peirce's concept of abduction. *Transactions of the Charles S. Peirce Society*. 1986;22(2):145-164; Burks AW. Peirce's theory of abduction. *Philos Sci.* 1946;13(4):301-306.

9. 少数出版物论述了现代执法部门使用的各种推理方法。一个很好的例子来自：Innes M. *Investigating Murder: Detective Work and the Police Response to Criminal Homicide*. Oxford, UK: Oxford University Press; 2003.

10. "狗在夜间的离奇事件"这一短语曾被用作马克·哈登的一本著名小说的标题：Haddon M. *The Curious Incident of the Dog in the Night-Time*. Washington, D.C.: National Geographic Books; 2007. 后来，西蒙·斯蒂芬斯对其进行了改编：Haddon M, Stephens S. *The Curious Incident of the Dog in the Night-Time*. doi:10.5040/9781408173381.00000006.

11. 嗅觉在诊断中应用的综述详见：Bijland LR, Bomers MK, Smulders YM. Smelling the diagnosis: A review on the use of scent in diagnosing disease. *Neth J Med.* 2013;71(6):300-307.

12. 《豪斯医生》的细节信息源自互联网电影数据库（IMDb）和维基百科：House (TV series). Wikipedia. https://en.wikipedia.org/w/index.php?title=House_(TV_series)&oldid=954022056. Published April 30, 2020. Accessed May 2, 2020. https://paperpile.com/c/zm9uRu/nwdb.

13. 比尔·加尔的传记和美国国立卫生研究院未诊断疾病计划早期的大部分细节来自2018年12月18日的个人电话会议采访。关于未诊断病计划起源的其他细节来自与弗朗西斯·柯林斯、泰瑞·马诺里奥和伊丽莎白·怀尔德的个人谈话。

14. 《遗传性疾病的代谢基础》这本书的第一版是遗传代谢病方面的经典教材。Stanbury JB. *The Metabolic Basis of Inherited Disease.* New York: McGraw-Hill; 1972.

15. 斯蒂芬·格罗夫特是美国国立卫生研究院罕见病办公室的负责人，也是要求比尔·加尔处理未确诊疾病患者的人。

16. 传记来自个人对话及如下电子资料：Craine A. Elias Zerhouni. *Encyclopædia Britannica.* https://www.britannica.com/biography/Elias-Zerhouni. Accessed May 2, 2020.

17. 这里提到的《奥德赛》是由罗伯特·法格尔斯翻译的企鹅经典版：The Odyssey. London: Penguin UK; 2003.《奥德赛》是用一种叫作六音步长短短格的格律写成的，以拉丁语或希腊语的"手指"命名。这些词将手指上的三块主要骨骼（一长两短）连接成一长两短的音节，并重复六次（六音步诗行，hex 表示"六"）。事实上，通常一行的最后一部分是长和短。要想知道《奥德赛》中的双音节六音步听起来是什么样子，你可以阅读希腊语版本，也可以阅读罗德尼·梅里尔的英文译本，其中保留了六音步长短短格（现在这是真正的史诗）：Merrill R. The Rhythm of the Epic. http://www.home.earthlink.net/~merrill_odyssey/id5.html. Accessed December 28, 2018.

    也许不足为奇的是，考虑到格律的限制，荷马会使用一些技巧来保持故事的流畅度。例如，对其主要角色使用多种不同的绰号。所以奥德修斯被称为"痛苦的人"或"行动的人"。有时，他是"城市袭击者"。其他时候，他是"宙斯的爱"。

18. 在1800年的英语文学语料库中，"奥德赛"一词的使用可通过以下途径获得：Google Books Ngram Viewer. https://books.google.com/ngrams.

第9章　寻找致病基因

1. 迈特家族的故事来自与马特·迈特的多次谈话，包括文中特别提到的2018年11月14日的一次谈话。文中还引用了赛斯·姆努金在《纽约客》上发表的优秀文章和其他文章：Mnookin S. One of a Kind. *New Yorker.* 2014; 21: 32-38; Weintraub K. A Battle Plan for a War on Rare Diseases. *New York Times.* https://www.nytimes.com/2018/09/10/health/matthew-

might-rare-diseases.html. Published September 10, 2018. Accessed May 3, 2020; The Might of the Mights: Parents Overcome Genetics to Save Son—Rare Genomics Institute. Rare Genomics Institute. https://www.raregenomics.org/blog/2016/4/10/the-might-of-the-mights-parents-overcome-genetics-to-save-son. Published April 10, 2016. Accessed May 3, 2020.

2. 马特·迈特创办了两家公司。一个是由其毕业论文中关于保护安全漏洞的自动推理工作发展而来的，另一个是一个较小的项目——theapplet.com。这是一个聊天室应用程序，通过在网页中嵌入新兴的 JavaScript 来实现互动。它最终被《新闻周刊》《华盛顿邮报》和其他网站用来主持互动聊天室。

3. 杜克大学的原始论文包括 *NGLY1* 作为潜在疾病实体的第一份报告：Need AC, Shashi V, Hitomi Y, et al. Clinical application of exome sequencing in undiagnosed genetic conditions. *J Med Genet*. 2012;49:353-361.

4. 没有眼泪实际上是一种综合征的公认特征，即所谓的三 A 综合征，包括贲门失弛缓症（一种食管功能障碍的疾病）、艾迪森病（一种皮质醇激素分泌紊乱的疾病）和无泪综合征。我们很早就知道伯特兰的诊断不是三 A 综合征。

5. 利亚姆·尼森出演了皮埃尔·莫瑞尔在 2008 年执导的电影《飓风营救》：Besson L. *Taken*. Los Angeles: 20th Century Fox; 2009.

   马特·迈特的博客：Might M. Hunting down my son's killer. http://matt.might.net/articles/my-sons-killer/. Retrieved July 2015.

6. 细节信息来自与马特·威尔西和克里斯汀·威尔西的个人对话，包括 2018 年 12 月 22 日的那次谈话，以及后续的电子邮件交流和对话。详情可见：Hawk S. With Grace. Stanford Graduate School of Business. https://www.gsb.stanford.edu/insights/grace. Published October 18, 2019. Accessed May 3, 2020.

7. 约翰·弗赖登里奇是斯坦福大学董事会的前主席，并在斯坦福大学的医院中发挥了重要作用。除了以其名字命名我们现在研究所所在的一栋建筑，他还曾给我过母亲节提供了一个最佳的建议。（放弃豪华餐厅，去公园野餐！）Longtime Stanford Leader, Donor John Freidenrich Dies. *Stanford News*. https://news.stanford.edu/2017/10/18/leader-donor-john-freidenrich-dies/. Published October 18, 2017. Accessed May 3, 2020.

8. 贝勒团队的工作细节，包括马修·班布里奇的工作细节，来自 2020 年 2 月 3 日与马修·班布里奇的对话和后续的电子邮件往来。

9. 马修·班布里奇和马特·威尔西友好地分享了这段时间的电子邮件，包括他们描述格雷丝临床表现的电子邮件（2013 年 2 月 26 日）。

10. 除了马修·班布里奇，耶鲁大学的遗传学家穆拉特·居内尔也发现了这篇博客。居内尔正在对来自土耳其的未确诊疾病患者进行测序，他立即想到了自己团队一直在努力解决的一对兄妹的病例。他们的特征与博客中描述的相似，包括发育迟缓和运动障碍。他已经对这两个人进行了测序，所以他调出了一份文件，其中包括对他们的基因组进行分析后得到的候选基因的可能变异体列表，并在其中发现了 *NGLY1*。Caglayan AO, Comu S, Baranoski JF, et al. NGLY1 mutation causes neuromotor impairment, intellectual disability, and neuropathy. *Eur J Med Genet*. 2015;58(1):39-43.

第 10 章　对症下药

1. 这篇论文描述了由 *NGLY1* 突变引起的疾病：Enns GM, Shashi V, Bainbridge M, et al. Mutations in NGLY1 cause an inherited disorder of the endoplasmic reticulum-associated degradation pathway. *Genet Med*. 2014;16(10):1-8.

   以及由马特·迈特和马特·威尔西撰写的随附社论：Might M, Wilsey M. The shifting model in clinical diagnostics: How next-generation sequencing and families are altering the way rare diseases are discovered, studied, and treated. *Genet Med*. 2014;16(10):1-2.

2. 以下文章对此进行了描述：Owings KG, Lowry JB, Bi Y, Might M, Chow CY. Transcriptome and functional analysis in a Drosophila model of NGLY1 deficiency provides insight into therapeutic approaches. *Hum Mol Genet*. 2018;27(6):1055-1066.

3. 帕特里克·斯特普托和罗伯特·爱德华兹发表在《自然》杂志上的论文讲述了体外受精：Edwards RG, Steptoe PC, Purdy JM. Fertilization and cleavage in vitro of preovulator human oocytes. *Nature*. 1970;227:1307.

4. 路易丝·布朗在学校被嘲笑为"试管婴儿"，后来她有了自己的孩子。

5. 一个鲜为人知的事实是，如果任其发展，精子会绕圈游动：Friedrich BM, Jülicher F. The stochastic dance of circling sperm cells: Sperm chemotaxis in the plane. *New J Phys*. 2008; 10(12): 123025; Kaupp UB. 100 years of sperm chemotaxis. *J Cell Biol*. 2012;199(6):i9-i9; Friedrich BM, Jülicher F. Chemotaxis of sperm cells. *Proc Natl Acad Sci USA*. 2007; 104(33): 13256-13261.

6. 以下文章对此做了很好的总结：Handyside AH. Preimplantation genetic diagnosis after 20 years. *Reprod Biomed Online*. 2010; 21(3): 280-282.

7. 格雷丝科学基金会。https://gracescience.org/. Accessed May 3, 2020. The Might family also set up a foundation (NGLY1.org).

8. Tomlin FM, Gerling-Driessen UIM, Liu Y-C, et al. Inhibition of NGLY1 inactivates the transcription factor Nrf1 and potentiates proteasome inhibitor cytotoxicity. *ACS Cent Sci*. 2017; 3(11): 1143-1155.

9. Suzuki T, Kwofie MA, Lennarz WJ. Ngly1, a mouse gene encoding a deglycosylating enzyme implicated in proteasomal degradation: Expression, genomic organization, and chromosomal mapping. *Biochem Biophys Res Commun.* 2003; 304(2): 326-332.

10. Huang C, Harada Y, Hosomi A, et al. Endo-β-N-acetylglucosaminidase forms N-GlcNAc protein aggregates during ER-associated degradation in Ngly1-defective cells. *Proc Natl Acad Sci USA.* 2015; 112(5): 1398-1403.

11. Bi Y, Might M, Vankayalapati H, Kuberan B. Repurposing of proton pump inhibitors as first identified small molecule inhibitors of endo-β-N-acetylglucosaminidase (ENGase) for the treatment of NGLY1 deficiency, a rare genetic disease. *Bioorg Med Chem Lett.* 2017; 27(13): 2962-2966.

12. Tambe MA, Ng BG, Freeze HH. N-Glycanase 1 transcriptionally regulates aquaporins independent of its enzymatic activity. *Cell Rep.* 2019; 29(13): 4620-4631.e4.

第 11 章　探索未知病因

1. 启动未诊断疾病网络时，我们写了如下计划：Gahl WA, Wise AL, Ashley EA. The Undiagnosed Diseases Network of the National Institutes of Health: A national extension. *JAMA.* 2015; 314(17): 1797-1798; Ramoni RB, Mulvihill JJ, Adams DR, et al. The Undiagnosed Diseases Network: Accelerating discovery about health and disease. *Am J Hum Genet.* 2017; 100(2): 185-192.

在结束有关第一批 1 519 名患者的工作之后，我们记录了研究结果：Splinter K, Adams DR, Bacino CA, et al. Effect of genetic diagnosis on patients with previously undiagnosed disease. *N Engl J Med.* 2018; 379(22): 2131-2139.

2. 详细信息来自我们在 2017 年至 2019 年及以后与这家人的多次互动。此外，我于 2018 年 12 月 20 日通过电话会议对丹尼进行了录音采访。

3. Heimer G, Kerätär JM, Riley LG, et al. MECR mutations cause childhood-onset dystonia and optic atrophy, a mitochondrial fatty acid synthesis disorder. *Am J Hum Genet.* 2016; 99(6): 1229-1244.

4. Medical Detectives: The Last Hope for Families Coping with Rare Diseases. NPR. https://www.npr.org/sections/health-shots/2018/12/17/673066806/medical-detectives-the-last-hope-for-families-coping-with-rare-diseases. Published December 17, 2018. Accessed May 16, 2020; "Doctor Detectives" Help Diagnose Mysterious Illnesses with DNA Analysis. CBS News. https://www.cbsnews.com/news/undiagnosed-diseases-network-dna-helps-miller-

family-diagnose-mepan-syndrome/. Published October 11, 2018. Accessed May 16, 2020.

5. MEPAN Founcation. https://www.mepan.org/.

6. 红娘交流。https://www.matchmakerexchange.org/.

7. 自身炎症包括施尼茨勒氏综合征：Palladini G, Merlini G. The elusive pathogenesis of Schnitzler syndrome. *Blood*. 2018;131(9):944-946.

8. 奥卡姆哲学家威廉的实际话语似乎与通常解释的意思只有松散的联系："任何东西都不应该在没有给出解释的情况下被假定，除非它是不言自明的，或者是由经验所知的，或者是被神圣的权威证明的。" Spade PV, Panaccio C. William of Ockham. In Zalta EN, ed. *The Stanford Encyclopedia of Philosophy*. Winter 2016. Stanford, CA: Stanford University; 2016. https://plato.stanford.edu/archives/win2016/entries/ockham/.

9. 有趣的是，虽然中央公园的动物园没有斑马，但有雪豹。

10. When You Hear Hoofbeats Look for Horses Not Zebras. Quote Investigator. https://quoteinvestigator.com/2017/11/26/zebras/. Accessed December 14, 2017.

11. 被闪电击中的概率大约是三千分之一：Flash Facts About Lightning. *National Geographic*. June 2005. https://news.nationalgeographic.com/news/2004/06/flash-facts-about-lightning/. Accessed January 4, 2019.

    赢得价值16亿美元彩票的概率大约是三亿分之一：Yan H. We're Not Saying You Shouldn't Play, But Here Are 5 Things More Likely To Happen Than You Winning the Lottery. CNN. October 2018. https://www.cnn.com/2018/10/23/us/lottery-winning-odds-trnd/index.html. Accessed January 4, 2019.

    斯坦福大学关于十亿分之一患者的博客文章详见：Digitale E, Ford A, Hite E. Stanford Team Helps Patient Who Is "Unique in the World." Scope. https://scopeblog.stanford.edu/2016/12/14/stanford-team-helps-patient-who-is-unique-in-the-world/. Published December 14, 2016. Accessed January 4, 2019.

    报告研究结果的论文详见：Zastrow DB, Zornio PA, Dries A, et al. Exome sequencing identifies de novo pathogenic variants in FBN1 and TRPS1 in a patient with a complex connective tissue phenotype. *Cold Spring Harb Mol Case Stud*. 2017;3(1):a001388.

12. 线粒体复合物 V（ATP 合酶）缺乏症是由基因 *ATP5F1D* 引起的，论文详见：Oláhová M, Yoon WH, Thompson K, et al. Biallelic mutations in ATP5F1D, which encodes a subunit of ATP synthase, cause a metabolic disorder. *Am J Hum Genet*. 2018;102(3):494-504.

    综合征的定义详见：OMIM Entry-# 618120 Mitochondrial complex V (ATP synthase) deficiency, nuclear type 5; MC5DN5 OMIM. https://www.omim.org/entry/618120. Accessed January 8, 2019.

《旧金山纪事报》对安娜希进行了专题报道：Allday E. "Disease Detectives" Crack Cases of 130 Patients with Mysterious Illnesses. *San Francisco Chronicle.* https://www. sfchronicle.com/health/article/Disease-detectives-crack-cases-of-130-13297547.php. Published October 11, 2018. Accessed January 8, 2019.

13. Kolata G. When the Illness Is a Mystery, Patients Turn to These Detectives. *New York Times.* https://www.nytimes.com/2019/01/07/health/patients-medical-mysteries.html. Published January 7, 2019. Accessed May 16, 2020.

第三部分　心脏那些事

第 12 章　死亡线上跳舞

1. 这个故事来自迈斯纳的德语原版书。Meissner FL. *Taubstummheit, Ohr-u. gehörkrank-heiten: Bd. 1. Taubstummheit u. Taubstummenbildung.* C. F. Winter' sche Verlagshandlung, Leipzig & Heidelberg Winter; 1856.

　　我的邻居斯坦福大学地球物理学教授珍妮·萨卡莱为我翻译了有关这个小女孩猝死的部分。

2. 安东·耶韦尔和弗雷德·朗格-尼尔森的历史过往详见：Jervell A, Lange-Nielsen F. Congenital deaf-mutism, functional heart disease with prolongation of the QT interval, and sudden death. *Am Heart J.* 1957. http://www.sciencedirect.com/science/article/pii/0002870357900790; Tranebjaerg L, Bathen J, Tyson J, Bitner-Glindzicz M. Jervell and Lange-Nielsen syndrome: A Norwegian perspective. *Am J Med Genet.* 1999;89(3):137-146.

　　20 世纪 40 年代，弗雷德·朗格-尼尔森在奥斯陆的摇摆克鲁布乐队演奏贝斯：Evensmo J. The Altosaxes of Swing in Norway. http://www.jazzarcheology.com/artists/swing_in_norway.pdf. Updated October 6, 2011.

3. 欧文·康纳·沃德和卡萨诺·罗马诺对疾病发现的贡献的详情来自《爱尔兰医学杂志》上刊登的回顾文章：Hodkinson EC, Hill AP, Vandenberg JI. The Romano-Ward syndrome—1964-2014: 50 years of progress. *Ir Med J.* 2014;107(4):122-124.

　　有关这个女孩的详情来自《爱尔兰时报》（*Irish Times*）对欧文·康纳·沃德的采访：Hunter N. A Medical Stalwart Now in Happy Exile. http://www.irishhealth.com/article. html?id=18437. Accessed April 4, 2017.

　　有趣的是，欧文·康纳·沃德在职业生涯后期搬到了伦敦，对医学史产生了浓厚的兴趣。他花了 4 年时间写了一本约翰·兰登·唐的传记（唐氏综合征就是以他的名字命名的），题为《约翰·兰登·唐——充满爱心的医学先锋》（*John Langdon Down, A Caring Pioneer*）由英国皇家医学会出版。

4. 弗朗索瓦·德塞尔泰纳等人于 1966 年给出的定义得到了最为广泛的认同，其中提到：室性心动过速有两个异位起搏点（La tachycardie ventriculaire a deux foyers opposes variables）。*Arch Mal Coeur Vaiss*. 1966;59(2):263-272. 其中，扭转（torsades）和尖端（pointes）都是复数形式，因此中间连接词的正确形式可能应该是复数 *des*，详见：Mullins ME. Mon bête noir (my pet peeve). *J Med Toxicol*. 2011; 7(2): 181。但是，德塞尔泰纳本人有时用单数形式 *de*，所以这一点可能会引发语言学者就韵律和语法规则之间展开争论。

5. 我们联系的公司就是吉利德。

6. 金斯莫尔用于新生儿重症监护室的快速基因组测序方案的描述见：Saunders CJ, Miller NA, Soden SE, et al. Rapid whole-genome sequencing for genetic disease diagnosis in neonatal intensive care units. *Sci Transl Med*. 2012; 4(154): 154ra135-ra154ra135.

7. 凯拉·邓恩为美国公共电视网的《前线》、《新星——今日科学》和哥伦比亚广播公司的《60 分钟时事杂志 2》撰稿，并在《大西洋月刊》（*The Atlantic*）、《华盛顿邮报》（*The Washington Post*）、《纽约时报书评》（*The New York Times Book Review*）和《发现》（*Discover*）杂志上发表文章。她作为几部科学纪录片的制片人出现在互联网电影资料库 IMDb 中，其中包括《前线》《60 分钟时事杂志》《新星——今日科学》《连线科学》：Kyla Dunn. IMDb. https://www.imdb.com/name/nm1871408/. Accessed January 9, 2019.

她发表在《自然》上的论文详见：Gibbs CS, Coutré SE, Tsiang M, et al. Conversion of thrombin into an anticoagulant by protein engineering. *Nature*. 1995;378(6555):413-416.

与凯拉不同，我没有出现在互联网电影资料库 IMDb 中，但我确实曾作为萨克斯管四重奏成员为伊万·麦克格雷克出演的电影《年轻的亚当》（*Young Adam*）（音乐导演：戴维·伯恩）录制了查尔斯·明格斯的《海地战歌》（*Haitian Fight Song*）的另一个版本。很遗憾，我们录制的版本出现了技术问题，而重录的时候，我已经搬去牛津做住院医生了。我在电影中万世留名的另一个渺茫希望与皮克斯电影《勇敢传说》（*Brave*）有关。皮克斯聘请了一位斯坦福大学语言学教授进行高清面部运动视频捕捉，以便他们能够捕捉主角—— 一位名叫梅莉达的红发女英雄——的苏格兰西部口音相关的动作。我们的科室主管一直看到电影片尾演职人员表的最后一个名字，但失望地发现没有我的名字。

8. 人类乙醚多又多相关基因的故事来自一篇发表在《科学新闻》（*Science News*）上的文章，其直接引用了威廉·卡普兰的话：Weiss R. Mutant monikers. *Sci News*. 1991;139(2): 30-31.

Go-Go 舞蹈的起源尚不清楚，Whisky à Go-Go 在 Go-Go 舞蹈成形中扮演的角色同样处于未知状态。法语中 à go go 意为"很多"或"很丰富"。请注意,酒吧名使用苏格兰英语中威士忌的拼写,没有字母"e",而几篇讲述该酒吧的文章中使用的带"e"的拼写通常指爱尔兰威士忌或波旁威士忌。

9. 西尔维娅·普罗里、迈克尔·阿克曼等人领导了长 QT 间期综合征 3 型的精准治疗研究:Priori SG, Wilde AA, Horie M, et al. HRS/EHRA/APHRS expert consensus statement on the diagnosis and management of patients with inherited primary arrhythmia syndromes: Document endorsed by HRS, EHRA, and APHRS in May 2013 and by ACCF, AHA, PACES, and AEPC in June 2013. *Heart Rhythm.* 2013;10(12):1932-1963; Schwartz PJ, Priori SG, Locati EH, et al. Long QT syndrome patients with mutations of the SCN5A and HERG genes have differential responses to Na+ channel blockade and to increases in heart rate. Implications for gene-specific therapy. *Circulation.* 1995;92(12):3381-3386; Mazzanti A, Maragna R, Faragli A, et al. Gene-specific therapy with mexiletine reduces arrhythmic events in patients with long QT syndrome type 3. *J Am Coll Cardiol.* 2016;67(9):1053-1058.

第 13 章　我有两个基因组

1. 公共汽车成群到站背后的科学特征得到了较好的归纳。这里有一个很好的例子,描述了一种统计学方法,其中包括混合模型:Ma Z, Ferreira L, Mesbah M, Zhu S. Modeling distributions of travel time variability for bus operations. *J Adv Transp.* 2016;50(1):6-24.

　　另一个还处于摸索阶段的可能解决方案:Verbich D, Diab E, El-Geneidy A. Have they bunched yet? An exploratory study of the impacts of bus bunching on dwell and running times. *Public Transp.* 2016; 8(2): 225-242.

2. 对医学学习和诊断的认知理论的探讨:Schmidt HG, Norman GR, Boshuizen HP. A cognitive perspective on medical expertise: theory and implication [published erratum appears in *Acad Med* 1992 Apr; 67(4): 287]. *Acad Med.* 1990;65(10):611-621.

　　还有当我还是医学生时写的一篇评论:Ashley EA. Medical education—beyond tomorrow? The new doctor—Asclepiad or Logiatros? *Med Educ.* 2000;34(6):455-459.

3. 根据二项式分布的密度函数(使用统计程序软件 R 和函数 dbinom 易于计算)来计算看到 25 个读数中有 5 个出现变异体的概率。

4. 尽管心脏中间隙连接蛋白 40 基因的镶嵌现象与遗传性心脏病无关,但《新英格兰医学杂志》上的一篇论文提到,治疗常见的心房颤动时,使用福尔马林固定和石蜡包埋组织,然后进行基因测序,发现在 3 个患者体内存在该基因镶嵌现象。Thibodeau IL, Xu J, Li Q, et al. Paradigm of genetic mosaicism and lone atrial fibrillation: Physiological

characterization of a connexin 43-deletion mutant identified from atrial tissue. *Circulation.* 2010;122(3):236-244; Gollob MH, Jones DL, Krahn AD, et al. Somatic mutations in the connexin 40 gene (GJA5) in atrial fibrillation. *N Engl J Med.* 2006;354(25):2677-2688.

很遗憾，其他研究人员没能发现同样的镶嵌现象：Roberts JD, Longoria J, Poon A, et al. Targeted deep sequencing reveals no definitive evidence for somatic mosaicism in atrial fibrillation. *Circ Cardiovasc Genet.* 2015;8(1):50-57. 虽然从我们的经验来看，这种现象并不多见。

一些人推测，这些变异体可能是福尔马林固定组织时产生的人为变异：Chen L, Liu P, Evans TC, Ettwiller LM. DNA damage is a major cause of sequencing errors, directly confounding variant identification. *bioRxiv.* 2016. http://www.biorxiv.org/content/early/2016/08/19/070334.abstract.

5. 体细胞镶嵌现象也被认为与产生精子和卵子所需的特殊细胞分裂过程有关。这一过程导致了一种被称为性腺（睾丸和卵巢）镶嵌的现象。通过这种方式，孩子能有"新的"遗传变异体，这一变异体不存在于父母的血液中，或者至少在父母的血液中并不突出。在这种情况下，测试父母的精子或卵子能发现突变。

6. 以下论文对镶嵌现象（包括神经纤维瘤病 1 型）做了一个极好的概述：Biesecker LG, Spinner NB. A genomic view of mosaicism and human disease. *Nat Rev Genet.* 2013;14(5):307-320.

以下论文对体细胞镶嵌现象的总结也很好：Poduri A, Evrony GD, Cai X, Walsh CA. Somatic mutation, genomic variation, and neurological disease. *Science.* 2013;341(6141):1237758; Lupski JR. Genetics. Genome mosaicism—one human, multiple genomes. *Science.* 2013;341(6144):358-359; Forsberg LA, Gisselsson D, Dumanski JP. Mosaicism in health and disease—clones picking up speed. *Nat Rev Genet.* 2017;18(2):128-142.

7. 克隆性造血有引发心脏病的风险：Jaiswal S, Fontanillas P, Flannick J, et al. Age-related clonal hematopoiesis associated with adverse outcomes. *N Engl J Med.* 2014;371(26):2488-2498; Fuster JJ, Walsh K. Somatic mutations and clonal hematopoiesis: Unexpected potential new drivers of age-related cardiovascular disease. *Circ Res.* 2018;122(3):523-532; Jaiswal S, Natarajan P, Silver AJ, et al. Clonal hematopoiesis and risk of atherosclerotic cardiovascular disease. *N Engl J Med.* 2017;377(2):111-121.

8. 卡尔·齐默报道镶嵌现象和嵌合现象的文章：Zimmer C. DNA Double Take. *New York Times.* https://www.nytimes.com/2013/09/17/science/dna-double-take.html. Published September 16, 2013. Accessed December 15, 2017.

还有迈克·斯奈德和亚历克斯·厄本的论文：O'Huallachain M, Karczewski KJ, Weissman SM, Urban AE, Snyder MP. Extensive genetic variation in somatic human tissues. *Proc Natl Acad Sci USA*. 2012;109(44):18018-18023.

值得注意的是，阿斯特里亚的故事出现在卡尔·齐默的精彩著作中：Zimmer C. *She Has Her Mother's Laugh: The Powers, Perversions, and Potential of Heredity*. New York: Penguin; 2018.

9. 詹姆斯·卢普斯基关于自己基因组测序的论文：Lupski JR, Reid JG, Gonzaga-Jauregui C, et al. Whole-genome sequencing in a patient with Charcot-Marie-Tooth neuropathy. *N Engl J Med*. 2010;362(13):1181-1191.

   卢普斯基关于镶嵌现象的著作：Lupski JR. Genetics. Genome mosaicism—one human, multiple genomes. *Science*. 2013;341(6144):358-359.

10. 纳塔利娅·特拉雅诺娃的简历详情来自与纳塔利娅的电子邮件往来和以下这次在线采访：Natalia Trayanova on Developing Computer Simulations of Hearts. Johns Hopkins Medicine. https://www.hopkinsmedicine.org/research/advancements-in-research/fundamentals/profiles/natalia-trayanova. Accessed December 15, 2017.

    布赖恩·英戈尔斯很好地总结了生物系统的建模问题：Ingalls BP. *Mathematical Modeling in Systems Biology: An Introduction*. Cambridge, MA: MIT Press; 2013.

第 14 章 "除之不尽"的肿瘤

1. 事实上，有史以来切除的最大囊性肿瘤重达 137.44 千克，于 1991 年由斯坦福大学的凯瑟琳·奥汉兰教授切除。手术视频可以在优兔网站上看到（意料之中）。Kate O'Hanlan, MD. World's Largest Tumor. https://www.youtube.com/watch?v=wwiN_TbpqMA. Published May 27, 2012. Accessed May 17, 2020.

2. 关于卡尼综合征的最早描述：Young WF, Carney JA, Musa BU, Wulffraat NM, Lens JW, Drexhage HA. Familial Cushing's syndrome due to primary pigmented nodular adrenocortical disease. *N Engl J Med*. 1989;321(24):1659-1664.

3. 卡尼的生平来自这本书中的短短一章：Dy BM, Lee GS, Richards ML. J. Aidan Carney. In Pasieka JL, Lee JA, eds. *Surgical Endocrinopathies*. Boston: Springer; 2015:229-231. J. 艾丹·卡尼告诉康斯坦丁·斯特拉塔基斯（后文出现），他来自爱尔兰的梅奥郡，而不是罗斯康芒郡。他认为这很神奇，因为他最终在美国梅奥诊所工作（显然，梅奥家族是爱尔兰血统）。维基百科上关于他的文章指出，他出生在罗斯康芒郡。这两个郡是相邻的，所以有可能他出生在一个郡，在另一个郡长大。卡尼在以下文章中描述了自己的艰难探索之路：Carney JA. Discovery of the Carney complex, a familial lentiginosis–multiple endocrine neoplasia syndrome: A medical odyssey. *Endocrinologist.* 2003;13(1):23.

4. 戴维·博特斯坦的论文和论文发表 10 年后的评述：Botstein D. Using the genetic linkage map of the human genome to understand complex inherited diseases. *J Nerv Ment Dis.* 1989;177(10):644. doi:10.1097/00005053-198910000-00012; Botstein D, White RL, Skolnick M, Davis RW. Construction of a genetic linkage map in man using restriction fragment length polymorphisms. *Am J Hum Genet.* 1980;32(3):314-331.

5. 其中许多详情来自我与康斯坦丁·斯特拉塔基斯于 2019 年 1 月 8 日进行的一次私人通话。
   原始论文及其他：Correa R, Salpea P, Stratakis CA. Carney complex: An update. *Eur J Endocrinol.* 2015;173(4):M85-M97; Stratakis CA, Kirschner LS, Carney JA. Clinical and molecular features of the Carney complex: Diagnostic criteria and recommendations for patient evaluation. *J Clin Endocrinol Metab.* 2001;86(9):4041-4046; Kirschner LS, Carney JA, Pack SD, et al. Mutations of the gene encoding the protein kinase A type I-α regulatory subunit in patients with the Carney complex. *Nat Genet.* 2000;26(1).

6. 针对巨人症的一项大型国际研究：Rostomyan L, Daly AF, Petrossians P, et al. Clinical and genetic characterization of pituitary gigantism: An international collaborative study in 208 patients. *Endocr Relat Cancer.* 2015;22(5):745-757.

7. 我在牛津的约翰·拉德克利夫医院内分泌科度过了漫长的住院医师时光。那时，我和同事苏珊娜·威尔逊（后来成为一位才华横溢的心脏病专家）常常通过编曲来自娱自乐。一位名叫 C. B. T. 亚当斯的外科医生对著名内分泌学家约翰·瓦斯转诊来的患者做了一些垂体手术，深深震撼了我们。由于手术名单上只有他名字的首字母缩写，所以我们就叫他 CBTA，当然，我们读成"ciabatta"。如果我没记错的话，我们编的歌词大概是这样的：Ciabatta, Ciabatta / 他是一位如此出色的外科医生 / 约翰·瓦斯，约翰·瓦斯 / 他是治疗肢端肥大症的专家。为了让歌词合上韵律，我们不得不延长瓦斯（Wass）中的"a"和肢端肥大症中的"e"这两个音。这不是我们编得最好的歌，但我们睡眠时间非常短，做成这样已经尽力了。

8. 事实上，一些报道中曾出现过将心脏捐献给亲戚的情况。切斯特·苏伯经营着一个圣诞树农场，曾多次心脏病发作，并且被列入移植等待名单已经 4 年了。他的女儿帕蒂正在接受护士培训，在度假时卷入了一场严重的车祸。父母接到电话后，得知了女儿即将去世的噩耗，被请去医院证明其身份并签署捐献器官文件。帕蒂是器官捐献的坚定倡导者，也带着遗体捐献卡。在悲痛中，切斯特一家问了一个问题：帕蒂的心脏可以捐给她父亲吗？切斯特最开始的反应是"不要"，但经过深思熟虑，尤其是在全家人都说服他这正是他女儿想要的之后，他同意了。帕蒂的心脏在她父亲的胸膛里又跳

动了 22 年。帕蒂的兄弟鲍勃评论说，他相信帕蒂把自己的心脏交给父亲会让她成为
"天堂里最幸福的小天使"。Schaefer J. A Few Minutes with … a Father with a Full Heart.
Detroit Free Press. https://www.freep.com/story/news/columnists/jim-schaefer/2016/07/16/
chester-szuber-heart-transplant/87098726/. Published July 17, 2016. Accessed December 13,
2017; Father Receives Heart Transplant from Daughter. *New York Times.* http://www.nytimes.
com/1994/08/26/us/father-receives-heart-transplant-from-daughter.html. Published August 26,
1994. Accessed December 13, 2017.

　　器官获取和移植网络澄清定向器官捐赠的合法性参见：OPTN Information Regarding
Deceased Directed Donation. OPTN. https://optn.transplant.hrsa.gov/news/optn-information-
regarding-deceased-directed-donation/. Accessed December 14, 2017.

　　包括蒂姆·库克在内的一些人主动提出直接向史蒂夫·乔布斯捐赠部分肝脏后，围
绕其肝移植产生的问题详见：Gayomali C. Apple CEO Tim Cook Tried to Give Steve Jobs
His Liver—But Jobs Refused. *Fast Company.* https://www.fastcompany.com/3043628/apple-
ceo-tim-cook-tried-to-give-steve-jobs-his-liver-but-jobs-refused. Published March 12, 2015.
Accessed December 14, 2017.

　　曾经有一位患者问我，他是否可以将心脏捐献给因心力衰竭而奄奄一息的妻子。他
当时的态度非常认真，我澄清说他这样做就是献出自己的生命来拯救妻子的生命，他坚
定地说这就是他想做的。他历经了 50 年的婚姻，夫妻恩爱，正眼睁睁看着妻子心力衰
竭，自己即将失去一生的至爱。我觉得自己的内心都融化了，转过身，努力保持镇定，
对他解释说，我们不能牺牲一条活生生的人命去拯救另一条人命。

9. 里基表姐弟的死亡都与心脏无关，也就是说与里基的遗传状况无关。

10. 太平洋生物科学公司的历史信息来自与乔纳斯·科拉奇和斯蒂芬·特纳的对话，以及以
下这篇文章：MacKenzie RJ. A SMRTer Way to Sequence DNA? Genomics Research from
Technology Networks. https://www.technologynetworks.com/genomics/articles/a-smrter-way-
to-sequence-dna-309952. Published September 25, 2018. Accessed May 17, 2020.

11. 我们描述第一次将长读长测序技术应用于患者的全基因组测序的论文如下：Merker
JD, Wenger AM, Sneddon T, et al. Long-read genome sequencing identifies causal structural
variation in a Mendelian disease. *Genet Med.* June 2017. doi:10.1038/gim.2017.86.

第 15 章　失忆式假死

1. 我有幸从莉拉妮 17 岁起就跟踪关注了她非凡的人生故事。此外，历史详情的来源还包
括 2017 年 3 月 24 日对苏珊和克里斯·格雷厄姆的录音采访，以及 2016 年 12 月 19 日

和 2017 年 1 月 21 日对莉拉妮的录音采访。

2. 美国疾病控制与预防中心的儿童肥胖统计数据：Hales CM, Carroll MD, Fryar CD, Ogden CL. Prevalence of Obesity Among Adults and Youth: United States, 2015–2016. *NCHS Data Brief.* 2017;(288):1-8.

3. 要么是雷奈克，要么是勒内 - 约瑟夫·海因斯·贝尔廷首创了"肥厚"（hypertrophy）这个词。Duffin J. *To See with a Better Eye: A Life of R. T. H. Laennec.* Princeton, NJ: Princeton University Press; 2014.

    雷奈克早期在心脏解剖方面做了大量工作。他用肥厚（hypertrophy）和扩张（dilatation）这些词来代替他的导师让 - 尼古拉斯·科维萨尔对"主动"和"被动"心脏动脉瘤的说法。他换词的原因还不清楚。雷奈克和贝尔廷讨论了他们当中谁先使用了"肥厚"这个词，后者声称他于 1811 年 8 月在与他人的一次交流中创造了这个词。雷奈克反驳说，他使用"肥厚"这个词已经有一段时间了，但也承认可能不是他发明的这个词。最后，雷奈克称这是个平局，在给朋友的信中写道："在单纯的观察中，两个人很自然地都仔细观察了同一个事物并发现了同样的东西。"

4. 历史参考资料见：McKenna WJ, Sen-Chowdhry S. From Teare to the present day: A fifty year odyssey in hypertrophic cardiomyopathy, a paradigm for the logic of the discovery process. *Rev Esp Cardiol.* 2008;61(12):1239-1244; Adelman H, Adelman A. The logic of discovery a case study of hypertrophic cardiomyopathy. *Acta Biotheor.* 1977;26(1):39-58; Mirchandani S, Phoon CKL. Sudden cardiac death: A 2400-year-old diagnosis? *Int J Cardiol.* 2003;90(1):41-48. Also, Coats and Hollman Heart (http://dx.doi.org/10.1136/hrt.2008.153452).

    解剖病理学（Anatomic Pathology）兴起于 16 世纪安德烈·维萨里生活的时期。18 世纪早期的病理学家乔瓦尼·巴蒂斯塔·莫尔加尼首次描述了肥厚型心肌病，引用了瑞士日内瓦的医生泰奥菲勒·博内的描述。法国病理学家亨利·利乌维尔和亨利·阿洛波描述了一系列病例，包括一名 75 岁女性，有心力衰竭症状，其心壁宽度为正常宽度的 4 倍，还有异常的心脏杂音。

5. 蒂尔的背景信息来自：Watkins H, Ashrafian H, McKenna WJ. The genetics of hypertrophic cardiomyopathy: Teare redux. *Heart.* 2008;94(10):1264-1268. 蒂尔在自己的开创性论文中，查看了 7 位后来猝死的患者（共 8 位患者，其中有 1 人死于中风，可能与一种被称为心房颤动的心律有关，这种心律不会危及生命）的心电图，进行了研究总结，从而将"活着"和"死后"的发现联系起来。蒂尔的首篇开创性论文中提到的这个家族非常有趣，在 1960 年发表的一篇更详细的论文中，这个家族是讨论焦点。Goodwin JF, Hollman A, Cleland WP, Teare D. Obstructive cardiomyopathy simulating aortic stenosis. *Br Heart J.* 1960;22:403-414.

6. 保罗·伍德的传记：Silverman ME, Somerville W. To die in one's prime: The story of Paul Wood. *Am J Cardiol.* 2000;85(1):75-88; Camm J. The contributions of Paul Wood to clinical cardiology. *Heart Lung Circ.* 2003;12 Suppl 1:S10-S14.

在英国，保罗·伍德奠定了侵入性心脏病学的基础，心脏外科领域应该也是他建立的，为我们理解许多心脏病做出了巨大贡献。加斯顿·鲍尔谈到他时说："他收进来的是学生，最后却都成了他的追随者。"描述肥厚型心肌病的身体检查时，伍德还提到了一些可以更清楚地显示结果的动作，例如蹲下然后站立。

7. 威廉·哈维描述的一个病例中，提到了离开心脏的血流出现了短暂的血流动力学障碍。二尖瓣（mitral valve）中的"mitral"一词与头衔（title）押韵——因其形状与基督教主教的礼仪性头帽相似而得名。除罗素·布罗克之外，来自圣路易斯华盛顿大学医学院的另一个团队也注意到了这种血流动力学障碍与主动脉阻塞的相似性，将其称为假性主动脉瓣狭窄。

8. 威廉·克莱兰和罗素·布罗克在英国做了心肌切除术。（Goodwin JF, Hollman A, Cleland WP, Teare D. Obstructive cardiomyopathy simulating aortic stenosis. Br Heart J 1960;22:403–14; Russell Brock: Brock R, Fleming PR. Aortic subvalvar stenosis; a report of 5 cases diagnosed during life. *Guys Hosp Rep.* 1956;105[4]:391-408.）差不多同一时期，安德鲁·格伦·莫罗在美国也做了这项手术。Braunwald E. Hypertrophic cardiomyopathy: The first century 1869-1969. *Glob Cardiol Sci Pract.* 2012;2012(1):5.

我直接从尤金·布朗沃尔德本人口中（个人采访，2018 年 10 月 2 日）和在新泽西州肥厚型心肌病协会会议上听到了美国心肌切除手术的故事。这个故事在印刷出版物中也有：Maron BJ, Braunwald E. Eugene Braunwald, MD and the early years of hypertrophic cardiomyopathy: A conversation with Dr. Barry J. Maron. *Am J Cardiol.* March 2012. doi:10.1016/j.amjcard.2012.01.376; Maron BJ, Roberts WC. The father of septal myectomy for obstructive HCM, who also had HCM: The unbelievable story. *J Am Coll Cardiol.* 2016;67(24):2900-2903.

9. 这些详情和引文来自 2018 年 10 月 2 日在斯坦福大学对尤金·布朗沃尔德的个人采访。类似详情也可以在以下这篇文章中找到：Maron BJ, Braunwald E. Eugene Braunwald, MD and the early years of hypertrophic cardiomyopathy: A conversation with Dr. Barry J. Maron. *Am J Cardiol.* March 2012. doi:10.1016/j.amjcard.2012.01.376.

10. 巴里·马龙和威廉·麦克纳两人共计已经发表了 1 000 多篇论文。这份指导文件和这篇发表在《新英格兰医学杂志》上的评论是他们少有的一起发表的文章中的 2 篇：Spirito P, Seidman CE, McKenna WJ, Maron BJ. The management of hypertrophic cardiomyopathy. *N Engl J Med.* 1997;336(11):775-785; Maron BJ, McKenna WJ, Danielson GK, et al.

American College of Cardiology / European Society of Cardiology Clinical Expert Consensus Document on Hypertrophic Cardiomyopathy. A Report of the American College of Cardiology Foundation Task Force on Clinical Expert Consensus Documents and the European Society of Cardiology Committee for Practice Guidelines. *Eur Heart J.* 2003;24(21):1965-1991.

11. 加拿大的心脏病专家道格拉斯·威格尔在最初提到肌肉性主动脉瓣下狭窄（muscular subaortic stenosis）时，发现了二尖瓣前移会导致梗阻，通常被认为功不可没。斯坦福大学心脏病专家理查德·波普于1974年正式确定了相关的超声心动图标准。

12. 有关短期记忆的详细信息：Gluck MA, Mercado E, Myers CE. *Learning and Memory: From Brain to Behavior.* New York: Macmillan Higher Education; 2007.

13. 这与将头发染成金色的化学物质相同（也是一种防腐剂）。

14. 关于倒下（"晕厥"）和猝死的最早报告来自公元前400年的希波克拉底：Hippocrates, Coar T. *The Aphorisms of Hippocrates: with a Translation into Latin and English.* Omaha, NE: Classics of Medicine Library; 1982.

阿比尔德加德写于1775年的研究成果原本是拉丁文，1975年，托马斯·德里斯科尔对该论文进行了翻译并发表。Driscol TE, Ratnoff OD, Nygaard OF. The remarkable Dr. Abildgaard and countershock. The bicentennial of his electrical experiments on animals. *Ann Intern Med.* 1975;83(6):878-882; Abildgaard PC. Tentamina electrica in animalibus instituta. *Societatis Medicae Havniensis Collectanea.* 1775;2:157.

15. 富兰克林著名的风筝试验涉及将电从风暴云引入莱顿瓶中。富兰克林的研究与阿比尔德加德的工作有相似之处，他在1748年写给彼得·柯林森的一封信中，提到了使用电击杀死火鸡："我们的晚餐是用电击杀死的一只火鸡，插上电叉，在莱顿瓶点燃的火上将其烤熟。"富兰克林经常被认为是在电气情境中首次使用电池这个词。"然而，由于6个罐子同时排出电荷时会产生非常剧烈的震动，操作者必须非常谨慎，以免不小心用自己的肉进行了试验，而不是家禽的肉。"（《本杰明·富兰克林回忆录》，第2卷，第328页，致杜堡和达利巴尔先生关于用电使肉变嫩的方法的一封信。）有趣的是，富兰克林在另一封信中甚至提到了"杜堡先生承诺的"复活家禽或火鸡。然而，目前尚不清楚杜堡博士认为应该怎么进行复活。

"如果有可能的话，我希望从这个例子入手，发明一种方法对溺水者的尸体进行防腐处理，这样他们就可以在遥远未来的任何时期复活；我非常渴望看到美国一百年后的状况，所以愿意选择以任何一种普通的方式死亡，与几个朋友一起浸入马德拉酒桶中，直到某一刻被我亲爱的祖国的温暖阳光召回！但是由于我们生活的时代可能太早，太接近于科学起步阶段，无法看到这样的技术在我们这个时代达到完美。因此，你能答应我复活家禽或火鸡，已经对我非常好了，我现下必须满足于享受这一待遇。"（《本杰明·

富兰克林回忆录》，第 2 卷，第 391-392 页，给杜堡先生的信。）

16. 一些人质疑，莱顿瓶装的电荷是否足以对鸡的头部施加电击，并使其心脏发生心室颤动。此外，众所周知，体积较小的心脏并不能很好地支撑心室颤动，因此一些人认为这其实是神经源性纤维性颤动和自发性心脏复跳。这样看来，电击不足以击倒一匹马的原因就显而易见了。Akselrod H, Kroll MW, Orlov MV. History of Defibrillation. In Efimov IR, Kroll MW, Tchou PJ, eds. *Cardiac Bioelectric Therapy*. Boston: Springer; 2009:15-40.

17. 英国皇家内科医师学会的网站和以下文章都讲述了这个小女孩的故事：Akselrod H, Kroll MW, Orlov MV. History of Defibrillation. In Efimov IR, Kroll MW, Tchou PJ, eds. *Cardiac Bioelectric Therapy*. Boston: Springer; 2009:15-40. 这些作者质疑从高处坠落是否会导致心室颤动。

18. 詹姆斯·柯里的著作《关于溺水、窒息等导致明显死亡的观察》于 1790 年在伦敦出版，重印本：The First Defibrillator? The Work of James Curry. RCP London.https://www.rcplondon.ac.uk/news/first-defibrillator-work-james-curry. Published May 19, 2017. Accessed January 14, 2018.

19. 关于詹姆斯·柯里和查尔斯·凯特的更多信息：Hurt R. Modern cardiopulmonary resuscitation—not so new after all. *J R Soc Med*. 2005;98(7):327-331; Cakulev I, Efimov IR, Waldo AL. Cardioversion: Past, present, and future. *Circulation*. 2009;120(16):1623-1632.

　　凯特的著作可以在英国利兹大学档案馆查阅：An Essay on the Recovery of the Apparently Dead: Kite, Charles, 1768–1811. Internet Archive. https://archive.org/details/b21510829. Accessed January 14, 2018.

20. "不要做心脏复苏"文身：Holt GE, Sarmento B, Kett D, Goodman KW. An unconscious patient with a DNR tattoo. *N Engl J Med*. 2017;377(22):2192-2193.

21. 此处描述了医学史上首次胸内除颤：Beck CS, Pritchard WH, Feil HS. Ventricular fibrillation of long duration abolished by electric shock. *J Am Med Assoc*. 1947;135(15):985.

22. 美国心脏协会的这段视频由内科医生兼喜剧演员肯·郑演绎，采用了比吉斯乐队的迪斯科热门歌曲《正活着》：https://www.youtube.com/watch?v=iXcsHoQMGqc.

　　《华盛顿邮报》的这篇文章记述了肯·郑的学医经历和喜剧表演：Horton A. A Woman Had A Seizure at Ken Jeong's Comedy Show. The Former Doctor Jumped Offstage to Save Her. *Washington Post*. https://www.washingtonpost.com/news/arts-and-entertainment/wp/2018/05/07/a-woman-had-a-seizure-at-ken-jeongs-comedy-show-the-former-doctor-jumped-offstage-to-save-her/. Published May 7, 2018. Accessed May 7, 2018.

23. 赌场、除颤器和猝死：Valenzuela TD, Roe DJ, Nichol G, Clark LL, Spaite DW, Hardman RG. Outcomes of rapid defibrillation by security officers after cardiac arrest in casinos. *N Engl*

J Med. 2000;343(17):1206-1209.

24. 第一个植入型心律转复除颤器的故事：Mirowski M, Reid PR, Mower MM, et al. Termination of malignant ventricular arrhythmias with an implanted automatic defibrillator in human beings. *N Engl J Med.* 1980;303(6):322-324.

25. 米洛夫斯基的狗实在太神奇了，以至于一些人甚至质疑其真实性，询问训练这只狗多久才能让它那样倒下。

26. 安东尼·范·卢的心搏骤停情况视频在优兔网站上可以看到，以下链接是我的一个病人做过注释的视频：Hugo Campos. Soccer Player Anthony Van Loo Survives a Sudden Cardiac Arrest (SCA) When His ICD Fires. (ANNOTATED). https://www.youtube.com/watch?v=DU_i0ZzIV5U. Published June 12, 2009. Accessed December 7, 2017. 另一个用心肺复苏术和自动体外除颤器电击抢救一名年轻排球运动员的视频链接如下：https://www.youtube.com/watch?v=MtHZ6ItHiTc.

27. 彼得·帕尔关于来自科蒂库克的这个家族的论文：Paré JAP, Fraser RG, Pirozynski WJ, Shanks JA, Stubington D. Hereditary cardiovascular dysplasia: A form of familial cardiomyopathy. *Am J Med.* 1961;31(1):37-62.

28. 有关肥厚型心肌病遗传基础的经典论文：Jarcho JA, McKenna W, Pare JA, et al. Mapping a gene for familial hypertrophic cardiomyopathy to chromosome 14q1. *N Engl J Med.* 1989;321(20):1372-1378; Tanigawa G, Jarcho JA, Kass S, et al. A molecular basis for familial hypertrophic cardiomyopathy: An alpha/beta cardiac myosin heavy chain hybrid gene. *Cell.* 1990;62(5):991-998; Geisterfer-Lowrance A a., Kass S, Tanigawa G, et al. A molecular basis for familial hypertrophic cardiomyopathy: A beta cardiac myosin heavy chain gene missense mutation. *Cell.* 1990;62(5):999-1006.

29. 早期阐明肥厚型心肌病遗传基础的故事来自塞德曼实验室的休·沃特金斯、卡伦·麦克雷等人。关于肥厚型心肌病遗传基础的后续论文：Watkins H, Rosenzweig A, Hwang DS, et al. Characteristics and prognostic implications of myosin missense mutations in familial hypertrophic cardiomyopathy. *N Engl J Med.* 1992;326(17):1108-1114; Watkins H, McKenna WJ, Thierfelder L, et al. Mutations in the genes for cardiac troponin T and alpha-tropomyosin in hypertrophic cardiomyopathy. *N Engl J Med.* 1995;332(16):1058-1064; Niimura H, Bachinski LL, Sangwatanaroj S, et al. Mutations in the gene for cardiac myosin-binding protein C and late-onset familial hypertrophic cardiomyopathy. *N Engl J Med.* 1998;338(18):1248-1257.

第 16 章　移植"坏"心脏

1. 重症监护室内患者的死亡率：Capuzzo M, Volta C, Tassinati T, et al. Hospital mortality of adults admitted to Intensive Care Units in hospitals with and without Intermediate Care Units: A multicentre European cohort study. *Crit Care*. 2014;18(5):551.

2. 莱斯莉·莱恩万德让患有肥厚型心肌病的小鼠在跑步机上跑步的试验证明跑步实际上可以一定程度地扭转心肌纤维化和心肌细胞排列紊乱。Konhilas JP, Watson PA, Maass A, et al. Exercise can prevent and reverse the severity of hypertrophic cardiomyopathy. *Circ Res*. 2006;98(4):540-548.

   当时，其他干预措施都未能在任何层面上逆转疾病。其实，我们与密歇根大学的同事一起在人体上检验了干预逆转疾病这一想法，并在肥厚型心肌病患者中进行了第一次随机运动训练研究。这项研究由密歇根大学的同事莎琳·戴和萨拉·萨贝里领导，其研究成果于 2017 年发表在《美国医学会杂志》上。研究表明，对肥厚型心肌病患者来说，运动不仅是安全的，而且可以在短时间内增加心脏输出的血液量。Saberi S, Wheeler M, Bragg-Gresham J, et al. Effect of moderate-intensity exercise training on peak oxygen consumption in patients with hypertrophic cardiomyopathy: A randomized clinical trial. *JAMA*. 2017;317(13):1349-1357.

3. 莱斯莉·莱恩万德有关蟒蛇研究的灵感来自贾里德·戴蒙德：Secor SM, Diamond J. Effects of meal size on postprandial responses in juvenile Burmese pythons (Python molurus). *Am J Physiol*. 1997;272(3 Pt 2):R902-R912; Andersen JB, Rourke BC, Caiozzo VJ, Bennett AF, Hicks JW. Physiology: Postprandial cardiac hypertrophy in pythons. *Nature*. 2005;434(7029):37-38; Riquelme C a., Magida J a., Harrison BC, et al. Fatty acids identified in the Burmese python promote beneficial cardiac growth. *Science*. 2011;334(6055):528-531.

4. 詹姆斯·斯普迪赫讲述了他与肌球蛋白的故事：iBiology. James Spudich (Stanford) 4: Myosin mutations and hypertrophic cardiomyopathy. https://www.youtube.com/watch?v=-zqUUo_qmTM. Posted November 1, 2017.

   论述肌球蛋白方山结构的相关论文：Nag S, Trivedi DV, Sarkar SS, et al. The myosin mesa and the basis of hypercontractility caused by hypertrophic cardiomyopathy mutations. *Nat Struct Mol Biol*. 2017;24(6):525-533; Spudich JA. The myosin mesa and a possible unifying hypothesis for the molecular basis of human hypertrophic cardiomyopathy. *Biochem Soc Trans*. 2015;43:64-72; Trivedi DV, Adhikari AS, Sarkar SS, Ruppel KM, Spudich JA. Hypertrophic cardiomyopathy and the myosin mesa: Viewing an old disease in a new light. *Biophys Rev*. 2018;10(1):27-48.

对患者和群体的遗传变异进行建模，突出强调了肌球蛋白方山结构的重要性：Homburger JR, Green EM, Caleshu C, et al. Multidimensional structure-function relationships in human β -cardiac myosin from population-scale genetic variation. *Proc Natl Acad Sci USA.* 2016;113(24):6701-6706.

5.　伊娃·卡斯迪演唱的《飞越彩虹》有着令人难以忘怀的美：https://www.youtube.com/watch?v=2rd8VktT8xY.

第四部分　迈向精准医疗

第17章　超人基因

1.　关于门蒂兰塔家族的论文：La DE, de la Chapelle A, Träskelin a. L, Juvonen E. Truncated erythropoietin receptor causes dominantly inherited benign human erythrocytosis. *Proc Natl Acad Sci USA.* 1993;90(10):4495-4499; de la Chapelle A, Sistonen P, Lehväslaiho H, Ikkala E, Juvonen E. Familial erythrocytosis genetically linked to erythropoietin receptor gene. *Lancet.* 1993;341(8837):82-84; Juvonen E, Ikkala E, Fyhrquist F, Ruutu T. Autosomal dominant erythrocytosis caused by increased sensitivity to erythropoietin. *Blood.* 1991;78(11):3066-3069.

2.　《运动基因》是大卫·爱普斯坦的精彩著作：Epstein DJ. *The Sports Gene: Inside the Science of Extraordinary Athletic Performance.* New York: Penguin; 2014.

3.　玛丽亚·康尼科娃写了一篇文章探讨了极限运动中耐力的遗传特征：Superhero Genes: What Sets the World's Most Elite Athletes Apart? *California Sunday Magazine.* https://story.californiasunday.com/superhero-gene-euan-ashley-stanford. Published August 4, 2016. Accessed August 25, 2019.

4.　对"精英"项目的新闻报道：Wilner J. Can Superhuman Athletes Provide Genetic Clues on Heart Health? *Mercury News.* https://www.mercurynews.com/2017/10/29/4851089/. Published October 29, 2017. Accessed August 25, 2019.

5.　除了有利的遗传因素，还有几个原因有助于解释为什么世界上最健康的人中有这么多是斯堪的纳维亚人（至少从最大摄氧量这一指标来衡量是这样）。其中一个原因是，最高值往往来自调用最大肌肉量的运动。尽管顶尖跑步者和自行车骑手往往表现出很高的最大摄氧量，但这些运动员专注于保持上身"安静"，而下半身为他们的前进运动提供动力，但越野滑雪等运动需要调动全身肌肉。另一个原因可能是运动测试和运动员生理学在斯堪的纳维亚有着坚实基础，特别是有卡罗林斯卡研究所的奥斯特朗工作生理学实验室，所以更多的斯堪的纳维亚运动员在早期接受了测试。事实上，米卡埃尔·马特松就是在卡罗林斯卡研究所获得他的博士学位的。

6. 秘鲁地区的慢性高山病：Gazal S, Espinoza JR, Austerlitz F, et al. The genetic architecture of chronic mountain sickness in Peru. *Front Genet.* 2019;10:690.

7. 烟酰胺腺嘌呤二核苷酸（NAD）代谢：Yaku K, Okabe K, Nakagawa T. NAD metabolism: Implications in aging and longevity. *Ageing Res Rev.* 2018;47:1-17.

8. 《自然》刊登的社论描述了莎拉妮·特蕾西（注意这不是她的真名）：Hall SS. Genetics: A gene of rare effect. *Nature.* 2013;496(7444):152-155.

9. 凯瑟琳·布瓦洛发现 *PCSK9* 是家族性高胆固醇血症的一个致病基因：Abifadel M, Varret M, Rabès J-P, et al. Mutations in *PCSK9* cause autosomal dominant hypercholesterolemia. *Nature Genetics.* 2003;34(2):154-156. doi:10.1038/ng1161; Varret M, Rabès J-P, Saint-Jore B, et al. A third major locus for autosomal dominant hypercholesterolemia maps to 1p34.1-p32. *Am J Hum Genet.* 1999;64(5):1378-1387.

一些详情也来自与凯瑟琳·布瓦洛的私人对话和电子邮件。

10. Cohen J, Pertsemlidis A, Kotowski IK, Graham R, Garcia CK, Hobbs HH. Low LDL cholesterol in individuals of African descent resulting from frequent nonsense mutations in PCSK9. *Nat Genet.* 2005;37(2):161-165; Zhao Z, Tuakli-Wosornu Y, Lagace TA, et al. Molecular characterization of loss-of-function mutations in PCSK9 and identification of a compound heterozygote. *Am J Hum Genet.* 2006;79(3):514-523; Cohen JC, Boerwinkle E, Mosley TH Jr, Hobbs HH. Sequence variations in PCSK9, low LDL, and protection against coronary heart disease. *N Engl J Med.* 2006;354(12):1264-1272.

一些详情也来自私人电子邮件和对海伦·霍布斯的采访：A Conversation with Helen Hobbs. *Journal of Clinical Investigation.* https://www.jci.org/articles/view/84086. Published October 1, 2015.

11. 罗伯特·普伦格提醒我注意 20 世纪 70 年代品达罗斯·罗伊·瓦杰洛斯的故事。瓦杰洛斯的儿子兰德尔·瓦杰洛斯是斯坦福大学的心脏病专家，也是我的朋友和导师，他教会了我关于心力衰竭和重症监护心脏病学的一切。

12. 这篇影响深远的论文发表在《自然·药物发现综述》上：Plenge RM, Scolnick EM, Altshuler D. Validating therapeutic targets through human genetics. *Nat Rev Drug Discov.* 2013;12(8):581-594.

13. 谢·卡特里桑具有开创性的孟德尔随机化法论文：Voight BF, Peloso GM, Orho-Melander M, et al. Plasma HDL cholesterol and risk of myocardial infarction: A mendelian randomisation study. *Lancet.* 2012;380(9841):572-580.

14. 英国广播公司关于疼痛的专题报道：Cox D. The curse of the people who never feel pain. BBC. http://www.bbc.com/future/story/20170426-the-people-who-never-feel-any-pain. Accessed August 26, 2019.

15. 从狼蛛毒液中提取的药物：Xu H, Li T, Rohou A, et al. Structural basis of Nav1.7 inhibition by a gating-modifier spider toxin. *Cell.* 2019;176(4):702-715.e14.

第 18 章　精准医疗

1. 埃里克·迪什曼的故事来自我与他在英特尔、斯坦福大学校园和华盛顿特区的多次会面。2019 年 9 月 10 日，我对他完成了一次录音采访。一些信息来自他的 TED 演讲：Dishman E. *Health Care Should Be a Team Sport.* https://www.ted.com/talks/eric_dishman_health_care_should_be_a_team_sport?language=en. Accessed June 7, 2020.

　　斯坦福演讲：Stanford Medicine. Eric Dishman, NIH-Stanford Medicine Big Data Precision Health 2018. https://www.youtube.com/watch?v=P4qjP4VVp_c. Published June 21, 2018. Accessed June 7, 2020.

2. 安迪·格鲁夫的生平详情来自与埃里克·迪什曼和肖恩·马洛尼的对话，以及著作：Tedlow RS. *Andy Grove: The Life and Times of an American Business Icon.* New York: Penguin; 2007; 论文：Rivett-Carnac M. The True Story of Andrew Grove, Time's 1997 Man of the Year. *Time.* March 2016. https://time.com/4267150/andrew-grove-intel-survivor-biography-budapest/. Accessed June 7, 2020; Andrew Grove: A Survivor's Tale. *Time.* http://content.time.com/time/magazine/article/0,9171,987588,00.html. Accessed June 7, 2020; Kandell J. Andrew S. Grove Dies at 79; Intel Chief Spurred Semiconductor Revolution. *New York Times.* https://www.nytimes.com/2016/03/22/technology/andrew-grove-intel-obituary.html. Published March 22, 2016. Accessed June 7, 2020.

3. 柯林斯小组的其他成员包括：琼·贝利-威尔逊，美国国家人类基因组研究所；格雷格·伯克，维克森林大学；克里斯·胡克，梅奥诊所；罗德·豪厄尔，美国国家儿童健康和人类发展研究所；让·麦克卢尔，生物医学研究西南基金会（Southwest Foundation for Biomedical Research）；唐·马蒂森，美国国家儿童健康和人类发展研究所；杰夫·默里，艾奥瓦大学；拉里·尼达姆，美国疾病控制与预防中心；安妮·斯宾塞，加州大学欧文分校；亚历克·威尔逊，美国国家人类基因组研究所；萨姆·威尔逊，美国国立环境卫生研究所。

4. 英国生物样本库历史的详情来自与约翰·贝尔、罗里·柯林斯和马克·麦卡锡的私人对话和电子邮件。约翰·贝尔的论文如下：Bell J. The new genetics in clinical practice. *BMJ.*

1998;316(7131):618-620.

5. 乔治·波斯特的文章：Fears R, Poste G. Policy forum: Health care delivery. Building populations genetics resources using the U.K. NHS. *Science.* 1999;284(5412):267-268.

6. Collins FS. The case for a US prospective cohort study of genes and environment. *Nature.* 2004;429(6990):475-477.

7. 详情来自对詹妮弗·莱布（2019 年 9 月 12 日）、多拉·休斯（2019 年 9 月 29 日）和爱德华多·拉莫斯（2019 年 12 月 19 日）的采访录音。

8. 这个故事来自巴拉克·奥巴马所著的《我父亲的梦想》：Obama B. *Dreams from My Father: A Story of Race and Inheritance.* Edinburgh, UK: Canongate Books; 2007.

9. 初始的法案没有通过，但从各方面来看，奥巴马在这个问题上发挥的领导作用有助于提高人们对基因组学改变医疗保健的可能性 / 潜力的兴趣和认识。即使他离开参议院后，该法案仍在不断推出修改版本，影响了其他人（特别是泰德·肯尼迪）提出相关立法。

10. 吉尔故事的详情来自她和她父亲约翰·霍尔德伦的电子邮件，以及 2020 年 5 月 21 日的一次私人谈话。吉尔还提到了与 *BRCA* 基因研究先驱玛丽 - 克莱尔·金的一次相遇。约翰·霍尔德伦无法参加美国国家科学院的一次晚宴，他的妻子建议女儿陪她一起去。吉尔几乎立马被介绍给了玛丽 - 克莱尔·金，过了一会儿，她就和这位内科医生兼科学家分享了她的个人故事。两人开始交谈，持续了近 2 个小时都没停，在此期间，这位乳腺癌和卵巢癌研究先驱为吉尔提供了帮助和建议，如果吉尔搬到西雅图，她还可以做吉尔的主治医生。对于那些认识玛丽 - 克莱尔·金的人来说，这是她热情和投入的典型表现。以下网站有助于深入了解其生平：Who Can You Trust? https://themoth.org/stories/who-can-you-trust.

11. 奥巴马的母亲患卵巢癌的一些详情来自他的妹妹玛雅·苏托洛发布的视频。ovariancancerorg. Dr. Maya Soetoro-Ng Ovarian Cancer PSA, Full Version. https://www.youtube.com/watch?v=EQmM7QQyvgs. Published September 15, 2015. Accessed June 7, 2020. 她在视频中提到，她和巴拉克·奥巴马都接受了检测，未发现 *BRCA* 基因突变。

12. 详情来自官方视频：Obama White House. President Obama's 2015 State of the Union Address. https://www.youtube.com/watch?v=cse5cCGuHmE. Published January 20, 2015. Accessed June 7, 2020.

   官方全文：Obama B. Remarks by the President in State of the Union Address January 20, 2015. White House. https://obamawhitehouse.archives.gov/the-press-office/2015/01/20/remarks-president-state-union-address-January-20-2015.

13. 准备发表的国情咨文版本：President Obama's State of the Union Address—Remarks As Prepared for Delivery. Medium. https://medium.com/@ObamaWhiteHouse/president-obamas-

state-of-the-union-address-remarks-as-prepared-for-delivery-55f9825449b2. Published January 21, 2015. Accessed September 9, 2019.

State of the Union 2015, remarks as delivered: https://www.youtube.com/watch?v=cse5cCGuHmE&t=16s. Retrieved. 2011;27:2011; Remarks by the President in State of the Union Address|January 20, 2015. White House. https://obamawhitehouse.archives.gov/the-press-office/2015/01/20/remarks-president-state-union-address-January-20-2015. Published January 20, 2015. Accessed September 9, 2019.

14. "精准医疗"一词在 2011 年美国国家科学研究委员会的一份出版物中首次出现。National Research Council (US) Committee on a Framework for Developing a New Taxonomy of Disease. *Toward Precision Medicine: Building a Knowledge Network for Biomedical Research and a New Taxonomy of Disease.* Washington, D.C.: National Academies Press; 2012; Ashley EA. Towards precision medicine. *Nat Rev Genet.* 2016;17:507.

之前曾召集了一个专家小组，重点讨论建立生物医学研究知识网络和新的疾病分类（分类意为一种分类系统）。该报告的标题是"迈向精准医疗"（Toward Precision Medicine）。报告撰写小组的一名成员是斯坦福大学病理学系的前系主任斯蒂芬·加尔，他向我解释说，他的贡献之一是撰写了一条附录，澄清委员会对"精准医疗"这一术语的使用，解释清楚"精准医疗"不同于更传统意义上的个性化医疗。个性化医疗有时被狭义地理解成个人设计的个性化治疗方案。专家组认为，一个不同的术语将有助于强调他们对新的疾病分类的关注。

15. 精准医疗倡议项目启动的新闻活动：Remarks by the President on Precision Medicine. White House. https://obamawhitehouse.archives.gov/the-press-office/2015/01/30/remarks-president-precision-medicine. Published January 30, 2015. Accessed September 9, 2019.

详情来自弗朗西斯·柯林斯、埃里克·格林、艾萨克·科恩等人。DNA 模型的故事来自与埃里克·格林的私人对话。

16. 囊性纤维化基金会和顶点制药公司之间的关系描述如下：Tozzi J. This Medical Charity Made $3.3 Billion from a Single Pill. *Bloomberg News.* https://www.bloomberg.com/news/features/2015-07-07/this-medical-charity-made-3-3-billion-from-a-single-pill. Published July 7, 2015. Accessed September 9, 2019.

药物依伐卡托由顶点制药公司开发。囊性纤维化这一例子与弗朗西斯·柯林斯的关系尤为密切。这是因为在 1989 年，弗朗西斯·柯林斯和徐立之合作，报告了囊性纤维化的致病基因，使得囊性纤维化成为第一个遗传原因得以阐明的主要遗传性疾病。囊性纤维化的致病基因是 *CFTR* 基因，编码氯离子通道：它将带电的氯离子泵入和泵出特定细胞，特别是肺和消化道的细胞。当氯离子通道不能正常工作时，黏性分泌物会导致肺部感染和食物消化问题。确定致病基因后，研究人员开始对患者的 *CFTR* 基因进行常规测序，寻找变异体，随后发现患者显然可以被细分为不同的亚组。在一些患者体内，突变的通道能顺利移动到细胞表面，但到达那里后却无法正常工作。而其他患者的突变通道从未能到达细胞表面，因为它被标记为异常并被细胞回收。新研发出的药物提高了细胞表面氯离子通道开放的可能性，这显然在突变通道实际能到达细胞表面的患者亚组中效果更好，所以药物测试最初在这组患者中进行。这种靶向是精准医疗的精髓。

17. All of Us Research Program Investigators, Denny JC, Rutter JL, et al. The "All of Us" Research Program. *N Engl J Med.* 2019;381(7):668-676.

18. Master Decoder: A Profile of Kári Stefánsson. *Scientist.* https://www.the-scientist.com/profile/master-decoder—a-profile-of-kri-stefnsson-65517. Accessed September 9, 2019.

19. 冰岛约会应用软件：Buckley C. There's an App That Keeps Icelanders from Dating Their Relatives. Culture Trip. https://theculturetrip.com/europe/iceland/articles/iceland-is-so-small-theres-an-app-that-keeps-icelanders-from-dating-their-relatives/. Accessed September 16, 2019.

   这个应用软件的名字实际上是参考了原版的《冰岛人之书》，作者是 12 世纪初在冰岛做牧师的阿里·奥吉尔松，是关于冰岛最早的历史书面记录——包括最早的一批冰岛人的家谱。

20. 埃里克·英厄尔松是一位内科医生和遗传学家，这项研究在《柳叶刀》上发表时，他已身在斯坦福大学：Ganna A, Ingelsson E. 5 year mortality predictors in 498 103 UK Biobank participants: A prospective population-based study. *Lancet.* 2015;386(9993):533-540.

21. 试试看：全球生物样本库搜索引擎（Global Biobank Engine）。https://biobankengine.stanford.edu/.

22. 对咖啡、茶、酒的摄入量和对苦味的感知：Ong J-S, Hwang DL-D, Zhong VW, et al. Understanding the role of bitter taste perception in coffee, tea and alcohol consumption through Mendelian randomization. *Sci Rep.* 2018;8(1):16414.

23. 斯特凡森对英国生物样本库的评论：https://twitter.com/anderson_carl/status/117614241786460 5696?s=20. September 23, 2019, International Common Disease Alliance inaugural meeting.

24. 详情来自与安妮·武伊齐茨基、理查德·舍勒和罗伯特·温德曼（影响深远的统计编程语言 R 语言的共同创造者）的私人对话。

25. 详情来自与丹尼尔·麦克阿瑟的私人对话、与博士后康拉德·卡切夫斯基（他在迈克·斯奈德的实验室完成了博士学位）的私人对话，以及 GnomAD 网站。Francioli L, Tiao G, Karczewski K, Solomonson M, Watts N. gnomAD v2. 1. MacArthur Lab. 2018. https://gnomad.broadinstitute.org/.

第 19 章 基因治疗

1. 这位杰出的年轻科学家的详情来自我与他的私人互动以及与他的同龄人和导师的对话。他的母亲玛丽洛·基德（2020年2月14日）通过电子邮件允许我讲述他的故事。还有一些已发表的文章：Roberts S. Dr. Holbrook Kohrt, Hemophiliac Who Made Condition a Crusade, Dies at 38. *New York Times*. https://www.nytimes.com/2016/03/02/health/dr-holbrook-kohrt-hemophiliac-who-made-the-condition-a-crusade-dies-at-38.html. Published March 1, 2016. Accessed June 7, 2020; Snyder A. Holbrook Kohrt. *Lancet*. 2016;387(10030):1810.

2. 详情来自：The Death of Jesse Gelsinger, 20 Years Later. Science History Institute. https://www.sciencehistory.org/distillations/the-death-of-jesse-gelsinger-20-years-later. Published June 4, 2019. Accessed June 7, 2020; Gene-therapy trials must proceed with caution. *Nature*. 2016;534(7609):590.

   Weiss R, Nelson D. Teen dies undergoing experimental gene therapy. *Washington Post*. 1999; https://www.washingtonpost.com/wp-srv/WPcap/1999-09/29/060r-092999-idx.html. Accessed August 9, 2020.

3. 血友病的基因治疗资料：Dunbar CE, High KA, Joung JK, Kohn DB, Ozawa K, Sadelain M. Gene therapy comes of age. *Science*. 2018;359(6372). doi:10.1126/science.aan4672; Rangarajan S, Walsh L, Lester W, et al. AAV5-factor Ⅷ gene transfer in severe hemophilia A. *N Engl J Med*. 2017;377(26):2519-2530; VandenDriessche T, Chuah MK. Hyperactive factor IX Padua: A game-changer for hemophilia gene therapy. *Mol Ther*. 2018;26(1):14-16; Pasi KJ, Fischer K, Ragni M, et al. Long-term safety and sustained efficacy for up to 5 years of treatment with recombinant factor IX Fc fusion protein in subjects with haemophilia B: Results from the B-YOND extension study. *Haemophilia*. June 2020. doi:10.1111/hae.14036

4. 包括引用在内的详细信息来自在线资源：America's Got Talent 2017 Christian Guardino Just the Intro and Judges' Comments S12E03; 2017. https://www.youtube.com/watch?v=pSjXKpGdXBw. Accessed January 2, 2020; Howard C. "AGT" Contestant Born with Blinding Disease Says Gift of Sight Allows Him "to See Such Incredible Things." August 2019. Fox News. https://www.foxnews.com/health/agt-contestant-born-blinding-disease-sight. Accessed January 12, 2020.

5. 眼睛是基因治疗的早期目标，这是因为它容易接近，而且有一种叫"眼睛免疫特权"的东西：Streilein JW. Ocular immune privilege: Therapeutic opportunities from an experiment of nature. *Nat Rev Immunol*. 2003;3(11):879-889; Taylor AW. Ocular immune privilege. *Eye*. 2009; 23(10): 1885-1889.

这指的是一种现象，即利用病毒递送的基因治疗不太可能被灭活，因为身体会避免在眼睛中产生严重的免疫反应。

6. 脊髓性肌萎缩：Mercuri E, Darras BT, Chiriboga CA, et al. Nusinersen versus sham control in later-onset spinal muscular atrophy. *N Engl J Med.* 2018;378(7):625-635; Mendell JR, Al-Zaidy S, Shell R, et al. Single-dose gene-replacement therapy for spinal muscular atrophy. *N Engl J Med.* 2017;377(18):1713-1722; Lorson CL, Hahnen E, Androphy EJ, Wirth B. A single nucleotide in the SMN gene regulates splicing and is responsible for spinal muscular atrophy. *Proc Natl Acad Sci USA.* 1999;96(11):6307-6311; Kashima T, Manley JL. A negative element in SMN2 exon 7 inhibits splicing in spinal muscular atrophy. *Nat Genet.* 2003;34(4):460-463.

7. 我们在这一领域的工作是相关演讲和出版物中的重点内容：Zaleta K, Wheeler MT, Finster-bach T, Ashley EA. Allele specific silencing in vivo in a model of hypertrophic restrictive cardiomyopathy. Presented at *Keystone Meeting: Cardiovascular Genetics*. Tahoe City, California; 2013; Zaleta-Rivera K, Dainis A, Ribeiro AJS, et al. Allele-specific silencing ameliorates restrictive cardiomyopathy attributable to a human myosin regulatory light chain mutation. *Circulation.* 2019;140(9):765-778; Zaleta K, Wheeler M, Finsterbach TP, Ashley EA. Allele specific silencing of mutant alleles in hypertrophic cardiomyopathy. *J RNAi Gene Silencing.* 2013;9:486-489.

   斯坦福大学医学院传播和公共事务部的哈娜·阿米蒂奇也讲述了我最早与安德鲁·法尔对话的故事：Armitage H, Dusheck J, Goldman B, Huber J, Stankus K. "Turning Down the Volume" of a Faulty Gene in Heart Disease. Scope. https://scopeblog.stanford.edu/2019/08/20/turning-down-the-volume-of-a-faulty-gene-in-heart-disease/. Published August 20, 2019. Accessed June 7, 2020.

8. 为什么重症联合免疫缺陷的基因治疗会导致白血病：Why Gene Therapy Caused Leukemia in Some "Boy in the Bubble Syndrome" Patients. *Science Daily.* August 2008. https://www.sciencedaily.com/releases/2008/08/080807175438.htm. Accessed February 13, 2020.

9. 历史详情来源于詹妮弗·杜德纳的书：Doudna JA, Sternberg SH. *A Crack in Creation: Gene Editing and the Unthinkable Power to Control Evolution.* Boston: Houghton Mifflin Harcourt; 2017; and Eric Lander's article Lander ES. The Heroes of CRISPR. *Cell.* 2016;164(1-2):18-28. 以及与詹妮弗·杜德纳、张锋和刘如谦的私人对话。

10. 我们还在翘首期盼 CRISPR 应用于人类疾病治疗的重大进展，而一个主要的应用已经浮现，那就是肌营养不良。著名心血管生物学家埃里克·奥尔森使用了名为 Cpf1 的 CRISPR 系统来纠正小鼠体内的突变。他在 2017 年发表的一篇论文中表明，在试验过程中，他将进行基因修正的混合物注射到了小鼠胚胎中。与未治疗的"兄弟姐妹"相比，这些接受了注射的胚胎发育成的小鼠的肌肉强度显著提高，肌肉损伤减少。

11. 详见与游维文的私人对话以及与米拉的母亲茉莉亚、游维文和我们斯坦福团队的互动详情。此外，还有公开资源：Keshavan M, Branswell H, Herper M, Joseph A. Saving Mila: How Doctors Raced to Stop a Young Girl's Rare Disease. STAT. https://www.statnews. com/2018/10/22/a-tailor-made-therapy-may-have-halted-a-rare-disease/. Published October 22, 2018. Accessed June 7, 2020; Kim J, Hu C, Moufawad El Achkar C, et al. Patient-customized oligonucleotide therapy for a rare genetic disease. *N Engl J Med.* 2019;381(17):1644-1652.

第 20 章　前方的路

1. 保护粮食安全的基因组测序：Boykin LM, Ghalab A, De Marchi BR, et al. Real time portable genome sequencing for global food security. *bioRxiv.* May 2018:314526. doi:10. 1101/314526.

2. 食源性致病菌的纳米孔测序：Taylor TL, Volkening JD, DeJesus E, et al. Rapid, multiplexed, whole genome and plasmid sequencing of foodborne pathogens using long-read nanopore technology. *Sci Rep.* 2019;9(1):16350.

3. 我们在以下论文中详细介绍了这一点：Knowles JW, Ashley EA. Cardiovascular disease: The rise of the genetic risk score. *PLOS Med.* 2018;15(3):e1002546.

4. 如果你想更多地了解我们与微生物的协同关系，埃德蒙·杨的惊人著作《我包罗万象》(*I Contain Multitudes*) 是最好的选择：Yong E. *I Contain Multitudes: The Microbes Within Us and a Grander View of Life.* New York: Random House; 2016. 杨也是疫情期间最引人注目的科学记者。请参阅：https://www.theatlantic.com/magazine/archive/2020/09/coronavirus-american-failure/614191/。

5. 戴维·奎曼的著作《溢出》(*Spillover*) 详细描述了这一现象：Quammen D. *Spillover: Animal Infections and the Next Human Pandemic.* New York: W. W. Norton & Company; 2012.

6. 来自谷歌趋势的数据：Coronavirus Expontential Growth. Google Trends. https://trends.google. com/trends/explore?geo=US&q=coronavirus%20exponential%20growth. Accessed June 9, 2020.

7. Glanz J, Robertson C. Lockdown Delays Cost at Least 36,000 Lives, Data Show. *New York Times.* https://www.nytimes.com/2020/05/20/us/coronavirus-distancing-deaths.html. Published May 21, 2020. Accessed June 9, 2020; Pei S, Kandula S, Shaman J. Differential effects of intervention timing on COVID-19 spread in the United States. *medRxiv.* May 2020. doi:10.110

1/2020.05.15.20103655.

8. Spinney L. *Pale Rider: The Spanish Flu of 1918 and How It Changed the World*. New York: PublicAffairs; 2017.

9. 大流行还见证了生物医学科学领域"预印本"的兴起。"预印本"指作者在完成科学论文后立即上传的版本，论文上传前没有经过同行评审。在大流行期间，大多数新闻文章都引用了预印本而不是传统的同行评审论文中的科学数据。预印本的主要平台有由理查德·塞弗领导的 BioRxiv 及其与哈兰·克鲁姆霍尔兹共同创立的医疗领域平台 MedRxiv。

10. Meet June Almeida, the Scottish Virologist Who First Identified the Coronavirus. World from PRX. https://www.pri.org/stories/2020-05-07/meet-june-almeida-scottish-virologist-who-first-identified-coronavirus. Accessed June 9, 2020; Brocklehurst S. The Woman Who Discovered the First Coronavirus. BBC. https://www.bbc.com/news/uk-scotland-52278716. Published April 15, 2020. Accessed June 9, 2020; Gellene D. Overlooked No More: June Almeida, Scientist Who Identified the First Coronavirus. *New York Times*. https://www.nytimes.com/2020/05/08/obituaries/june-almeida-overlooked-coronavirus.html. Published May 8, 2020. Accessed June 9, 2020.

11. Broughton JP, Deng X, Yu G, et al. CRISPR-Cas12-based detection of SARS-CoV-2. *Nat Biotechnol*. April 2020. doi:10.1038/s41587-020-0513-4.

    Joung J, Ladha A, Saito M, et al. Point-of-care testing for COVID-19 using SHERLOCK diagnostics. *medRxiv*. May 2020. doi:10.1101/2020.05.04.20091231.

12. Folegatti PM, Ewer KJ, Aley PK, et al. Safety and immunogenicity of the ChAdOx1 nCoV-19 vaccine against SARS-CoV-2: a preliminary report of a phase 1/2, single-blind, randomised controlled trial. *Lancet*. Published online July 20, 2020. doi:10.1016/S0140-6736(20)31604-4.

13. Peccia J, Zulli A, Brackney DE, et al. SARS-CoV-2 RNA concentrations in primary municipal sewage sludge as a leading indicator of COVID-19 outbreak dynamics. *Epidemiology*. May 2020. doi:10.1101/2020.05.19.20105999.

14. 数据来自美国疾病控制与预防中心：Regulations: The Safe Drinking Water Act. https://www.cdc.gov/healthywater/drinking/public/regulations.html. Published October 10, 2018. Accessed June 10, 2020.

15. Abbott TR, Dhamdhere G, Liu Y, et al. Development of CRISPR as an antiviral strategy to combat SARS-CoV-2 and influenza. *Cell*. 2020;181(4):865-876.e12.

16. Yates N, Métraux E, Zayner J, Johnston J, Stauffer W, Ricci DM. I have SMA. Critics of the $2 Million New Therapy Are Missing the Point. STAT. https://www.statnews.com/2019/05/31/

spinal-muscular-atrophy-zolgensma-price-critics/. Published May 31, 2019. Accessed January 4, 2020; Cassidy B, Métraux E, Zayner J, Johnston J, Stauffer W, Ricci DM. How Will We Pay For Potentially Curative Gene Therapies? STAT. https://www.statnews.com/2019/06/12/paying-for-coming-generation-gene-therapies/. Published June 12, 2019. Accessed January 4, 2020.